高等职业教育水利类"十三五"系列教材

湖南省示范特色专业群建设系列成果

工 程 力 学

主 编 廖 云

中国水利水电出版社
www.waterpub.com.cn
·北京·

内 容 提 要

全书共分为 11 个项目,主要介绍了工程力学的基础知识和杆件的承载能力计算,包括力的基本知识和物体的受力分析、力系的合成与平衡、杆件的内力分析、平面图形的几何性质、杆件的强度计算、压杆稳定。

本书适用于高职高专水利水电工程、水利工程、水利工程施工、农田水利等水利类专业以及工业与民用建筑、道路桥涵等其他土木建筑类专业工程力学课程教学,也可供相关专业技术人员参考。

图书在版编目(CIP)数据

工程力学 / 廖云主编. -- 北京:中国水利水电出版社,2018.6(2024.7重印).
高等职业教育水利类"十三五"系列教材 湖南省示范特色专业群建设系列成果
ISBN 978-7-5170-6465-7

Ⅰ. ①工… Ⅱ. ①廖… Ⅲ. ①工程力学-高等职业教育-教材 Ⅳ. ①TB12

中国版本图书馆CIP数据核字(2018)第114809号

书　名	高等职业教育水利类"十三五"系列教材 湖南省示范特色专业群建设系列成果 **工程力学** GONGCHENG LIXUE	
作　者	主编 廖云	
出版发行	中国水利水电出版社 (北京市海淀区玉渊潭南路1号D座　100038) 网址:www.waterpub.com.cn E-mail:sales@mwr.gov.cn 电话:(010)68545888(营销中心)	
经　售	北京科水图书销售有限公司 电话:(010)68545874、63202643 全国各地新华书店和相关出版物销售网点	
排　版	中国水利水电出版社微机排版中心	
印　刷	天津嘉恒印务有限公司	
规　格	184mm×260mm　16开本　13印张　308千字	
版　次	2018年6月第1版　2024年7月第4次印刷	
印　数	8501—11500册	
定　价	**45.00元**	

凡购买我社图书,如有缺页、倒页、脱页的,本社营销中心负责调换

前　言

教材事关国家和民族的前途命运，教材建设必须坚持正确的政治方向和价值导向。本书坚持党的二十大精神，全面贯彻党的教育方针，落实立德树人根本任务，为党育人，为国育才，弘扬劳动光荣、技能宝贵、创造伟大的时代风尚。

本书是根据教育部《关于加强高职高专教育人才培养工作意见》和《面向21世纪教育振兴行动计划》等文件精神，是依照高职高专水利水电工程、水利工程、水利工程施工、农田水利等水利类专业教学计划和有关课程教学基本要求编写的，也适用于工业与民用建筑、道路桥涵等其他土木建筑类专业。

本书贯彻高等职业技术教育改革精神，突出职业教育特色，以能力素质的培养为指导思想，不过分强调理论的系统性，着重基本概念和结论的应用，叙述简练通俗，例题典型，结合工程实际，重视对学生工程意识和力学素养的训练和培养。本书分为刚体静力学基础、杆件承载能力计算两部分，各部分内容相互协调，减少不必要的重复。概括介绍力学基本原理，重点介绍计算方法，以提高学生分析和处理工程实际问题的能力。本书共分为11个项目，每个项目后面都有小结和知识技能训练，以助于学生学习掌握有关知识。

本书由湖南水利水电职业技术学院廖云担任主编，湖南水利水电职业技术学院蔡桂菊、云南水利水电职业学院卢治元担任副主编，湖南水利水电职业技术学院丁灿辉教授主审。具体分工如下：廖云编写项目一、项目四、项目八、项目十，蔡桂菊编写项目二、项目五，湖南水利水电职业技术学院刘京铄编写项目三、项目六，卢治元编写项目九，湖南水利水电职业技术学院郭丽云编写项目七、项目十一。湖南水利水电职业技术学院谭文波做了本书整理工作，在此表示感谢。

对于本书存在的缺点、错误和疏漏，恳切希望广大读者批评指正。

编者

2024 年 1 月

前　言

目 录

项目一　绪　　论

【学习目标】
- 了解建筑物、结构、构件的含义以及三者之间的相互关系。
- 了解工程结构的分类，明确工程力学的研究对象。
- 初步掌握强度、刚度、稳定性的概念，了解工程力学的任务和内容。
- 熟悉刚体、变形固体的概念，掌握变形固体的基本假定。

任务一　工程力学的研究对象

工程力学是研究工程结构的受力分析、承载能力的基本原理和方法的科学，它是工程技术人员从事结构设计和施工所必须具备的理论基础。

水利建设、房屋建筑和道路桥梁等各种工程的设计和施工都涉及工程力学问题。如水利工程中的水闸、水坝、水电站、渡槽、桥梁、隧洞等，建筑工程中的屋架、梁、板、柱和塔架等。建筑物中承受荷载而起骨架作用的部分称为**结构**。结构是由若干构件按一定方式组合而成的。组成结构的各单独部分称为**构件**。例如：支撑渡槽槽身的排架是由立柱和横梁组成的钢架结构，如图1-1（a）所示；支撑弧形闸门面板的腿架是由弦杆和腹杆组成的桁架结构，如图1-1（b）所示；电厂厂房结构由屋顶、楼板和吊车梁、柱等构件组成，如图1-1（c）所示。结构受荷载作用时，如不考虑建筑材料的变形，其几何形状和位置不会发生改变。

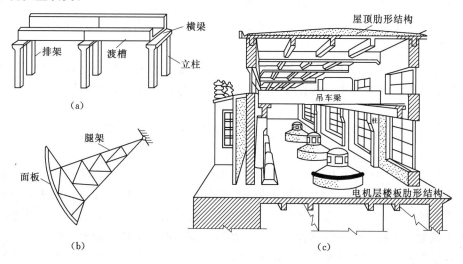

（a）　　　　　　　　　（b）　　　　　　　　　（c）

图1-1

结构按其几何特征分为三种类型：

（1）杆系结构：由杆件组成的结构。杆件的几何特征是其长度远远大于横截面的宽度和高度。

（2）薄壁结构：由薄板或薄壳组成的结构。薄板或薄壳的几何特征是其厚度远远小于另两个方向的尺寸。

（3）实体结构：由块体组成的结构。块体的几何特征是三个方向的尺寸基本为同一数量级。

工程力学的研究对象主要是杆系结构。

任务二　工程力学的研究内容和任务

工程力学的任务是研究结构的几何组成规律，以及在荷载的作用下结构和构件的强度、刚度和稳定性问题。研究平面杆系结构的计算原理和方法，为结构设计合理的形式，其目的是保证结构按设计要求正常工作，并充分发挥材料的性能，使设计的结构既安全可靠又经济合理。

进行结构设计时，要求在受力分析基础上，进行结构的几何组成分析，使各构件按一定的规律组成结构，以确保在荷载的作用下结构几何形状不发生改变。

结构正常工作必须满足强度、刚度和稳定性的要求，即进行其承载能力计算。

强度是指结构或构件抵抗破坏的能力。满足强度要求就是要求结构或构件在正常工作时不发生破坏。

刚度是指结构或构件抵抗变形的能力。满足刚度要求就是要求结构或构件在正常工作时产生的变形不超过允许范围。

稳定性是指结构或构件保持原有平衡状态的能力。满足稳定性要求就是要求结构或构件在正常工作时不突然改变原有平衡状态，以免因变形过大而破坏。

按教学要求，工程力学主要研究以下两部分的内容。

（1）静力学基础。这是工程力学的重要基础理论，包括物体的受力分析、力系的简化与平衡等刚体静力学基础理论。

（2）杆件的承载能力计算。这部分是计算结构承载能力的实质，包括基本变形杆件的内力分析和强度、刚度计算，压杆稳定和组合变形杆件的强度、刚度计算。

任务三　刚体、变形固体及其基本假设

自然界中的物体及工程中的结构和构件，其性质是复杂多样的。不同学科只是从不同角度去研究物体性质的某一个或某几个侧面。为使所研究的问题简化，常略去对所研究问题影响不大的次要因素，只考虑相关的主要因素，将复杂问题抽象化为只具有某些主要性质的理想模型。工程力学中将物体抽象化为两种计算模型：刚体和理想变形固体。

刚体是在外力作用下形状和尺寸都不改变的物体。实际上，任何物体受力的作用后都会发生一定的变形，但在一些力学问题中，物体变形这一因素与所研究的问题无关或对其

影响甚微，这时可将物体视为刚体，从而使研究的问题得到简化。

理想变形固体是对实际变形固体的材料理想化，作出以下假设：

（1）**连续均匀假设**。连续是指材料内部没有空隙，均匀是指材料的性质各处相同。连续均匀假设即认为物体的材料无空隙地连续分布，且各处性质均相同。

（2）**各向同性假设**。即认为材料沿不同方向的力学性质均相同。具有这种性质的材料称为**各向同性材料**，而各方向力学性质不同的材料称为**各向异性材料**。本教材中仅研究各向同性材料。

按照上述假设理想化的一般变形固体称为理想变形固体。刚体和变形固体都是工程力学中必不可少的理想化的力学模型。

变形固体受荷载作用时将产生变形。当荷载撤去后，可完全消失的变形称为**弹性变形**；不能恢复的变形称为**塑性变形或残余变形**。在多数工程问题中，要求构件只发生弹性变形。工程中，大多数构件在荷载的作用下产生的变形量若与其原始尺寸相比很微小，称为**小变形**。小变形构件的计算，可采取变形前的原始尺寸并可略去某些高阶无穷小量，可大大简化计算。

综上所述，工程力学把所研究的结构和构件看作是连续、均匀、各向同性的理想变形固体，在弹性范围内和小变形情况下研究其承载能力。

任务四　荷　载　的　分　类

结构工作时所承受其他物体作用的主动外力称为**荷载**。荷载可分为不同类型：

（1）按作用的性质可分为静荷载和动荷载。缓慢地加到结构上的荷载称为**静荷载**，静荷载作用下结构不产生明显的加速度。大小、方向随时间而变的荷载称为**动荷载**，动荷载作用下结构上各点产生明显的加速度，结构的内力和变形都随时间而发生变化。地震力、冲击力、惯性力等都是动荷载。

（2）按作用时间的长短可分为恒荷载和活荷载。永久作用在结构上，大小、方向不变的荷载称为**恒荷载**。固定设备、结构自重等都为恒荷载。暂时作用在结构上的荷载称为**活荷载**。风、雪荷载等都为活荷载。

（3）按作用的范围可分为集中荷载和分布荷载。当荷载作用的范围与构件尺寸相比很小时，可认为荷载集中作用于一点，称为**集中荷载**。车轮对地面的压力、柱子对面积较大的基础的压力等都是集中荷载。分布作用在体积、面积或线段上的荷载称为**分布荷载**。结构自重、风、雪等荷载都为分布荷载。当以刚体为研究对象时，作用在结构上的分布荷载可用其合力（集中荷载）代替，以简化计算；但以变形体为研究对象时，作用在结构上的分布荷载不能用其合力代替。

项目二 刚体静力学基础

【学习目标】
· 掌握静力学的基本概念，力、平衡、刚体和约束的概念。
· 掌握静力学的几个公理及其推论，掌握力的平移定理。
· 掌握力对点之矩的计算及合力矩定理的应用，掌握力偶的性质。
· 掌握常见的几种约束类型及特点，会确定其约束反力。
· 掌握画单一物体和物体系统受力图的方法。

静力学研究物体机械运动的特殊情况——物体的平衡规律。它包括力系的简化和力系的平衡条件及其应用两个基本问题。由于变形对此范围内研究的问题影响甚微，故在静力学中将物体视为**刚体**，静力学又称为**刚体静力学**。本项目介绍刚体静力学的一些基本概念，这些内容是以后各章的基础。

任务一　力和平衡的概念

一、力的概念

力是物体间相互的机械作用，其作用的结果是使物体机械运动的状态发生改变和物体形状产生变化。前者称为运动效应或外效应，后者称为变形效应或内效应。力的运动效应又可分为移动效应和转动效应。在一般情况下，一个力对物体作用时，既有移动效应又有转动效应。

实践证明，力对物体的作用取决于力的大小、方向和作用点。这三者称为**力的三要素**。

力的大小表明物体间相互作用的强弱程度。为了度量力的大小，须规定力的单位，在国际单位制中，力的单位是牛顿（N）或千牛（kN）。

力的方向包含有方位和指向两个含义。例如重力的方向是"铅直向下"。

力的作用点是指力对物体作用的位置。力的作用位置实际上有一定的范围，不过当作用范围与物体的几何尺寸相比很小时，可近似地看作一个点，作用在一个点的力，称为集中力。

在这三个要素中，只要改变其中的一个要素，都会对物体产生不同的效果。

为了便于对物体作受力分析，常需要将力用图形表示出来。由力的三要素可知，力是既有大小又有方向的量，所以力是矢量，可以用一条带箭头的线段来表示，这种表示方法，称为**力的图示法**。

如图 2-1 所示，线段 AB 的长度（按一定比例）表示力的大小；线段的方位和箭头的指向表示力的方向；线段的起点 A（或终点 B）表示力的作用点。通过力的作用点沿力的方向的直线，称为力的**作用线**。

用字母符号表示力矢量时，常用黑体字母 **F** 来表示。

二、力系的概念

所谓**力系**，是指作用于物体上的一群力。

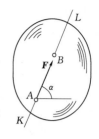

根据力系中各力作用线的分布情况，可将力系分为平面力系和空间力系两大类。各力作用线位于同一平面内的力系称为**平面力系**，各力作用线不在同一平面的力系称为**空间力系**。

若两个力系分别作用于同一物体上，其效应完全相同，则称这两个力系为**等效力系**。

图 2-1

如果一个力与一个力系等效，则称此力为该力系的**合力**，而力系中的各力称为此合力的**分力**。用一个简单的等效力系（或一个力）代替一个复杂力系的过程称为**力系的简化**。力系的简化是静力学的基本问题之一。

三、平衡的概念

平衡是指物体相对于惯性参考系保持静止或做匀速直线运动。平衡是物体机械运动的一种特殊形式。在一般的工程技术问题中，常取地球作为惯性参考系。例如，静止在地面上的房屋、桥梁、水坝等建筑物，在直线轨道上做等速运动的火车，它们都在各种力系作用下处于平衡状态。使物体处于平衡状态的力系称为**平衡力系**。研究物体平衡时，作用在物体上的力系应该满足的条件是静力学的又一基本问题。

力系简化的目的之一是导出力系的平衡条件，而力系的平衡条件是设计结构、构件和机械零件时静力学计算的基础。

任务二　静力学公理

静力学公理是人们在长期的生活和生产实践中，经过反复观察和实验总结出来的普遍规律。它阐述了力的一些基本性质，是静力学理论的基础。所谓"公理"，就是不需要证明即被公认的真理。

公理 1：二力平衡公理

作用在同一个刚体上的两个力，使刚体处于平衡的必要和充分条件是：这两个力大小相等、方向相反、作用在同一条直线上，如图 2-2 所示。

二力平衡公理表明了作用于刚体上的最简单力系平衡时所必须满足的条件。必须指出，这个公理只适用于刚体，而不适用于变形体。例如，绳索的两端若受到一对大小相等、方向相反的拉力时可以保持平衡，但若是压力就不能保持平衡。

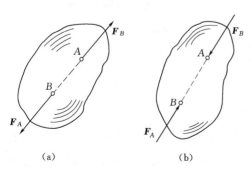

（a）　　　　　　　（b）

图 2-2

工程结构中的构件受两个力作用处于平衡的情形是常见的。如图 2-3（a）所示的支架，若不计杆件 AB、AC 的重量，当支架悬

5

挂重物处于平衡时，每根杆在两端所受的力必等值、反向、共线，且沿杆两端连线方向，如图 2-3（b）、（c）所示。

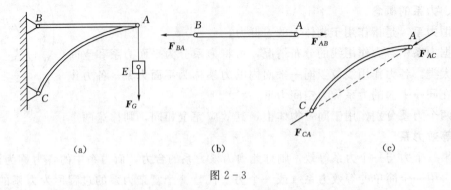

图 2-3

仅在两个力作用下处于平衡的构件称为**二力构件**或**二力杆件**，简称**二力杆**。二力杆与其本身形状无关，它可以是直杆、曲杆或折杆。

公理 2：加减平衡力系公理

在作用于刚体的任意力系上，加上或减去平衡力系，并不改变原力系对刚体的作用效应。

该公理的正确性是显而易见的。因为平衡力系中的各力对于刚体的运动效应抵消，从而使刚体保持平衡。所以，在一个已知力系上，加上或减去平衡力系不会改变原力系对刚体的作用效应。不难看出，加减平衡力系原理也只适用于刚体，而不能用于变形体。

公理 3：力的平行四边形法则

作用于物体上同一点的两个力，可以合成为作用于该点的一个合力，合力的大小和方向，由这两个力所构成的平行四边形的对角线表示。

如图 2-4（a）所示，F_1、F_2 为作用于物体上 A 点的两个力，以力 F_1 和 F_2 为邻边作平行四边形 $ABCD$，其对角线 AC 表示两共点力 F_1 和 F_2 的合力 F_R。合力矢与分力矢的关系用矢量式表达为

$$F_R = F_1 + F_2 \tag{2-1}$$

即合力矢等于这两个分力矢的矢量和。

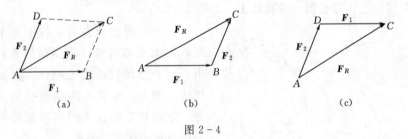

图 2-4

力的平行四边形法则可以简化为**力三角形法则**，如图 2-4（b）、（c）所示。力三角形的两边由两分力矢首尾相连组成，第三边则为合力矢 F_R，它由第一个力的起点指向最后一个力的终点，而合力的作用点仍在二力交点。

将力的平行四边形法则加以推广，可以得到求平面汇交力系合力矢量的**力多边形法则**。

设刚体受平面汇交力系作用如图 2-5（a）所示，根据力的平行四边形法则将这些力两两合成，最后求得一个通过力系汇交点 O 的合力 F_R。若连续应用力三角形法则将各力两两合成求合力 F_R 的大小和方向，则更为简便。如图 2-5（b）所示，分力矢和合力矢构成的多边形 $abcde$ 称为**力多边形**。由图可知，作图时不必画出中间矢量 F_{R1}、F_{R2}，只需按比例将各分力矢首尾相连组成一开口的力多边形，而合力矢则沿相反方向连接此缺口，构成力多边形的**封闭边**。合力的作用线通过力系的汇交点。由于矢量加法符合交换率，故可以任意变换各分力的作图次序，所得结果完全相同，如图 2-5（c）所示。综上所述，可得出如下结论：**平面汇交力系合成的结果是一个通过汇交点的合力，合力的大小和方向由力多边形的封闭边确定，即合力矢等于各分力矢的矢量和。**用矢量式可表示为

$$F_R = \sum F \tag{2-2}$$

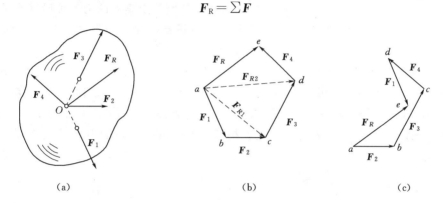

（a）　　　　　　　　　　（b）　　　　　　　　　　（c）

图 2-5

根据力的平行四边形法则也可将一个力分解为作用在同一点的两个分力。以该力为对角线作平行四边形，其相邻两边即表示两个分力的大小和方向，如图 2-6（a）所示。由于同一对角线可作出无穷多个不同的平行四边形，因此解答是不确定的。工程实际中，常将一个力 F 沿直角坐标系 x、y 轴分解，得到两个互相垂直的分力 F_x 和 F_y，如图 2-6（b）所示。

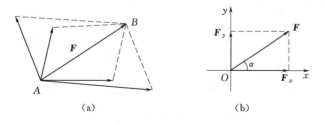

（a）　　　　　　　　　　（b）

图 2-6

公理 4：作用与反作用定律

两个物体间相互作用的力总是同时存在的，两力的大小相等，方向相反，沿着同一直线，分别作用在这两个物体上。

这个公理说明了两物体间相互作用力的关系。力总是成对出现的，有作用力就必有反作用力，且总是同时产生又同时消失。

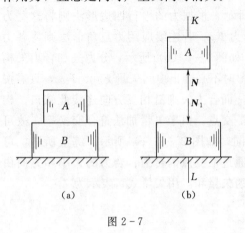

图 2 - 7

例如，图 2 - 7（a）中物体 A 放置在物体 B 上。N_1 是物体 A 对 B 的作用力，作用在物体 B 上。N 是物体 B 对物体 A 的反作用力，作用在物体 A 上。N_1 和 N 是作用力与反作用力的关系，即大小相等 $N_1 = N$，方向相反，沿同一直线 KL，如图 2 - 7（b）所示。

根据上述静力学公理可以导出下面两个重要推论：

推论 1：力的可传性

作用于刚体上某点的力，可沿其作用线移至刚体上的任意一点，而不改变它对刚体的作用效应。

证明：设力 F 作用在刚体上的 A 点，如图 2 - 8（a）所示。在力 F 的作用线上任取一点 B，根据加减平衡力系公理，在 B 点加上一对平衡力 F_1 和 F_2，且使 $-F_1 = F_2 = F$，如图 2 - 8（b）所示。由于 F_1 与 F 构成平衡力系，故可以去掉，只剩下一个力 F_2，如图 2 - 8（c）所示。又因为 F_2 和原力 F 等效，这就相当于把作用在 A 点的力 F 沿其作用线移到了 B 点。

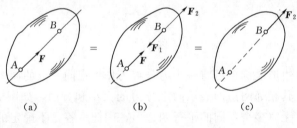

图 2 - 8

上述力的可传性很容易为实践所验证。例如，沿同一直线用同样大小的力推车或拉车，对车产生的运动效应是等效的，如图 2 - 9 所示。

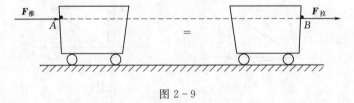

图 2 - 9

应当指出，力的可传性只适用于刚体，而不适用于变形体，否则将导致物体的变形效应。例如，直杆两端受等值、反向、共线的两个拉力 F_1 和 F_2 作用将产生伸长变形，如图 2 - 10（a）所示，若将 F_1 和 F_2 分别沿其作用线移动到另一端，如图 2 - 10（b）所示，这时直杆将产生压缩变形，变形形式发生变化，即作用效应发生改变。

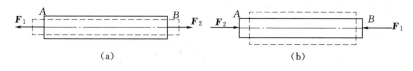

图 2 - 10

推论 2：三力平衡汇交定理

刚体在三个力作用下处于平衡时，若其中两个力的作用线汇交于一点，则第三个力的作用线必通过该点，且三力共面。

证明：在刚体的 A_1、A_2、A_3 三点上，分别作用着相互平衡的三个力 F_1、F_2、F_3，如图 2 - 11 所示。设力 F_1 和 F_2 的作用线相交于 O 点。根据力的可传性，将力 F_1 和 F_2 移到汇交点，然后由力的平行四边形法则得到此二力的合力 F_{R12}，则力 F_3 和 F_{R12} 平衡。由二力平衡公理可知，F_3 和 F_{R12} 必共线，所以力 F_3 的作用线必通过 O 点并与力 F_1 和 F_2 共面。定理得证。

三力平衡汇交定理常用来确定刚体在不平行三力作用下平衡时其中某一未知力的作用线。

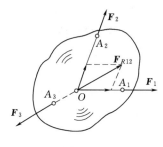

图 2 - 11

任务三 力矩和力偶

一、力对点之矩

力对刚体的运动效应包括移动效应和转动效应。其中，力对刚体的移动效应用力矢来度量；而力对刚体的转动效应可用力对点之矩来度量。

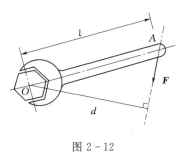

图 2 - 12

以扳手拧螺母为例，如图 2 - 12 所示。在扳手 A 点加力 F，将使扳手和螺母一起绕螺母中心 O 点转动。力 F 使扳手绕 O 点转动的效应，不仅与力 F 的大小成正比，而且还与 O 点到力 F 的作用线的垂直距离 d 成正比。另外，力 F 的方向不同，扳手绕 O 点转动的方向也随之改变，即用扳手既可以拧紧螺母，又可以松开螺母，转动效果是不同的。因此，可以用**力 F 的大小与 O 点到力 F 的作用线的垂直距离 d 的乘积，再冠以正负号来表示力 F 使螺母绕 O 点转动的效应，称为力 F 对 O 点之矩，简称力矩**。用符号 $m_O(\boldsymbol{F})$ 表示，即

$$m_O(\boldsymbol{F}) = \pm F \cdot d \qquad (2-3)$$

其中，O 点称为"力矩中心"，简称"**矩心**"；矩心 O 点到力 F 的作用线的垂直距离 d 称为"**力臂**"；力 F 与矩心 O 点所确定的平面称为**力矩平面**。

式（2 - 3）中的正负号表示在力矩平面内力使物体绕矩心转动的方向。一般规定：**力使物体绕矩心逆时针方向转动时，力矩为正；反之，力矩为负。**可见，在平面问题中，力对点之矩只取决于力矩的大小和转向，因此，力矩是代数量。力矩的单位为 N·m 或

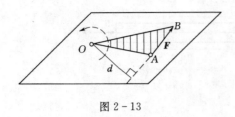

图 2-13

kN・m。

由图 2-13 可以看出，力 $\boldsymbol{F}$ 对 O 点之矩的大小，在数值上等于以力 $\boldsymbol{F}$ 为底边、矩心 O 点为顶点所构成的三角形 OAB 面积的两倍，即

$$m_O(\boldsymbol{F}) = \pm Fd = \pm 2S_{\triangle OAB} \qquad (2-4)$$

由力矩的定义可以得出如下结论：

(1) 力对点之矩不仅与力的大小和方向有关，还与矩心位置有关。

(2) 当力沿其作用线滑动时，不改变力对指定点之矩。

(3) 当力的大小为零或力的作用线通过矩心时，力矩等于零。

二、合力矩定理

平面汇交力系的合力对平面内任一点之矩，等于力系中各分力对同一点之矩的代数和。

证明：如图 2-14 所示，已知正交两分力 $\boldsymbol{F}_1$、$\boldsymbol{F}_2$ 作用于物体上 A 点，其合力为 $\boldsymbol{F}_R$。在力系平面内任取一点 O 为矩心。以 O 点为坐标原点，建立直角坐标系 Oxy，并使 Ox、Oy 轴分别与力 $\boldsymbol{F}_2$、$\boldsymbol{F}_1$ 平行。设 A 点的坐标为 (x, y)，合力 $\boldsymbol{F}_R$ 与 x 轴的夹角为 α。根据力对点之矩的定义可得

$$m_O(\boldsymbol{F}_1) = F_1 d_1 = F_1 x$$
$$m_O(\boldsymbol{F}_2) = -F_2 d_2 = -F_2 y$$
$$m_O(\boldsymbol{F}_R) = -F_R d$$

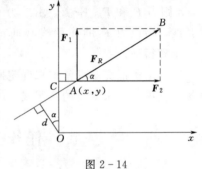

图 2-14

由图 2-14 可见，$d = OC \cdot \cos\alpha = (y - x\tan\alpha)\cos\alpha$。故有

$$m_O(\boldsymbol{F}_R) = -F_R(y - x\tan\alpha)\cos\alpha = -F_2(y - x\tan\alpha) = -F_2 y + F_1 x$$
$$= m_O(\boldsymbol{F}_1) + m_O(\boldsymbol{F}_2) = \sum m_O(\boldsymbol{F}) \qquad (2-5)$$

合力矩定理可用来简化力矩的计算。例如在计算力对某点的力矩时，有时力臂不易求出，可将此力分解为相互垂直的两个分力，若两个分力对该点的力臂已知，即可方便地求出两个分力对该点的力矩代数和，从而求得此力对该点之矩。

【例 2-1】 试计算图 2-15 中力 $\boldsymbol{F}$ 对 A 点之矩。已知 $\boldsymbol{F}$、a、b。

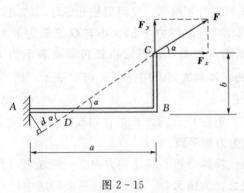

图 2-15

解： 本例题有两种解法。

(1) 由力矩的定义计算力 $\boldsymbol{F}$ 对 A 点之矩。先求力臂 d。由图中几何关系有

$$d = AD \cdot \sin\alpha = (AB - DB)\sin\alpha$$
$$= (AB - BC \cdot \cot\alpha)\sin\alpha$$
$$= (a - b\cot\alpha)\sin\alpha = a\sin\alpha - b\cos\alpha$$

所以

$$m_A(\boldsymbol{F}) = Fd = F(a\sin\alpha - b\cos\alpha)$$

(2) 根据合力矩定理计算力 $\boldsymbol{F}$ 对 A 点之矩。

将力 F 在 C 点分解为正交的两个分力 F_x 和 F_y，由合力矩定理可得

$$m_A(\boldsymbol{F}) = m_A(\boldsymbol{F}_x) + m_A(\boldsymbol{F}_y) = -F_x b + F_y a$$

$$= -Fb\cos\alpha + Fa\sin\alpha = F(a\sin\alpha - b\cos\alpha)$$

【例 2-2】 已知挡土墙重 $F_G = 75\text{kN}$，铅直土压力 $F_N = 120\text{kN}$，水平土压力 $F_H = 90\text{kN}$，如图 2-16 所示。试分析挡土墙是否会绕 A 点倾倒。

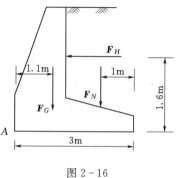

图 2-16

解: 挡土墙受自重和土压力作用，其中水平土压力对 A 点的力矩 $m_倾$ 有使挡土墙绕 A 点倾倒的趋势，而自重和铅直土压力对 A 点的力矩 $m_抗$ 起着抵抗倾倒的作用。若 $m_抗 > m_倾$，则挡土墙不会绕 A 点倾倒；若 $m_抗 < m_倾$，则挡土墙将会绕 A 点倾倒。

$$m_倾 = m_A(\boldsymbol{F}_H) = 90 \times 1.6 = 144(\text{kN} \cdot \text{m})$$

$$m_抗 = m_A(\boldsymbol{F}_G) + m_A(\boldsymbol{F}_N) = -75 \times 1.1 - 120 \times (3-1)$$

$$= -82.5 - 240 = -322.5(\text{kN} \cdot \text{m})$$

由于 $|m_抗| > m_倾$，则挡土墙不会绕 A 点倾倒。

三、力偶及其性质

(一) 力偶的概念

大小相等、方向相反且不共线的两个平行力组成的力系，称为力偶。

力偶常用符号 $(\boldsymbol{F}, \boldsymbol{F}')$ 表示。力偶中两力作用线所确定的平面称为**力偶作用面**。两力作用线之间的垂直距离称为**力偶臂**，如图 2-17 所示。

在日常生活和工程实际中，物体受力偶作用的情形是常见的。如图 2-18 (a) 所示，钳工用丝锥在工件上加工螺纹孔时，双手加在铰杠两端的力；又如图 2-18 (b) 所示，汽车司机转动方向盘时，双手加在方向盘上的两个力；还有拧瓶盖、开关水龙头等都是物体受力偶作用的例子。

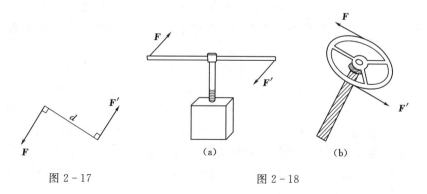

图 2-17   (a)   (b)

图 2-18

需要注意的是，组成力偶的两个力虽然等值、反向，但由于不在同一直线上，因此力偶并不是平衡力系。

（二）力偶矩

实践表明，平面力偶对物体的作用效应取决于组成力偶的力的大小和力偶臂的长短，同时也与力偶在其作用平面内的转向有关。因此，可以用力偶中的力 F 的大小和力偶臂的乘积 $F \cdot d$，再冠以正负号来度量力偶对物体的转动效应。力与力偶臂的乘积称为力偶矩，用 $m(F, F')$ 表示，简记为 m，即

$$m = \pm F \cdot d \qquad\qquad (2-6)$$

在平面问题中，力偶矩是代数量，其绝对值等于力的大小与力偶臂的乘积，正负号表示力偶的转向。通常规定：力偶使物体逆时针方向转动时，力偶矩为正；反之为负。

力偶矩的单位与力矩的单位相同，即为 N · m 或 kN · m。力偶矩的大小、力偶的转向、力偶的作用平面称为平面力偶的三要素。

（三）力偶的性质

力偶和力不同，它具有如下基本性质：

性质 1：力偶不能简化为一个力，即力偶不能与一个力等效，也不能与一个力平衡，力偶只能与力偶平衡。

性质 2：力偶对其作用平面内任一点之矩恒等于力偶矩，而与矩心位置无关。

性质 3：作用在同一平面内的两个力偶，若二者力偶矩大小相等，转向相同，则两力偶等效。

从以上性质可以得到两个推论：

推论 1：只要保持力偶矩的大小和转向不变，力偶可以在其作用平面内任意移动，而不改变它对刚体的作用效应。

推论 2：只要保持力偶矩的大小和转向不变，可以同时改变组成力偶的力的大小和力偶臂的大小，而不改变力偶对刚体的转动效应。

四、力的平移定理

力的可传性表明，力可以沿着其作用线移动到刚体上的任意一点，而不改变力对刚体的作用效应。但当力平行于原来的作用线移动到刚体上的任意一点时，力对刚体的作用效应将会改变。为了将力等效平移，有如下的定理：

力的平移定理：作用于刚体上的力可以平行移动到同一刚体上的任意一点，为保持原有的作用效应，必须同时附加一个力偶，附加力偶的力偶矩等于原来的力对平移点的力矩。

证明：设力 F 作用于刚体上 A 点，如图 2-19（a）所示。为将力 F 等效的平行移动到刚体上的任意一点 B 点，根据加减平衡力系公理，在 B 点加上两个等值、反向的力 F' 和 F''，并使 $F = F' = -F''$，如图 2-19（b）所示。由于力 F 和力 F'' 等值、反向且作用线平行不共线，它们组成力偶（F，F''）。于是，作用在 B 点的力 F' 和力偶（F，F''）与原作用在 A 点的力 F 等效，即把作用在 A 点的力 F 平行移动到刚体上的任意一点 B 点，但同时附加了一个力偶，如图 2-19（c）所示。由图可见，附加力偶的力偶矩为

$$m = Fd = m_B(F)$$

力的平移定理表明，一个力可以分解为作用在同一平面内的一个力和一个力偶；反

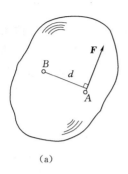 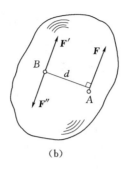 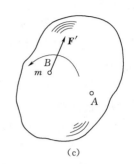

(a)　　　　　　　　　　(b)　　　　　　　　　　(c)

图 2-19

之，也可以将平面内的一个力和一个力偶合成为作用在另一点的一个力。

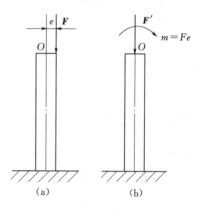

力的平移定理不仅是力系向一点简化的依据，而且可以用来分析工程中的某些力学问题。如图 2-20 所示的偏心受压柱，若将偏心力 F 平移到柱截面形心 O 点，便得到一个中心压力 F' 和一个力偶矩为 m 的力偶。力 F' 使柱产生压缩变形，而力偶使柱产生弯曲变形。可见，偏心受压对构件的安全是不利的。

应当注意的是，力的平移定理只适用于刚体，而不适用于变形体，并且力只能在同一刚体上平行移动。

(a)　　　　　　　(b)

图 2-20

任务四　约束与约束反力

在力学分析中通常把物体分为两类：自由体和非自由体。凡运动没有受到任何限制的物体称为**自由体**。如在空中飞行的飞机和导弹。凡运动受到其他物体限制的物体称为**非自由体**，如用绳索悬挂的重物、在轴承中转动的转子等。**凡对某一物体的运动（位移）起限制作用的周围物体称为约束**。如绳索是对重物的约束，轴承是对转子的约束。

由于约束阻碍物体沿着某些方向运动（位移），当物体沿着约束所阻碍的方向有运动或有运动趋势时，约束就对被约束物体施加力的作用，这种力称为**约束反力**，简称**反力**。反力的方向总是与约束所能阻碍的物体运动或运动趋势的方向相反，这是判定反力方向的基本方法。反力的作用点就是物体上与约束接触的点。反力的大小，一般都是未知的，它由静力平衡条件及其他物理、几何条件来确定。

在受力的物体上，那些能使物体有运动或运动趋势的力称为**主动力**。主动力一般是已知的，或可根据已有的资料确定得到。根据主动力求未知反力是工程设计的基础。

实际工程中，所采用的约束构造形式多种多样，但根据它们的构造特点和性质，可以将它们归纳为以下几种典型约束。

一、柔性约束

由不计自重的绳索、胶带、链条、钢索等柔性物体构成的约束称为**柔性约束**，如图 2-21 所示。由柔性体的性质可知，这类约束只能承受拉力，即能阻碍被约束物体沿着柔索伸长方向的位移，故**柔性约束的反力，作用在接触点，方向沿柔性体中心线背离被约束物体**。通常用符号 F_T 来表示这类反力。如图 2-21 中钢索对钢梁的反力 F_{TA}、F_{TB}。

二、光滑面约束

两物体相互接触，当接触面的摩擦力很小而略去不计时，两物体彼此的约束就是**光滑面约束**。无论接触面是平面还是曲面，都不能阻碍物体沿接触面公切线方向或离开接触面的运动，而只能阻碍物体沿接触面公法线方向朝向接触面的运动，所以，**光滑面的反力，作用在接触点，方向沿接触面的公法线且指向被约束物体**。通常用符号 N 表示。如图2-22 中小球所受的反力 N_A。

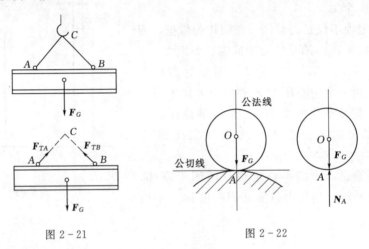

图 2-21　　　　　　　　图 2-22

三、光滑圆柱铰链约束

将两个钻有相同直径圆孔的构件 A 和 B，用销钉 C 插入孔中相连接，如图 2-23（a）所示。不计销钉与孔壁的摩擦，销钉对所连接的物体形成的约束称为**光滑圆柱铰链约束**，简称**铰链约束或中间铰**。图 2-23（b）为铰链约束的结构简图。铰链约束的特点是只限制物体在垂直于销钉轴线的平面内沿任意方向的移动，但不限制物体绕销钉轴线的相对转动和沿其轴线方向的相对滑动。在主动力作用下，当销钉和销钉孔在某点 D 光滑接触时，销

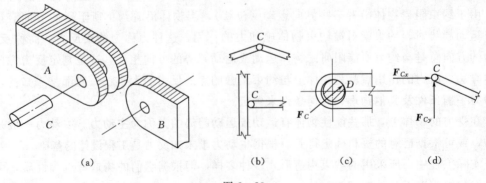

（a）　　　　　　（b）　　　　　（c）　　　　　（d）

图 2-23

钉对物体的反力 F_C 作用在接触点 D，且沿接触面公法线方向。**铰链的反力作用在垂直销钉轴线的平面内，并通过销钉中心，**如图 2-23（c）所示。

由于销钉与销钉孔壁接触点的位置与被约束物体所受的主动力有关，往往不能预先确定，故反力 F_C 的方向亦不能预先确定。因此，通常用通过铰链中心的两个正交分力 F_{Cx}、F_{Cy} 来表示，如图 2-23（d）所示。分力 F_{Cx}、F_{Cy} 的指向可任意假定。

四、固定铰支座

将结构物或构件连接在墙、柱、基础等支承物上的装置称为**支座**。用光滑圆柱铰链把结构物或构件与支承底板连接，并将底板固定在支承物上而构成的支座，称为**固定铰支座**。

图 2-24（a）为构造示意图，结构简图如图 2-24（b）所示。为避免在构件上穿孔而影响构件的强度，通常在构件上固定另一穿孔的物体，称为上摇座，而将底板称为下摇座，如图 2-24（c）所示。

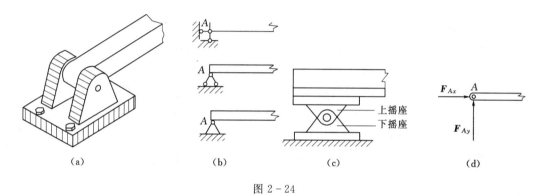

（a）　　　　　　（b）　　　　　　（c）　　　　　　（d）

图 2-24

固定铰支座与光滑圆柱铰链约束不同的是，两个被约束的构件，其中一个是完全固定的。但同样只有一个通过铰链中心且方向不定的反力，亦用正交的两个分力 F_{Ax}、F_{Ay} 表示，如图 2-24（d）所示。

五、活动铰支座

在固定铰支座底板与支承面之间装若干个辊轴，就构成了**辊轴支座**，又称为**活动铰支座**，如图 2-25（a）所示。图 2-25（b）为其结构简图。这种约束只能限制物体沿支承面法线方向的运动，而不能限制物体沿支承面方向的移动和绕铰链中心的转动。因此，**活动铰支座的反力垂直于支承面，且通过铰链中心。**常用符号 F 表示，作用点位置用下标注明，如图 2-25（c）所示的 F_A。

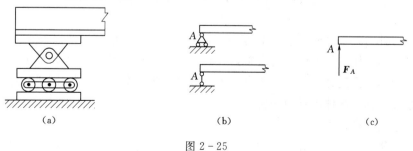

（a）　　　　　　　　（b）　　　　　　　　（c）

图 2-25

六、链杆约束

两端各以铰链与不同物体连接且中间不受力的直杆称为**链杆**。链杆约束的特点是：**两端为铰链，不计自重，中间不受力**，如图 2-26（a）所示。图 2-26（b）为其结构简图。这种约束只能限制物体沿链杆轴线方向的运动，而不限制其他方向的运动。因此，**链杆对物体的反力为沿着链杆两端铰链中心连线方向的压力或拉力**，常用符号 **F** 表示，如图 2-26（c）所示的 F_A。

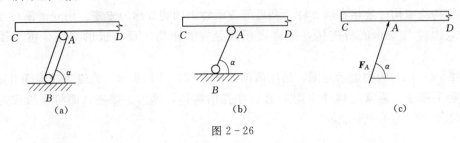

图 2-26

七、固定端支座

固定端支座也是工程结构中常见的一种约束，它是将构件的一端插入一固定物而构成。如图 2-27（a）所示的钢筋混凝土柱与基础整体浇筑时柱与基础的连接端，如图 2-27（b）所示，嵌入墙体一定深度的悬臂梁的嵌入端都属于固定端支座，图 2-27（c）为其结构简图。这种约束的特点是：连接处具有较大的刚性，被约束物体在该处被完全固定，即不允许被约束物体在连接处发生任何相对移动或转动。固定端的反力分布比较复杂，但在平面问题中，可简化为两个正交分力 F_{Ax}、F_{Ay} 和一个反力偶 m_A，如图 2-27（d）所示。

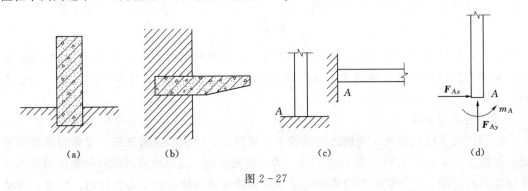

图 2-27

任务五　物体的受力分析与受力图

在进行构件的力学分析时，为了清晰地表示构件的受力情况，可以根据计算简图将研究对象从周围的物体和约束中脱离出来，并在它上面画出所受的全部荷载（主动力）和反力，这样的图形称为**受力图**。确定研究对象，取脱离体，分析脱离体上所受的外力并画受力图，这个过程称为**物体的受力分析**。

画受力图的步骤如下：

（1）选取研究对象，画脱离体图。根据题意，选择合适的物体作为研究对象，研究对象可以是一个物体，也可以是几个物体的组合或整个系统。

（2）画脱离体所受的主动力。

（3）画脱离体所受的约束反力。

下面举例说明物体受力分析和画受力图的方法。

【例 2-3】 简支梁 AB，如图 2-28（a）所示。梁跨中受集中荷载 F 作用。若不计梁的自重，试画出梁 AB 的受力图。

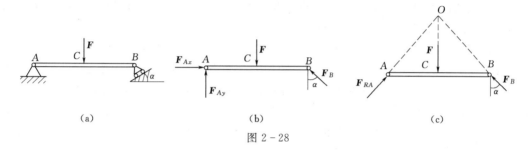

图 2-28

解：（1）以梁 AB 为研究对象，画出其脱离体图。

（2）画主动力。主动力为荷载 F，作用在梁中点 C，方向铅直向下。

（3）画反力。A 端为固定铰支座，其反力 F_{RA} 通过铰链中心，用通过铰链中心的两个正交分力 F_{Ax}、F_{Ay} 表示。B 端为活动铰支座，其反力 F_B 垂直于支承面且通过铰链中心。梁 AB 的受力图如图 2-28（b）所示，图中未知力的指向均为假设。

本例因梁受三力作用而平衡，故可根据三力平衡汇交定理确定固定铰支座反力 F_{RA} 的方向，得到梁的受力图的另一种表示形式，如图 2-28（c）所示。

【例 2-4】 三铰钢架受力如图 2-29（a）所示。试分别画出 AC、BC 和整体的受力图。各部分自重均不计。

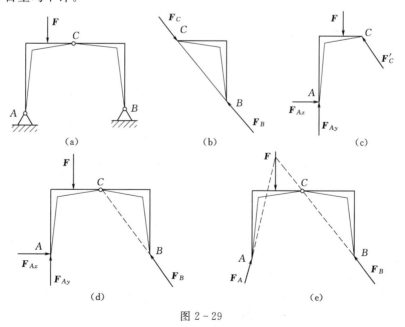

图 2-29

解：（1）取 BC 为研究对象。由于不计自重，且只在 B、C 两处受铰链的约束反力作用而平衡，故 BC 为二力构件，其反力 $\boldsymbol{F}_B$、$\boldsymbol{F}_C$ 必沿 B、C 两铰链中心连线方向，且 $\boldsymbol{F}_B =$ $-\boldsymbol{F}_C$，受力图如图 2-29（b）所示。

（2）取 AC 为研究对象。AC 所受的主动力为荷载 $\boldsymbol{F}$。在铰链 C 处受有 BC 施加的反力 $\boldsymbol{F}'_C$，且 $\boldsymbol{F}'_C = -\boldsymbol{F}_C$。在 A 处受固定铰支座的反力，可用两个正交分力 $\boldsymbol{F}_{Ax}$、$\boldsymbol{F}_{Ay}$ 表示，受力图如图 2-29（c）所示。

（3）取整体为研究对象。它所受的力有主动力 $\boldsymbol{F}$，A、B 处固定铰支座的反力 $\boldsymbol{F}_{Ax}$、$\boldsymbol{F}_{Ay}$ 和 $\boldsymbol{F}_B$。受力图如图 2-29（d）所示。

整体的受力图也可以表示为图 2-29（e）的形式，在此不再赘述。

应当注意的是，在对整个系统（或系统中的几个物体的组合）进行受力分析时，系统内物体间相互作用的力称为**系统的内力**。系统的内力成对出现，并且是作用力与反作用力的关系，它们对系统的作用效应互相抵消，故系统的内力在受力图上不必画出。在受力图上只需要画出系统以外物体对系统的作用力，这种力称为**系统的外力**。还应注意，内力与外力是相对于所选的研究对象而言的。

【例 2-5】 如图 2-30（a）所示平面构架，由杆 AB、BC 和 CD 铰接而成。A 为固定铰支座，B 为链杆约束，绳索一端拴在 K 处，另一端绕过定滑轮悬挂一重为 $\boldsymbol{F}_G$ 的重物。各杆及滑轮重量不计。试分别画出杆 AB、CD、滑轮及整体的受力图。

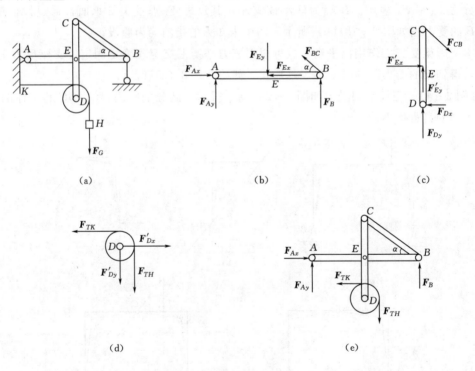

图 2-30

解：（1）取杆 AB 为研究对象。A 处受固定铰支座约束反力 $\boldsymbol{F}_{Ax}$、$\boldsymbol{F}_{Ay}$ 的作用；E 处受铰链的反力 $\boldsymbol{F}_{Ex}$、$\boldsymbol{F}_{Ey}$ 的作用；B 处除受链杆的反力 $\boldsymbol{F}_B$ 作用外，还有二力杆 BC 对它的作用

力 F_{BC}。杆 AB 的受力图如图 2-30（b）所示。

（2）取杆 CD 为研究对象。C 处受二力杆给它的约束反力 F_{CB} 的作用；E 处受杆 AB 的反作用力 F'_{Ex}、F'_{Ey} 的作用，且 $F'_{Ex}=-F_{Ex}$、$F'_{Ey}=-F_{Ey}$；D 处受铰链约束反力 F_{Dx}、F_{Dy} 的作用。杆 CD 的受力图如图 2-30（c）所示。

（3）取滑轮为研究对象。其上受绳索的拉力 F_{TK}、F_{TH} 以及铰链 D 处的约束反作用力 F'_{Dx}、F'_{Dy} 作用，且 $F'_{Dx}=-F_{Dx}$、$F'_{Dy}=-F_{Dy}$、$F_{TH}=F_G$。滑轮的受力图如图 2-30（d）所示。

（4）取整体为研究对象。其上作用的主动力为 F_{TH}，约束反力为 F_{Ax}、F_{Ay}、F_B 和 F_{TK}。整体的受力图如图 2-30（e）所示。

通过以上的例题分析，现将画受力图的注意事项归纳如下：

（1）确定研究对象。画受力图时首先要明确画哪一个物体（或物体系）的受力图，然后把它所受的全部约束解除，画出该研究对象的简图，即取脱离体。

（2）画作用在脱离体上的主动力，没有作用在脱离体上的主动力不要画。

（3）确定反力的个数。凡是研究对象与周围物体相接触处都一定有反力，不可随意增加或减少。

（4）要根据约束的类型分析反力。

（5）在结构中有二力杆的要优先分析。

（6）注意作用力与反作用力的关系。

（7）在分析物体系统受力时，同一约束同时出现在物体系受力图和拆开画的部分物体的受力图中时，它的指向必须一致。

小　结

一、静力学的基本概念

（1）力——物体间相互的机械作用，这种作用使物体的运动状态改变（外效应），或使物体变形（内效应）。力对物体的效应取决于力的三要素：大小、方向和作用点。

（2）平衡——物体相对于地球保持静止或做匀速直线运动。

（3）约束——阻碍物体运动的限制物。约束阻碍物体运动的力，称为约束反力，简称反力。反力的方向根据约束的类型来确定，它总是与约束所能阻碍物体的运动方向相反。

二、静力学公理

静力学公理揭示了力的基本性质，是静力学的理论基础。

（1）公理1（二力平衡公理）说明了作用在一个刚体上的两个力的平衡条件。

（2）公理2（加减平衡力系公理）是力系等效代换的基础。

（3）公理3（力的平行四边形法则）反映了两个力的合成方法。

（4）公理4（作用与反作用定律）说明了物体间相互作用的关系。

三、力矩与力偶

（1）力对点之矩、合力矩定理。

（2）力偶矩的计算，力偶的基本性质。

（3）力的平移定理是力系简化的基础。

四、常见的约束类型及其反力

（1）柔性体约束：指绳索、皮带、链条等构成的约束，其反力的方向沿着柔性体中心线背离被约束物体。

（2）光滑面约束：是约束与被约束物体刚性接触，忽略接触面的摩擦，其反力总是沿接触面的公法线方向指向被约束物体。

（3）固定铰支座：是用光滑圆柱铰链把被约束物与底板固定的支座，其反力用两个正交分力表示，指向可作假定。

（4）固定端支座：是与被约束物联结较为牢固的约束，约束物不允许被约束物处有任何移动和转动，其反力有两个正交分力和一个反力偶。

五、画受力图的步骤

（1）确定研究对象，取脱离体。

（2）在脱离体上如数画出所受的主动力（荷载）。

（3）根据约束类型如数画出相应的反力。

知 识 技 能 训 练

一、判断题

1. 所谓刚体，就是在力的作用下，其内部任意两点之间的距离始终保持不变的物体。（　　）

2. 力有两种作用效果，即力可以使物体的运动状态发生变化，也可以使物体发生变形。（　　）

3. 作用于刚体上的平衡力系，如果作用到变形体上，该变形体也一定平衡。（　　）

4. 构件在荷载作用下发生破坏的现象表明构件的刚度强度不足。（　　）

5. 凡是受二力作用的直杆就是二力杆。（　　）

6. 在两个力作用下处于平衡的杆件称为二力杆，二力杆一定是直杆。（　　）

7. 力偶对一点的矩与矩心无关。（　　）

8. 在同一平面内，力偶的作用效果以力偶的大小和转向来确定。（　　）

9. 力偶对物体只有转动效应无移动效应，不能用一个力来代替。（　　）

10. 只要两个力大小相等、方向相反，该两力就组成一力偶。（　　）

11. 同一个平面内的两个力偶，只要它们的力偶矩相等，这两个力偶就一定等效。（　　）

12. 只要平面力偶的力偶矩保持不变，可将力偶的力和力臂做相应的改变，而不影响其对刚体的效应。（　　）

13. 力偶只能使刚体转动，而不能使刚体移动。（　　）

14. 力偶中的两个力对任一点之矩恒等于其力偶矩，而与矩心的位置无关。（　　）

15. 固定铰支座不仅可以限制物体的移动，还能限制物体的转动。（　　）

16. 可动铰支座不能产生背离被约束物体的支座反力。（　　）

17. 画物体整体受力图时，不需要画出各物体间的相互作用力。（　　）

18. 画受力图时，铰链约束的约束反力可以假定其指向。（　　）

二、填空题

1. 力对物体的作用效果取决于力的_____、_____和_____三个因素。

2. 平衡汇交力系是合力等于_____的力系，物体在平衡力系作用下总是保持_____或_____运动状态，_____是最简单的平衡力系。

3. 荷载按作用的范围大小可分为_____和_____。

4. 若一个力对物体的作用效果与一个力系等效，则_____是_____的合力，_____是_____的分力。

5. 在两个力作用下处于平衡的构件称为_____，此两力的作用线必过这两力作用点的_____。

6. 度量力使物体绕某一点产生转动的物理量称为_____。

7. 力对点之矩的正负号的一般规定是这样的：力使物体绕矩心_____方向转动时力矩取正号，反之取负号。

8. 力的作用线通过_____时，力对点的矩为零。

9. 力偶对物体的转动效应，用力偶矩度量而与_____的位置无关。

10. 力偶_____与一个力等效，也_____被一个力平衡。

11. 力偶只会对物体产生_____效应，不会产生_____效应。而一个力可使物体产生_____和_____的两种效应。

12. 在刚体上的力向其所在平面内一点平移，会产生_____。

13. 画受力图的一般步骤是，先取_____，然后画主动力和约束反力。

14. 工程中常见的约束有柔性约束，_____约束，光滑圆柱铰链约束，_____约束，固定铰链约束，_____约束和_____约束。

15. 光滑面的约束反力作用于_____（位置），沿接触面的_____方向且指向物体。

16. 柔性约束反力通过_____（位置），方向沿柔性体约束中心背离物体。

17. 固定端支座约束反力有_____约束反力、_____约束反力，还作用一个限制物体转动的_____。

18. 可动铰支座的约束反力_____支承面，通过稍钉_____指向未定。

19. 关于材料的基本假定有_____、_____、_____。

20. 系统外物体对系统的作用力是物体系统的_____，物体系统中各构件间的相互作用力是物体系统的_____。画物体系统受力图时，只画_____，不画_____。

三、选择题

1. 以下几种构件的受力情况中，属于分布力作用的是（　　）。

A. 自行车轮胎对地面的压力　　　　B. 楼板对屋梁的作用力

C. 车削工件时，车刀对工件的作用力　D. 桥墩对主梁的支持力

2. 共点力可合成一个力，一个力也可分解为两个相交的力。一个力分解为两个相交

的力可以有（　　）解。

　　A. 1 个　　　　　　B. 2 个　　　　　　C. 几个　　　　　　D. 无穷多

3."二力平衡公理"和"力的可传性原理"适用于（　　）。

　　A. 任何物体　　　B. 固体　　　　　　C. 弹性体　　　　　D. 刚体

4. 力偶对物体产生的运动效应为（　　）。

　　A. 只能使物体转动　　　　　　　　　B. 只能使物体移动

　　C. 既能使物体转动，又能使物体移动

5. 力偶对物体的作用效应，决定于（　　）。

　　A. 力偶矩的大小

　　B. 力偶矩的转向

　　C. 力偶矩的作用平面

　　D. 力偶矩的大小，力偶矩的转向，力偶矩的作用平面

6. 力偶对坐标轴上的任意点取矩为（　　）。

　　A. 力偶矩原值　　　B. 随坐标变化　　　C. 零

7. 光滑面对物体的约束反力，作用在接触点处，其方向沿接触面的公法线（　　）。

　　A. 指向受力物体，为压力　　　　　　B. 指向受力物体，为拉力

　　C. 背离受力物体，为拉力　　　　　　D. 背离受力物体，为压力

8. 柔体对物体的约束反力，作用在连接点，方向沿柔索（　　）。

　　A. 指向该被约束物体，恒为拉力　　　B. 背离该被约束物体，恒为拉力

　　C. 指向该被约束物体，恒为压力　　　D. 背离该被约束物体，恒为压力

9. 物体系统的受力图上一定不能画出（　　）。

　　A. 系统外力　　　B. 系统内力　　　　C. 主动力　　　　　D. 约束反力

10. 两个大小为 3N、4N 的力合成一个力时，此合力最大值为（　　）。

　　A. 5N　　　　　　B. 7N　　　　　　　C. 12N　　　　　　D. 16N

11. 以下对合力矩定理的表述有误的是（　　）。

　　A. 合力矩定理可以计算物体重心

　　B. 合力矩定理可以简化力矩的计算

　　C. 合力对物体上任一点的矩等于所有分力对同一点的矩的矢量和

　　D. 若合力对任一点的矩等于零，则合力必为零

12. 此物体系的结构和主动力如图 2-31 所示，图中的二力构件是（　　）。

　　A. AB 杆　　　　　B. AE 杆　　　　　C. BD 杆　　　　　D. CD 杆

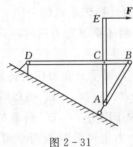

图 2-31

四、作图题

1. 画出图 2-32 中各物体的受力图。未标出重力的物体的重量均不计，所有接触处都不计摩擦。

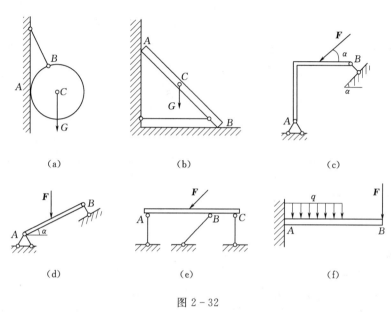

图 2-32

2. 画出图 2-33 所示的物体系统中指定物体的受力图。未标出重力的物体的重量均不计，所有接触处都不计摩擦。

（a）画 BC 梁、AB 梁和整个梁的受力图。

（b）画 CD 梁、AC 梁和整个梁的受力图。

（c）画动滑轮 A 和定滑轮 B 的受力图。

（d）画刚架 AB、刚架 CD 和整个刚架的受力图。

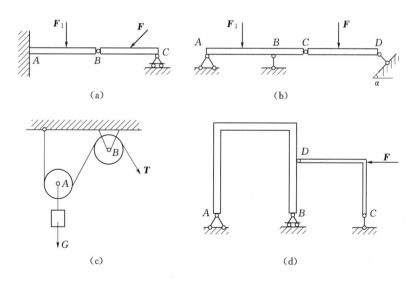

图 2-33

五、计算题

1. 计算图 2-34 中各力或力偶对 O 点之矩。

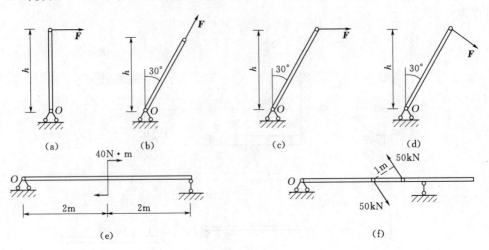

图 2-34

2. 挡土墙如图 2-35 所示，已知单位长墙重 $F_G=95\text{kN}$，墙背土压力 $F=66.7\text{kN}$。试计算各点对前趾点 A 的力矩，并判断墙是否会倾倒。

3. 如图 2-36 所示，两水池由闸门板分开，闸门板与水平面成 $60°$ 角，板长 2.4m。右池无水，左池总水压力 F 垂直于板作用于 C 点，F_T 为启门力。试写出两力对 A 点之矩的计算式。

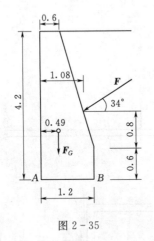

图 2-35

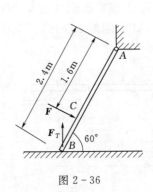

图 2-36

项目三　平面力系的合成与平衡

【学习目标】
- 掌握平面汇交力系合成与平衡的解析法。
- 掌握平面力偶系的合成方法及其平衡方程的应用。
- 了解平面一般力系的合成方法与简化结果。
- 掌握平面一般力系平衡的必要和充分条件及各种平衡方程的应用。
- 掌握物系平衡问题的解法。

各力的作用线都在同一平面内的力系称为平面力系。平面力系又可以分为平面汇交力系、平面平行力系、平面力偶系和平面一般力系等几种情况。本项目讨论各种平面力系的合成与平衡问题。

任务一　平面汇交力系的合成

如果作用在物体上各力的作用线都在同一平面内，而且相交于同一点，则该力系称为**平面汇交力系**。例如，起重机起吊重物时［图 3-1（a）］，作用于吊钩 C 的三根绳索的拉力 $\boldsymbol{F}$、$\boldsymbol{F}_A$、$\boldsymbol{F}_B$ 都在同一平面内，且汇交于一点，组成平面汇交力系［图 3-1（b）］。又如图 3-2 所示的桁架的结点作用有 $\boldsymbol{F}_1$、$\boldsymbol{F}_2$、$\boldsymbol{F}_3$、$\boldsymbol{F}_4$ 四个力，且相交于 O 点，也构成平面汇交力系。

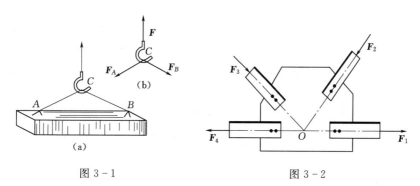

图 3-1　　　　　　　　　　　　　　　图 3-2

平面汇交力系的合成可采用**几何法**和**解析法**。这里仅讨论以力在坐标轴上的投影为基础的解析法。

一、力在平面直角坐标轴上的投影

如图 3-3 所示，在力 $\boldsymbol{F}$ 作用的平面内建立直角坐标系 Oxy。由力 $\boldsymbol{F}$ 的起点 A 和终点 B 分别向 x 轴引垂线，得垂足 a、b，则线段 ab 冠以适当的正负号称为力 $\boldsymbol{F}$ 在 x 轴上的投影，用 F_x 表示，即 $F_x=\pm ab$；同理，力 $\boldsymbol{F}$ 在 y 轴上的投影 $F_y=\pm a'b'$。

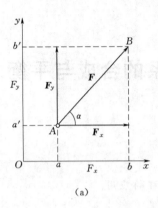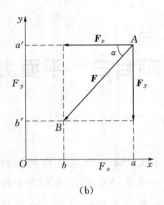

图 3-3

投影的正负号规定如下：若从起点到终点的方向与轴正向一致，投影取正号；反之，取负号。由图 3-3 (a)、(b) 可知，投影 F_x 和 F_y 可用式 (3-1) 计算：

$$F_x = \pm F\cos\alpha \atop F_y = \pm F\sin\alpha \right\}$$ (3-1)

式中：α 为力 $\boldsymbol{F}$ 与 x 轴正向所夹的锐角。力在轴上的投影为代数量，**投影的大小等于力的大小乘以力与轴所夹锐角的余弦，其正负可根据上述规则直观判断确定。**

图 3-3 (a)、(b) 还画出了力 $\boldsymbol{F}$ 沿直角坐标轴方向的分力 $\boldsymbol{F}_x$ 和 $\boldsymbol{F}_y$。应当注意的是，力的投影 F_x、F_y 与力的分力 $\boldsymbol{F}_x$、$\boldsymbol{F}_y$ 是不同的，力的投影只有大小和正负，它是标量；而力的分力是矢量，有大小，有方向，其作用效果还与作用点或作用线有关。当 Ox、Oy 轴垂直时，力沿坐标轴分力的大小与力在轴上投影的绝对值相等，投影为正号时表示分力的指向和坐标轴的指向一致，而当投影为负号时，则表示分力指向与坐标轴指向相反。

【例 3-1】 已知 $F_1 = 100\text{N}$，$F_2 = 50\text{N}$，$F_3 = 60\text{N}$，$F_4 = 80\text{N}$，各力的方向如图 3-4 所示。试分别求出各力在 x 轴和 y 轴上的投影。

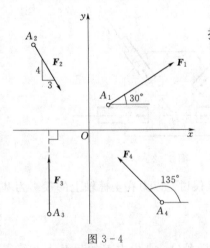

图 3-4

解：由式 (3-1) 可求出各力在 x、y 轴上的投影：

$F_{1x} = F_1\cos30° = 100 \times 0.866 = 86.6(\text{N})$

$F_{1y} = F_1\sin30° = 100 \times 0.5 = 50(\text{N})$

$F_{2x} = F_2 \times 3/5 = 50 \times 0.6 = 30(\text{N})$

$F_{2y} = -F_2 \times 4/5 = -50 \times 0.8 = -40(\text{N})$

$F_{3x} = 0$

$F_{3y} = F_3 = 60\text{N}$

$F_{4x} = -F_4\cos135° = -80 \times 0.707 = -56.56(\text{N})$

$F_{4y} = F_4\sin135° = 80 \times 0.707 = 56.56(\text{N})$

二、合力投影定理

设刚体受一平面汇交力系 $\boldsymbol{F}_1$、$\boldsymbol{F}_2$、$\boldsymbol{F}_3$ 作用，如图 3-5 (a) 所示。在力系所在平面内作直角坐标系 Oxy，从任一点 A 作力多边形 $ABCD$，如图 3-5 (b) 所示。

图中：$\overline{AB} = \boldsymbol{F}_1$，$\overline{BC} = \boldsymbol{F}_2$，$\overline{CD} = \boldsymbol{F}_3$，$\overline{AD} = \boldsymbol{F}_R$。

各分力及合力在 x 轴上的投影分别为

$$F_{1x} = ab \qquad F_{2x} = bc \qquad F_{3x} = -cd \qquad F_{Rx} = ad$$

由图可知：$F_R = ad = ab + bc - cd$

由此可得

$$F_{Rx} = F_{1x} + F_{2x} + F_{3x}$$

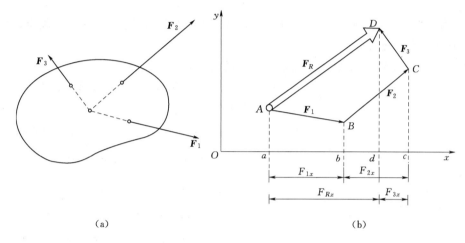

(a)　　　　　　　　　　　　　　　　(b)

图 3 - 5

同理，合力与各分力在 y 轴上的投影关系是

$$F_{Ry} = F_{1y} + F_{2y} + F_{3y}$$

将上述关系推广到由 n 个力 $\boldsymbol{F}_1$、$\boldsymbol{F}_2$、$\cdots$、$\boldsymbol{F}_n$ 组成的平面汇交力系，则有

$$\left.\begin{array}{l} F_{Rx} = F_{1x} + F_{2x} + \cdots + F_{nx} = \sum F_x \\ F_{Ry} = F_{1y} + F_{2y} + \cdots + F_{ny} = \sum F_y \end{array}\right\} \qquad (3-2)$$

即，合力在任一轴上的投影等于各分力在同一轴上的投影的代数和。这就是合力投影定理。

三、平面汇交力系的合成

由项目二力的多边形法则可知，平面汇交力系可以合成为通过汇交点的合力，现用解析法求合力的大小和方向。设有平面汇交力系 $\boldsymbol{F}_1$、$\boldsymbol{F}_2$、$\cdots$、$\boldsymbol{F}_n$，如图 3 - 6（a）所示，在

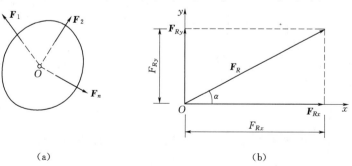

(a)　　　　　　　　　　　　　　　　(b)

图 3 - 6

力系所在的平面内任意选取一直角坐标系 Oxy，为了方便，取力系的汇交点为坐标原点。应用合力投影定理，即式（3-2）可求合力在正交轴上的投影 F_{Rx} 和 F_{Ry}。由图 3-6（b）中的几何关系，可得出合力 F_R 的大小和方向为

$$\left.\begin{array}{l}F_R=\sqrt{F_{Rx}^2+F_{Ry}^2}=\sqrt{\left(\sum F_x\right)^2+\left(\sum F_y\right)^2}\\[3mm]\tan\alpha=\left|\dfrac{F_{Ry}}{F_{Rx}}\right|=\left|\dfrac{\sum F_y}{\sum F_x}\right|\end{array}\right\} \qquad (3-3)$$

式中：α 为合力 F_R 与 x 轴所夹的锐角，合力的指向由 $\sum F_x$ 和 $\sum F_y$ 的正负号决定，合力作用线通过力系的汇交点。

【例 3-2】 求图 3-7 所示平面汇交力系的合力。

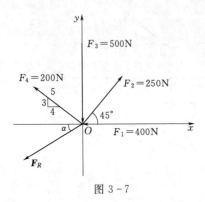

图 3-7

解：取直角坐标系如图 3-7 所示，合力 F_R 在坐标轴上的投影为

$$F_{Rx}=\sum F_x=-400+250\cos45°-200\times4/5=-383.2(\text{N})$$

$$F_{Ry}=\sum F_y=250\sin45°-500+200\times3/5=-203.2(\text{N})$$

$$F_R=\sqrt{F_{Rx}^2+F_{Ry}^2}=433.7(\text{N})$$

$$\alpha=\arctan(203.2/383.2)=27.9°$$

因 F_{Rx}、F_{Ry} 均为负值，所以 F_R 在第三象限，如图 3-7 所示。

任务二 平面力偶系的合成

作用在同一平面内的若干个力偶组成的力系称为**平面力偶系**。设在物体某平面内作用两个力偶 m_1 和 m_2 [图 3-8（a）]，根据平面力偶系等效的性质及推论，将上述力偶进行等效变换。为此，任选一线段 $AB=d$ 作为公共力偶臂，变换后的等效力偶中各力的大小分别为

$$F_1=F_1'=m_1/d \qquad F_2=F_2'=m_2/d$$

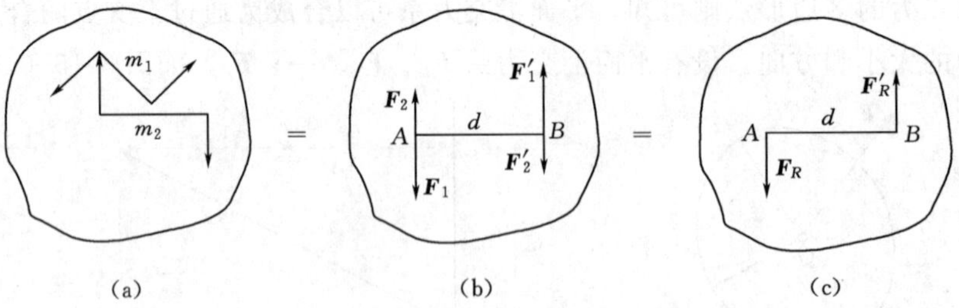

(a)	(b)	(c)

图 3-8

如图 3-8（b）所示。再将图 3-8（b）中作用在 A 点和 B 点的力合成（设 $F_1>F_2$）得

$$F_R=F_1-F_2$$

$$F_R'=F_1'-F_2'$$

由于 F_R 与 F_R' 等值、反向且不共线，故组成一新力偶（F_R，F_R'）如图 3 - 8（c）所示。此力偶与原力偶系等效，称为原力偶系的合力偶。其力偶矩为

$$m = F_R d = (F_1 - F_2)d = m_1 + m_2$$

将上述关系推广到由 n 个力偶 m_1、m_2、…、m_n 组成的平面力偶系，则有

$$m = m_1 + m_2 + \cdots + m_n = \sum_{i=1}^{n} m_i \tag{3-4}$$

即平面力偶系可以合成为一个合力偶，合力偶的力偶矩等于各分力偶矩的代数和。

任务三　平面一般力系的合成

平面一般力系是指各力的作用线在同一平面内但不都汇交于一点，也不都互相平行的力系，又称为平面任意力系。 如图 3 - 9（a）所示屋架，屋架受重力荷载 F_1、风荷载 F_2 及支座反力 F_{Ax}、F_{Ay}、F_B 的作用，这些力的作用线都在屋架的平面内，组成一个平面力系，如图 3 - 9（b）所示。

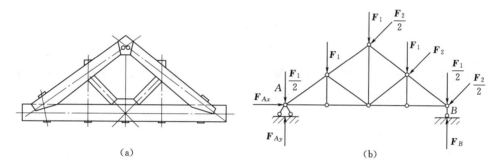

图 3 - 9

又如图 3 - 10（a）所示水坝，通常取单位长度的坝段进行受力分析，并将坝段所受的重力、水压力和地基反力简化为作用于坝段对称平面内的一个平面力系，如图 3 - 10（b）所示。本任务将讨论平面一般力系的合成问题。

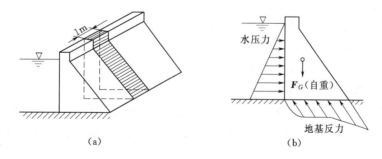

图 3 - 10

一、平面一般力系的简化

设在某刚体上作用一平面任意力系 F_1、F_2、…、F_n，如图 3 - 11（a）所示。在力系所在平面内选一点 O 作为简化中心。根据力的平移定理，将力系中各力向简化中心 O 点

平移，同时附加相应的力偶，于是原力系就等效地变换为作用于简化中心 O 点的平面汇交力系 F_1'、F_2'、$\cdots$、F_n' 和力偶矩分别为 m_1、m_2、$\cdots$、m_n 的力偶组成的附加平面力偶系 [图 3-11（b）]。其中 $F_1=F_1'$，$F_2=F_2'$，$\cdots$，$F_n=F_n'$；$m_1=m_O(F_1)$，$m_2=m_O(F_2)$，$\cdots$，$m_n=m_O(F_n)$。分别将这两个力系合成如图 3-11（c）所示。

（一）主矢

作用在简化中心的平面汇交力系可以合成为一个合力，合力为

$$F_R'=F_1'+F_2'+\cdots+F_n'=\sum F'=\sum F$$

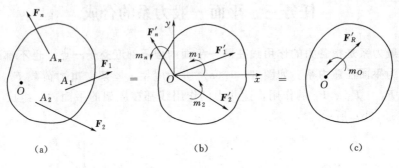

（a） （b） （c）

图 3-11

即合力矢等于原力系所有各力的矢量和。力矢 F_R' 称为原力系的**主矢**，其大小和方向可用解析法计算。主矢 F_R' 在直角坐标轴上的投影为

$$F_{Rx}'=\sum F_x'=\sum F_x$$

$$F_{Ry}'=\sum F_y'=\sum F_y$$

则

$$\left.\begin{aligned}F_R'&=\sqrt{(F_{Rx}')^2+(F_{Ry}')^2}=\sqrt{(\sum F_x)^2+(\sum F_y)^2}\\ \tan\alpha&=|F_{Ry}'/F_{Rx}'|=|\sum F_y/\sum F_x|\end{aligned}\right\} \tag{3-5}$$

（二）主矩

附加平面力偶系可以合成为一个合力偶，合力偶矩为

$$\begin{aligned}m_O&=m_1+m_2+\cdots+m_n\\ &=m_O(F_1)+m_O(F_2)+\cdots+m_O(F_n)=\sum m_O(F)\end{aligned} \tag{3-6}$$

即合力偶矩等于原力系所有各力对简化中心 O 点力矩的代数和。m_O 称为原力系对简化中心的主矩。显然，主矩的大小和转向与简化中心位置有关。应当注意的是，一般情况下，向 O 点简化所得的主矢或主矩，并不是原力系的合力或合力偶，它们中的任何一个并不与原力系等效。

二、平面一般力系的简化结果讨论

平面一般力系简化结果有四种情况，见表 3-1。

由表 3-1 可见，平面一般力系简化的最终结果，可归纳为三种情况：①合成为一个力；②合成为一个力偶；③力系平衡。

表 3-1　　　　　　　　　　　　　　　　　　平面一般力系简化结果

主矢	主 矩		最后结果	与简化中心的关系
$F'_R = 0$	1	$m_O \neq 0$	合力偶	与简化中心无关
	2	$m_O = 0$	平衡	与简化中心无关
$F'_R \neq 0$	3	$m_O = 0$	合力	合力作用线过简化中心
	4	$m_O \neq 0$	合力	合力作用线距简化中心的距离为 $d = |m_O|/F'_R$

【例 3-3】　试求图 3-12（a）所示平面一般力系简化的最终结果。

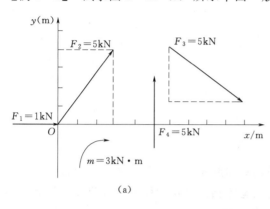
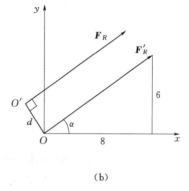

（a）　　　　　　　　　　　　　　　　（b）

图 3-12

解： 将各力向 O 点简化，主矢为

$$F'_{Rx} = \sum F_x = 1 + 3 + 4 = 8 (\text{kN})$$

$$F'_{Ry} = \sum F_y = 4 - 3 + 5 = 6 (\text{kN})$$

$$F'_R = \sqrt{(F'_{Rx})^2 + (F'_{Ry})^2} = 10 (\text{kN})$$

主矢 F'_R 与 x 轴的夹角 α 为

$$\tan\alpha = |F'_{Ry}/F'_{Rx}| = 3/4 \qquad \alpha = 36.87°$$

因为 $F'_{Rx} > 0$，$F'_{Ry} > 0$，故 α 在第一象限，如图 3-12（b）所示。主矩为

$$m_O = \sum m_O(\boldsymbol{F}_i) = -4F_{3x} - 6F_{3y} + 5F_4 - m$$

$$= -16 - 18 + 25 - 3 = -12 (\text{kN} \cdot \text{m})$$

因为 $F'_R \neq 0$，$m_O \neq 0$，力系合成为一个合力，且 $F_R = F'_R = 10\text{kN}$，作用线距简化中心 O 点为

$$d = |m_O|/F'_R = 1.2 (\text{m})$$

注意到 m_O 为负，合力 $\boldsymbol{F}_R$ 的作用位置如图 3-12（b）所示。

任务四　平面一般力系的平衡

一、平面一般力系的平衡条件、平衡方程及其应用

由任务三可知，平面一般力系向一点简化的结果之一是：主矢和主矩同时等于零。主矢 $F'_R = 0$，表明作用于简化中心 O 的平面汇交力系为平衡力系；主矩 $m_O = 0$，表明附加力偶系也是平衡力系，所以原力系必为平衡力系。因此，F'_R 与 m_O 同时等于零，是力系平衡的充分条件。

　　反过来，如果物体处于平衡状态，平面任意力系的主矢、主矩必同时等于零。因为，如果 $F_R' \neq 0$ 或 $m_O \neq 0$，则平面任意力系就可合成为一个合力或合力偶，于是刚体就不能保持平衡。所以，$F_R' = 0$ 和 $m_O = 0$ 又是平面任意力系平衡的必要条件。

　　因此，**平面一般力系平衡的必要条件和充分条件是：力系的主矢和力系对任一点的主矩都等于零。**

　　即

$$F_R' = 0 \qquad m_O = 0$$

　　由于　　　　　　$F_R' = \sqrt{(\sum F_x)^2 + (\sum F_y)^2} \qquad m_O = \sum m_O(\boldsymbol{F})$

所以平面一般力系的平衡方程为

$$\left. \begin{array}{l} \sum F_x = 0 \\ \sum F_y = 0 \\ \sum m_O(F) = 0 \end{array} \right\} \qquad (3-7)$$

　　式（3-7）为平面一般力系平衡方程的**基本形式**。它表明：平面一般力系平衡的必要与充分条件是：**力系所有各力在两个任选的坐标轴上投影的代数和等于零，同时力系的各力对其作用平面内任一点的代数和也等于零。**

　　平面力系的平衡方程除了式（3-7）所示的基本形式外，还有二力矩式方程和三力矩式方程。若将式（3-7）中两个投影方程中的某一个用力矩式方程代替，则可得到下列**二力矩式平衡方程**：

$$\left. \begin{array}{l} \sum F_x = 0 (或 \sum F_y = 0) \\ \sum m_A(F) = 0 \\ \sum m_B(F) = 0 \end{array} \right\} \qquad (3-8)$$

　　附加条件：A、B 连线不能垂直于投影轴。否则，式（3-8）就只是平面任意力系平衡的必要条件，而不是充分条件。

　　若将式（3-7）中的两个投影方程都用力矩式方程代替，则可得**三力矩式平衡方程**，即

$$\left. \begin{array}{l} \sum m_A(F) = 0 \\ \sum m_B(F) = 0 \\ \sum m_C(F) = 0 \end{array} \right\} \qquad (3-9)$$

　　附加条件：A、B、C 三点不共线。否则，式（3-9）只是平面任意力系平衡的必要条件，而不是充分条件。

　　上述三组平衡方程中，投影轴和矩心都是可以任意选取的，所以可写出无数个平衡方程，但只要满足其中一组，其余方程就都自动满足，故独立的平衡方程只有三个，最多可求三个未知量。

　　【例 3-4】　图 3-13（a）所示为一悬臂式起重机，A、B、C 处都是铰链连接。梁 AB 自重 $F_G = 1$kN，作用在梁的中点，提升重量 $F_P = 8$kN，杆 BC 自重不计，求支座 A 的反

力和杆 BC 所受的力。

解：（1）取梁 AB 为研究对象，其受力图如图 3－13（b）所示。A 处为固定铰支座，其反力用两分力 F_{Ax}、F_{Ay} 表示；杆 BC 为二力杆，它的约束反力沿 BC 轴线，并假设为拉力。

（2）选取投影轴和矩心。为使每个方程中未知量尽可能少，避免解联立方程，以 A 点或 B 点为矩心，取如图 3－13（b）所示的直角坐标系 xAy。

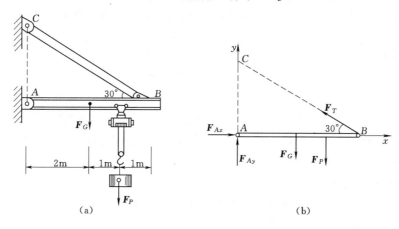

图 3－13

（3）列平衡方程并求解。梁 AB 所受各力组成平面一般力系，用三力矩式平衡方程可以求解这 3 个未知力。

由 $\qquad \sum m_A(F)=0 \qquad -F_G \times 2 - F_P \times 3 + F_T \sin 30° \times 4 = 0$

得 $\qquad F_T = (2F_G + 3F_P)/(\sin 30° \times 4) = 13 (\text{kN})$

由 $\qquad \sum m_B(F)=0 \qquad -F_{Ay} \times 4 + F_G \times 2 + F_P \times 1 = 0$

得 $\qquad F_{Ay} = (2F_G + F_P)/4 = 2.5 (\text{kN})(\uparrow)$

由 $\qquad \sum m_C(F)=0 \qquad F_{Ax} \times 4 \times \tan 30° - F_G \times 2 - F_P \times 3 = 0$

得 $\qquad F_{Ax} = (2F_G + 3F_P)/(4 \times \tan 30°) = 11.26 (\text{kN})(\rightarrow)$

（4）校核：

$$\sum F_x = F_{Ax} - F_T \times \cos 30° = 11.26 - 13 \times 0.866 = 0$$

$$\sum F_y = F_{Ay} - F_G - F_P + F_T \times \sin 30° = 2.5 - 1 - 8 + 13 \times 0.5 = 0$$

可见计算无误。

二、几种特殊平面力系的平衡方程

平面汇交力系、平面平行力系和平面力偶系可以看做平面力系的特殊情况。它们的平衡方程均可由式（3－7）导出。

（一）平面汇交力系

若取汇交点为矩心，则式（3－7）中的力矩式方程自动满足，故其平衡方程为

$$\sum F_x = 0 \qquad \sum F_y = 0 \tag{3-10}$$

由于只有两个方程，所以最多可以求解两个未知量。

【例 3－5】 支架由直杆 AB、AC 构成，A、B、C 三处都是铰链。在 A 点悬挂重量为

$F_G=20\text{kN}$ 的重物，如图 3-14 (a) 所示，求杆 AB、AC 所受的力。杆的自重不计。

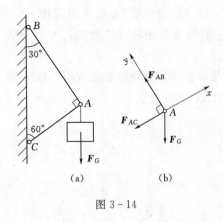

图 3-14

解： (1) 取铰 A 为研究对象。

(2) 画铰 A 受力图。如图 3-14 (b) 所示，因杆 AB、AC 都是二力直杆，它们对铰 A 的约束反作用力都沿着各自的轴线方向，并设为拉力。

(3) 建立坐标系。如图 3-14 (b) 所示，将坐标轴分别和两未知力垂直，使运算简化。

由 $\quad \sum F_x=0 \qquad -F_{AC}-F_G\cos60°=0$

得 $\qquad F_{AC}=-F_G\cos60°=-10(\text{kN})(\text{压})$

由 $\quad \sum F_y=0 \qquad F_{AB}-F_G\sin60°=0$

得 $\qquad F_{AB}=F_G\sin60°=17.3(\text{kN})(\text{拉})$

计算结果 F_{AB} 为正，表示该力实际指向与受力图中假设的指向一致，表明 AB 杆件受拉；F_{AC} 为负，表示该力实际指向与受力图中假设的指向相反，说明 AC 杆件受压。

（二）平面平行力系

对于如图 3-15 所示的平面平行力系 $\boldsymbol{F}_1$、$\boldsymbol{F}_2$、$\cdots$、$\boldsymbol{F}_n$，取 Ox 轴与各力垂直，则式（3-7）中 $\sum F_x=0$ 恒满足，于是独立的平衡方程就只有两个，即

$$\left.\begin{array}{r}\sum F_y=0\\[4pt]\sum m_O(\boldsymbol{F})=0\end{array}\right\} \qquad (3-11)$$

【例 3-6】 如图 3-16 (a) 所示水平梁受荷载 $F=20\text{kN}$、$q=10\text{kN/m}$ 作用，梁的自重不计，试求 A、B 处的支座反力。

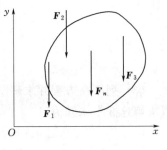

图 3-15

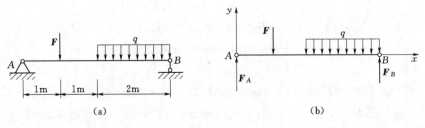

图 3-16

解： 先介绍分布荷载的概念。当荷载连续地作用在整个构件或构件的一部分上时，称为**分布荷载**。如水压力、土压力和构件的自重等。如果荷载是分布在一个狭长的范围内，则可以把它简化为沿狭长面的中心线分布的荷载，称为**线荷载**。例如，梁的自重就可以简化为沿梁的轴线分布的线荷载。

当各点线荷载的大小都相同时，称为**均布线荷载**；当线荷载各点大小不相同时，称为**非均布线荷载**。

各点荷载的大小用荷载集度 q 表示，某点的荷载集度表示线荷载在该点的密集程度。其常用单位为 N/m 或 kN/m。

可以证明：**按任一平面曲线分布的线荷载，其合力的大小等于分布荷载图的面积，作用线通过荷载图形的形心，合力的指向与分布力的指向相同。**

（1）选取研究对象。取梁 AB 为研究对象。

（2）画受力图。梁上作用的荷载 F、q 和支座反力 F_B 相互平行，故支座反力 F_A 必与各力平行，才能保证力系为平衡力系。这样荷载和支座反力组成平面平行力系，如图 3-16（b）所示。

（3）列平衡方程并求解。建立坐标系，如图 3-16（b）所示。

由 $$\sum m_A(F)=0 \qquad F_B\times4-F\times1-q\times2\times3=0$$

得 $$F_B=q\times3/2+F/4=20(\text{kN})(\uparrow)$$

由 $$\sum m_B(F)=0, \quad -F_A\times4+F\times3+q\times2\times1=0$$

得 $$F_A=\frac{1}{4}(3F+2q)=20(\text{kN})(\uparrow)$$

【例 3-7】 塔式起重机简图如图 3-17 所示。已知机架重量 $F_{G1}=500\text{kN}$，重心 C 至右轨 B 的距离 $e=1.5\text{m}$；起吊重量 $F_{G2}=250\text{kN}$，其作用线至右轨 B 的最远距离 $L=10\text{m}$；两轨间距 $b=3\text{m}$。为使起重机在空载和满载时都不致倾斜，试确定平衡锤的重量 F_{G3}（其重心至左轨 A 的距离 $a=6\text{m}$）。

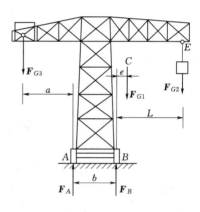

图 3-17

解： 为了保证起重机不倾斜，须使作用在起重机上的主动力 F_{G1}、F_{G2}、F_{G3} 和约束力 F_A、F_B 所组成的平面平行力系在满载和空载时都满足平衡条件，因此平衡锤的重量应有一定的范围。

（1）满载时，若平衡锤重量太小，起重机可能绕 B 点向右倾斜。开始倾倒的瞬间，左轮与轨道 A 脱离接触，这种情形称为临界状态。这时，$F_A=0$。满足临界状态平衡条件的平衡锤重为所必需的最小平衡锤重 $F_{G3\text{min}}$。

由 $$\sum m_B(F)=0 \qquad F_{G3\text{min}}(a+b)-F_{G1}e-F_{G2}L=0$$

得 $$F_{G3\text{min}}=361\text{kN}$$

（2）空载时，$F_{G2}=0$，若平衡锤太重，起重机可能绕 A 点向左倾斜。在临界状态下，$F_B=0$。满足临界状态平衡条件的平衡锤重将是所允许的最大平衡锤重 $F_{G3\text{max}}$。于是

由 $$\sum m_A(F)=0 \qquad F_{G3\text{max}}a-F_{G1}(e+b)=0$$

得 $$F_{G3\text{max}}=375\text{kN}$$

综上所述，为保证起重机在空载和满载时都不倾斜，平衡锤的重量应满足

$$361\text{kN}<F_{G3}<375\text{kN}$$

（三）平面力偶系

由平面力偶系的合成结果只有一个合力偶可知，若力偶系平衡，其合力偶矩必等于零；反之，若合力偶矩等于零，则原力偶系必定平衡。**平面力偶系平衡的必要和充分条件是：力偶系中所有各力偶的力偶矩的代数和等于零，即**

$$\sum m=m_1+m_2+\cdots+m_n=0 \tag{3-12}$$

【例 3-8】 如图 3-18（a）所示。梁 AB 上作用有两个力偶，它们的力偶矩分别为 $m_1 = 15kN \cdot m$，$m_2 = 24kN \cdot m$，$l = 6m$。若梁重不计，试求支座 A、B 的约束反力。

解： 由支座 B 的性质知，F_B 的作用线通过铰心 B 且与支承面垂直。支座 A 的反力 F_A 作用线通过铰心 A 但方位不能确定。梁上只有两个外力偶的作用，而力偶只能与力偶平衡，因此 F_A 与 F_B 必组成一个力偶。因而，F_A 的作用线必与 F_B 的作用线平行，并且大小相等、方向相反。梁 AB 的受力图如图 3-18（b）所示，图中 F_A 与 F_B 的指向是假设的。由平衡方程

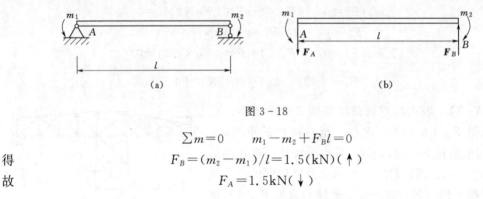

图 3-18

$$\sum m = 0 \qquad m_1 - m_2 + F_B l = 0$$

得 $$F_B = (m_2 - m_1)/l = 1.5(kN)(\uparrow)$$

故 $$F_A = 1.5kN(\downarrow)$$

任务五　工程结构的平衡

工程结构通常是由几个构件通过一定的约束联系在一起的系统，这种系统称为物体系统。如图 3-19（a）所示的三铰拱，就是由左半拱 AC 和右半拱 BC 通过铰 C 连接，并支承在 A、B 支座上而组成的一个物体系统。

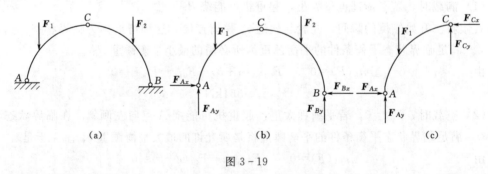

图 3-19

研究物体系统的平衡问题，不仅要求解支座反力，而且还需要计算系统内各物体之间的相互作用力。通常把作用在物体系统上的力分为外力和内力。所谓**外力**，就是系统以外的物体作用在该系统上的力；所谓**内力**，就是系统内各物体之间相互作用的力。对整个物体系统来说，内力总是成对出现的，且等值、反向、共线，其作用自行抵消。所以，内力不应出现在整个物系的受力图和平衡方程中。如图 3-19（b）中，主动力 F_1、F_2 以及 A、B 处的约束反力 F_{Ax}、F_{Ay}、F_{Bx}、F_{By} 都是三铰拱上的外力，而铰 C 处的约束反力属于内力，不必画出。但需要指出，内力与外力的概念都是相对的，取决于所选择的研究对象。如图 3-19（c）中，当研究左半拱 AC 时，铰 C 处的内力 F_{Cx}、F_{Cy} 就成为外力了。

当物体系统平衡时，组成系统的每个物体也都是平衡的。因此，可以选取整个系统作为研究对象，也可以选取系统中的一部分物体或单个物体作为研究对象。对于由 n 个物体组成的平衡系统，受平面任意力系作用的每个物体都可列出 3 个独立的平衡方程，整个系统共有 $3n$ 个独立的平衡方程，故可求出 $3n$ 个未知量。当未知量的数目等于或小于独立的平衡方程式数目时，可由平衡方程求解出全部未知力，这类问题称为**静定问题**；当未知量的数目大于平衡方程式数目时，仅由平衡方程无法解出全部未知力，这类问题称为**超静定问题**。下面举例说明物体系统平衡问题的解法。

【例 3 - 9】 三铰拱在顶部受有荷载集度为 q 的均布荷载作用，各部分尺寸如图 3 - 20（a）所示。试求支座 A、B 及铰 C 处的约束反力。

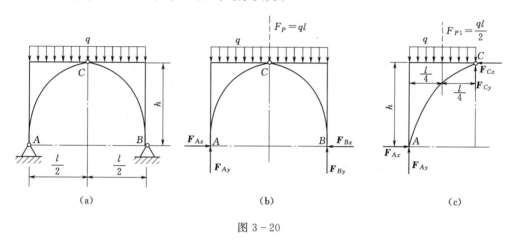

图 3 - 20

解：（1）以整体为研究对象，受力图如图 3 - 20（b）所示，属于平面任意力系。A、B 两处共有 4 个未知的约束反力，而只有 3 个独立的平衡方程。虽然不能求出全部未知力，但有 3 个约束反力的作用线通过 A 点或 B 点，可以解出部分未知力。列平衡方程如下

$$\sum m_A(F)=0 \qquad F_{By}l-ql\frac{l}{2}=0$$

得

$$F_{By}=ql/2$$

$$\sum m_B(F)=0 \qquad -F_{Ay}l+ql\frac{l}{2}=0$$

得

$$F_{Ay}=ql/2$$

$$\sum F_x=0 \qquad F_{Ax}-F_{Bx}=0$$

得

$$F_{Ax}=F_{Bx}$$

（2）将系统从 C 处拆开，以左半拱 AC 为研究对象，其受力图如图 3 - 20（c）所示，列平衡方程

$$\sum m_C(F)=0 \qquad F_{Ax}h-F_{Ay}\cdot l/2+ql/2\cdot l/4=0$$

得

$$F_{Ax}=F_{Bx}=ql^2/(8h)$$

$$\sum F_x=0 \qquad F_{Ax}-F_{Cx}=0$$

得

$$F_{Cx}=F_{Ax}=ql^2/(8h)$$

$$\sum F_y = 0 \qquad F_{Ay} + F_{Cy} - F_{P1} = 0$$

得

$$F_{Cy} = F_{P1} - F_{Ay} = ql/2 - ql/2 = 0$$

【例 3-10】 图 3-21（a）所示机构在图示位置平衡，已知主动力 **F**，各杆重量不计，试求集中力偶矩的大小及支座 A 处的约束反力。

解：（1）取 CD 杆为研究对象。由于 CD 杆为二力杆，因此它所受到的 C、D 两铰链的约束反力必沿 C、D 两点连线。其受力图如图 3-21（b）所示，由几何关系可知 $\alpha = 60°$。

（2）取 BD 杆为研究对象，其受力图如图 3-21（b）所示，于是有

$$\sum m_B(F) = 0 \qquad F'_D \times \sin 60° \times 2 - F \times 1 = 0$$

得

$$F'_D = F/(2\sin 60°) = \sqrt{3}F/3$$

$$F_C = F_D = F'_D = \sqrt{3}F/3$$

（3）以 AC 为研究对象，其受力图如图 3-21（b）所示。由于 AC 杆上的主动力只有力偶 m，根据力偶只能与力偶平衡的性质可知，F_A 与 F'_C 必组成一力偶与主动力偶 m 平衡。由图中几何关系可求得力偶（F_A，F'_C）的力偶臂为 $h = \sqrt{(\sqrt{3})^2 + 1^2} = 2$（m），$F_A = F'_C = \sqrt{3}F/3$。由

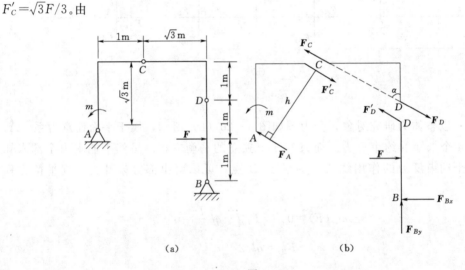

（a）   （b）

图 3-21

$$\sum m = 0 \qquad m - F'_C h = 0$$

得

$$m = F'_C h = (\sqrt{3}F/3) \times 2 = 2\sqrt{3}F/3$$

【例 3-11】 图 3-22（a）所示为一多跨静定梁，C 处为中间铰。试求 A、B、C、D 处的反力。已知 $q = 0.2\text{kN/m}$，$F = 0.4\text{kN}$，梁的自重不计。

解：（1）选取研究对象。若取整个组合梁为研究对象，则有 4 个未知量，不具备可解条件。若取梁 CD 为研究对象，未知量仅有 3 个，都可以求出。因此，解题的顺序是，先取梁 CD 为研究对象，再取梁 AC（或系统 ABCD）为研究对象，即可求得全部未知量。

（2）画受力图。均布荷载用其合力 Q 表示，$Q = 6q = 1.2\text{kN}$。

（3）列平衡方程并求解。

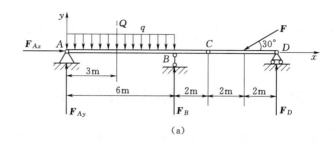

(a)

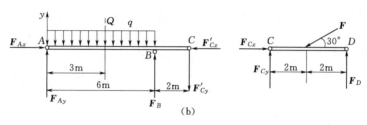

(b)

图 3-22

先考虑 CD 的平衡，写出平衡方程

$$\sum F_x = 0 \qquad F_{Cx} - F\cos 30° = 0$$

得

$$F_{Cx} = F\cos 30° = 0.346 \text{(kN)}$$

$$\sum m_C(F) = 0 \qquad 4F_D - 2F\sin 30° = 0$$

得

$$F_D = (F/2)\sin 30° = 0.1 \text{(kN)}$$

$$\sum F_y = 0 \qquad F_{Cy} + F_D - F\sin 30° = 0$$

得

$$F_{Cy} = F\sin 30° - F_D = 0.1 \text{(kN)}$$

再考虑 AC 的平衡，写出平衡方程

$$\sum F_x = 0 \qquad F_{Ax} - F'_{Cx} = 0$$

得

$$F_{Ax} = F'_{Cx} = F_{Cx} = 0.346 \text{(kN)}$$

$$\sum m_B(F) = 0 \qquad -6F_{Ay} + 3Q - 2F'_{Cy} = 0$$

得

$$F_{Ay} = Q/2 - F'_{Cy}/3 = 0.567 \text{(kN)}$$

$$\sum F_y = 0 \qquad F_{Ay} - Q + F_B - F'_{Cy} = 0$$

得

$$F_B = -F_{Ay} + Q + F'_{Cy} = 0.733 \text{(kN)}$$

通过以上例题分析，可概括出求解物系平衡问题的一般步骤和要点：

（1）弄清题意，判断物体系统的静定性质，确定是否可解。

（2）正确选择研究对象。一般先取整体为研究对象，求得某些约束反力。然后，根据要求的未知量，选择合适的局部或单个物体为研究对象。注意研究对象选取的次序和每次所取的研究对象上未知力的个数，最好不要超过该研究对象所受力系独立平衡方程式的个数，避免求解研究对象的联立方程。

（3）正确画出研究对象的受力图。根据约束的性质和作用与反作用定律，分析研究对象所受的约束力。只画研究对象所受的外力，不画内力。

（4）分别考虑不同的研究对象的平衡条件，建立平衡方程，求解未知量。列平衡方程时，要选取适当的投影轴和矩心，列相应的平衡方程，尽量使一个方程只含一个未知量，以使计算简化。

（5）校核。利用在解题过程中未被选为研究对象的物体进行受力分析，检查是否满足平衡条件，以验证所得结果的正确性。

任务六 考虑摩擦时物体的平衡

前面的讨论中，物体间的接触表面都被看做是绝对光滑的。事实上，接触面间绝对光滑是不可能的，在接触面间总有摩擦存在。在一些问题中，摩擦不是主要因素，因而可以不考虑它的影响。但在另一些问题中，例如重力坝的抗滑稳定、闸门的启闭及胶带传动等，摩擦是重要的甚至是决定性的因素，就必须考虑。按照接触物体之间相对运动的形式，摩擦可分为滑动摩擦和滚动摩擦两种。本任务只讨论滑动摩擦的一些规律。

一、滑动摩擦

（一）静滑动摩擦力和静滑动摩擦定律

当物体接触面间有相对滑动的趋势但仍保持相对静止时，沿接触点公切面彼此作用着阻碍相对滑动的力，称为**静滑动摩擦力**，简称**静摩擦力**，常用 F 表示。

设有 A 物体置于 B 物体上，如图 3-23（a）所示。当 A 物体受重力 F_G 和拉力 F_T 作用时，若接触面是绝对光滑的，则无论 F_T 如何小，物体都将发生沿接触面切向的滑动。事实上，接触面并非绝对光滑，拉力 F_T 较小的时候，物体并不发生滑动，这是因为有静摩擦力 F 起着阻碍作用。A 物体的受力图如图 3-23（b）所示。

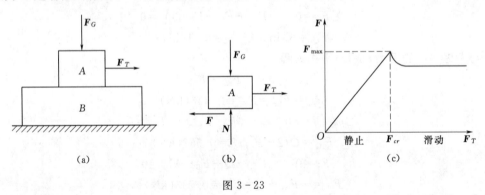

图 3-23

当滑动未发生时，物体 A 处于静止状态，静摩擦力由沿切向的平衡方程确定：
$$\sum F_x = 0 \qquad F = F_T$$

随着 F_T 增大，静摩擦力 F 也增大，但它不能随 F_T 的增大而无限度地增大。当 F_T 达到某一数值 F_{cr} 时，物体便处于由静止到滑动的临界平衡状态；当再增大 F_T 时，物体就将向右滑动。在临界平衡状态，静滑动摩擦力达到最大值，用 F_{max} 表示。F_T 与 F 的关系如图 3-23（c）所示。

由上面分析可知，**静摩擦力是阻止物体相对滑动的一种约束力，它的方向与物体相对滑动趋势的方向相反，它的大小随主动力而变化，变化范围在零和最大值 F_{max} 之间**，即
$$0 \leqslant F \leqslant F_{max}$$

实验研究的结果表明，临界状态下接触面间的最大静（滑动）摩擦力与法向反力的大

小成正比，即

$$F_{max} = f_s N \qquad (3-13)$$

式（3-13）称为**静滑动摩擦定律**，式中的比例系数 f_s 称为静摩擦系数。它与两物体接触面间的材料、接触面的粗糙程度、温度和湿度等因素有关，其值由实验测定。表3-2列出了某些材料的 f_s 值以供参考。N 是接触面间的法向反力，可由平衡条件确定。

表 3-2　　　　　　　　　　　常用材料的摩擦系数

材　料	摩　擦　系　数			
	静摩擦系数		动摩擦系数	
	无润滑剂	有润滑剂	无润滑剂	有润滑剂
钢-钢	0.15	0.10~0.12	0.15	0.05~0.10
钢-铸铁	0.30		0.18	0.05~0.15
铸铁-铸铁		0.18	0.15	0.07~0.12
皮革-铸铁	0.30~0.50	0.15	0.60	0.15
橡皮-铸铁			0.80	0.50
木材-木材	0.40~0.60	0.10	0.20~0.50	0.07~0.15

（二）动滑动摩擦力和动滑动摩擦定律

若两个物体之间已发生相对滑动，则接触面之间产生的阻碍滑动的力称为动滑动摩擦力，简称动摩擦力。根据大量实验，得到与静摩擦定律相似的**动摩擦定律**：动摩擦力的方向与接触物体间相对速度方向相反，大小与正压力成正比，即

$$F' = fN \qquad (3-14)$$

式中：f 为动摩擦系数，其值除与接触物的材料及表面的状况有关外，还与两物体相对滑动的速度有关，随着相对滑动速度的增大而略有减小。当相对速度变化不大时，可将其视为常数。实验表明，f 略小于 f_s，在一般的工程计算中，可以认为二者近似相等。

二、摩擦角和自锁

在岩土工程、机械设计等领域，还要用到摩擦角的概念。如图3-24（a）所示，物体在主动力 F、F_G 作用下处于平衡。支承面法向反力 N 和静摩擦力 F，可以合成为一个力 F_R，称为**全约束反力**，也叫全反力。当物体处于平衡的临界状态时，$F = F_{max}$，夹角 φ 也达到最大值 φ_m，如图3-24（b）所示，全约束反力与接触面法线间的夹角 φ_m 称为摩擦角。显然有

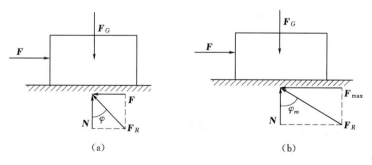

（a）　　　　　　　　　　　　　　（b）

图 3-24

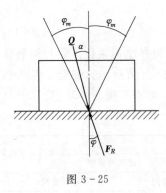

图 3-25

$$\tan\varphi_m = \frac{F_{\max}}{N} = \frac{f_s N}{N} = f_s \qquad (3-15)$$

即摩擦角 φ_m 的正切等于静摩擦系数 f_s。

因为静摩擦力的变化有一个范围（$0 \leqslant F \leqslant F_{\max}$），所以全反力 F_R 与法线的夹角 φ 也有一个变化范围（$0 \leqslant \varphi \leqslant \varphi_m$），由摩擦角的概念，全反力 F_R 的作用线只能在摩擦角 φ_m 内。因此，如果作用在物体上的主动力的合力 Q 的作用线在摩擦角之内，如图 3-25 所示，则不论其大小如何，总可以与全反力平衡，因而物体必处于静止状态，这种现象称为**自锁**。产生自锁现象需满足的条件称为自锁条件。显然，自锁条件为 $\alpha \leqslant \varphi_m$。

三、考虑摩擦时物体的平衡

考虑摩擦时物体的平衡问题，与不考虑摩擦时相同，作用在物体上的力系应满足平衡条件，解题的分析方法和步骤也基本相同。然而，这些问题也有它的特点。首先，受力分析时必须考虑摩擦力，其方向恒与物体相对滑动趋势方向相反。其次，因静滑动摩擦力在一定范围内变化，因此解答常为不等式所表示的一个范围，称为平衡范围。再者，一般情况下，摩擦力的大小应由平衡条件确定。但当物体处于临界平衡状态时，静摩擦力达到最大值，可补充物理方程 $F_{\max} = f_s N$。最后需要指出的是，在求解考虑摩擦时物体的平衡问题时，有时为了方便，先在临界平衡状态下计算，求得结果后，再进一步讨论解的范围。

【例 3-12】 图 3-26 所示为某一混凝土重力坝的断面。该坝在 1m 长度坝段上的自重为 22680kN，所受的水压力、扬压力如图 3-26 所示，若坝底与河床岩面间的静摩擦系数 $f_s = 0.6$，试校核此坝是否可能滑动。

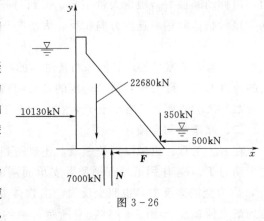

图 3-26

解： 以 1m 长坝段为研究对象，画受力图如图 3-26 所示。根据平衡条件可求出使坝体保持不发生相对岩面滑动的静摩擦力 F，要使坝体不产生相对岩面的滑动，其值必须满足 $F \leqslant F_{\max}$。

设坝体处于平衡状态，列平衡方程

$$\sum F_x = 0 \qquad 10130 - 500 - F = 0$$

得

$$F = 9630 \text{kN}$$

$$\sum F_y = 0 \qquad N + 7000 - 22680 - 350 = 0$$

得

$$N = 16030 \text{kN}$$

而坝底与岩面之间可能产生的最大静摩擦力为

$$F_{\max} = f_s N = 9618 (\text{kN})$$

因为 $F > F_{\max}$，所以坝体会沿河床岩面滑动。这在工程上是绝对不允许的，必须改变设计或采取其他措施以增大最大静摩擦力，保证坝体的抗滑稳定。

【例 3 - 13】 图 3 - 27 （a）为小型起重机中的制动器。已知制动器摩擦块与鼓轮表面间的静摩擦系数为 f_s，作用在鼓轮上的力偶的力偶矩为 m，A 和 O 处都是铰链，几何尺寸如图所示。求制动鼓轮所必须的最小力 $F_{1\min}$。

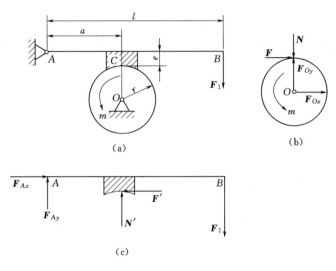

图 3 - 27

解： 当鼓轮刚能停止转动时，力 F_1 的值最小，制动块与鼓轮的摩擦力达到最大值。先以鼓轮 O 为研究对象画出其受力图如图 3 - 27 （b）所示，列出平衡方程

$$\sum m_O(F) = 0 \qquad m - Fr = 0 \tag{1}$$

$$F = f_s N \tag{2}$$

由式（1）和式（2）可得

$$F = m/r \qquad N = m/(f_s r)$$

再以制动杆 AB 为研究对象画出其受力图如图 3 - 27 （c）所示，列出平衡方程

$$\sum m_A(F) = 0 \qquad N'a - F'e - F_1 l = 0 \tag{3}$$

$$F' = f_s N' \tag{4}$$

于是可解得 $\qquad\qquad\qquad F_1 = N'(a - f_s e)/l$

将 $N' = m/(f_s r)$ 代入上式，则得制动鼓轮所需的最小力为

$$F_{1\min} = m(a - f_s e)/(f_s r l)$$

小　　结

本项目主要介绍平面力系的合成和平衡问题，重点是利用由各类力系的平衡条件导出的平衡方程求解平衡问题。

一、各类力系的合成与平衡

各类力系的合成与平衡见表 3 - 3。

表 3 - 3　　　　　　　　　　　　各类力系的合成与平衡

力系类别	合　成　方　法	平衡条件	平衡方程		限制条件	可求未知量
平面汇交力系	解析法：应用合力的投影定理	$F_{R=0}$	$\left.\begin{array}{l}\sum F_x=0\\\sum F_y=0\end{array}\right\}$		无	2 个
平面力偶系	将各力偶矩代数相加，即 $m=\sum m_i$	合力偶矩 m 为零	$\sum m=0$		无	1 个
平面一般力系	将力系各力向作用平面内任一点进行平移简化，得一平面汇交力系和平面力偶系，合成结果为： 主矢 $$F'_R=\sqrt{(\sum F_x)^2+(\sum F_y)^2}$$ 主矩 $m_O=\sum m_O(F)$	主矢 $F'_R=0$ 主矩 $m_O=0$	一般形式	$\left.\begin{array}{l}\sum F_x=0\\\sum F_y=0\\\sum m_O(F)=0\end{array}\right\}$	无	3 个
			二力矩式	$\left.\begin{array}{l}\sum F_x=0\\\sum m_A(F)=0\\\sum m_B(F)=0\end{array}\right\}$	x 轴不能与 A、B 两点连线垂直	
			三力矩式	$\left.\begin{array}{l}\sum m_A(F)=0\\\sum m_B(F)=0\\\sum m_C(F)=0\end{array}\right\}$	A、B、C 三点不共线	

二、平衡方程的应用

应用平面力系的平衡方程，可以求解单个物体及物体系统的平衡问题。求解时要通过受力分析，恰当地选取研究对象，画出受力图。选取合适的平衡方程形式，选择好矩心和投影轴，力求做到一个方程只含有一个未知量，以便简化计算。

三、考虑摩擦时的平衡问题

静摩擦力的大小介于零与最大摩擦力 F_{max} 之间，具体可由平衡条件来确定。

解题时，通常可按物体平衡的临界状态考虑，除列出平衡方程外，还可以列出补充方程：$F_m=fF_N$，待求出结果后，再讨论平衡范围。最大静摩擦力方向总是与物体相对滑动趋势的方向相反，不能任意假设，物体的滑动趋势的方向可根据主动力来直观确定。

知 识 技 能 训 练

一、判断题

1. 无论平面汇交力系所含汇交力的数目是多少，都可用力多边形法则求其合力。（　　）

2. 若两个力在同一轴上的投影相等，则这两个力的大小必定相等。（　　）

3. 平面力偶系合成的结果为一合力偶，此合力偶矩与各分力偶矩的代数和相等。（　　）

4. 平面汇交力系平衡时，力多边形各力应首尾相接，但在作图时力的顺序可以不同。（　　）

5. 若通过平衡方程解出的未知力为负值时，表示约束反力的指向画反，应改正受力图。（　　）

6. 若通过平衡方程解出的未知力为负值时，表示该力的真实指向与受力图中该力的指向相反。（　　）

7. 平面任意力系有三个独立的平衡方程，可求解三个未知量。（　　）

8. 用解析法求平面汇交力系的合力时，若选用不同的直角坐标系，则所求得的合力不同。（　　）

9. 列平衡方程时，要建立坐标系求各分力的投影。为运算方便，通常将坐标轴选在与未知力平行或垂直的方向上。（　　）

10. 在求解平面任意力系的平衡问题时，写出的力矩方程的矩心一定要取在两投影轴的交点处。（　　）

11. 一个平面任意力系只能列出一组三个独立的平衡方程，解出三个未知数。（　　）

二、填空题

1. 力的作用线垂直于投影轴时，该力在轴上的投影值为_____。

2. 平面汇交力系平衡的几何条件为：力系中各力组成的力多边形_____。

3. 合力投影定理是指_____。

4. 一般力系简化中主矢等于原力系各力的矢量和，所以它与简化中心的选择_____关；而主矩等于原力系各力对简化中心力矩的_____，简化中心不同力臂不同，一般情况下主矩与简化中心的选择_____关。

5. 平面一般力系有_____个独立的平衡方程，只能求解三个未知数。

6. 平面力偶系有_____个独立的平衡方程。

7. 平面任意力系的平衡条件是：力系的_____和力系_____分别等于零。

8. 静定问题是指力系中未知的约束反力个数_____独立平衡方程个数，全部未知约束反力可以由平衡方程求解。超静定问题是指力系中未知的约束反力个数_____独立平衡方程个数，仅由平衡方程无法解出全部未知力。

三、选择题

1. 若某刚体在平面任意力系作用下处于平衡，则此力系中各分力对刚体（　　）之矩的代数和必为零。

　　A. 特定点　　　　　B. 重心　　　　　C. 任意点　　　　　D. 坐标原点

2. 一力作平行移动后，新点上的附加力偶一定（　　）。

　　A. 存在且与平移距离无关　　　　B. 存在且与平移距离有关　　　　C. 不存在

3. 一物体受到两个共点力的作用，无论是在什么情况下，其合力（　　）。

　　A. 一定大于任意一个分力

　　B. 至少比一个分力大

　　C. 不大于两个分力的和，不小于两个分力大小的差

　　D. 随两个分力夹角的增大而增大

4. 力偶在（　　）的坐标轴上的投影之和为零。

　　A. 任意　　　　B. 正交　　　　C. 与力垂直　　　　D. 与力平行

5. 在同一平面内的两个力偶只要（   ），则这两个力偶就彼此等效。

A. 力偶中两个力大小相等   B. 力偶相等

C. 力偶的方向完全一样   D. 力偶矩相等

6. 应用平面汇交力系的平衡条件，最多能求解（   ）未知量。

A. 1个   B. 2个   C. 3个

7. 平面任意力系平衡的必要和充分条件也可以用三力矩式平衡方程 $\sum M_A(F)=0$，$\sum M_B(F)=0$，$\sum M_C(F)=0$ 表示，欲使这组方程是平面任意力系的平衡条件，其附加条件为（   ）。

A. 投影轴 x 轴不垂直于 A、B 或 B、C 连线

B. 投影轴 y 轴不垂直于 A、B 或 B、C 连线

C. 投影轴 x 轴垂直于 y 轴

D. A、B、C 三点不在同一直线上

8. 两个相等的分力与合力一样大的条件就是此两分力的夹角为（   ）。

A. 45°   B. 60°   C. 120°   D. 150°

四、计算题

1. 托架受力如图 3-28 所示，求托架所受的合力。

2. 求图 3-29 中作用在耳环上的力 F_1 和 F_2 的合力 F_R。已知 $F_1=7\text{kN}$，$F_2=5\text{kN}$。

3. 已知 $F_1=100\text{N}$，$F_2=150\text{N}$，$F_3=F_4=200\text{N}$，各力方向如图 3-30 所示。试分别求出各力在 x 轴和 y 轴上的投影。

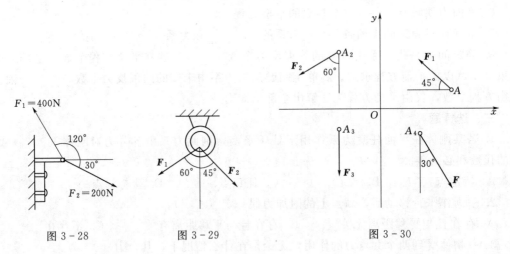

图 3-28   图 3-29   图 3-30

4. 已知平面一般力系 $F_1=50\text{N}$，$F_2=60\text{N}$，$F_3=50\text{N}$，$F_4=80\text{N}$，各力方向如图 3-31 所示，各力作用点坐标依次为：$A_1(20,30)$、$A_2(30,10)$、$A_3(40,40)$、$A_4(0,0)$，坐标单位为 mm。求该力系的合力。

5. 如图 3-32 所示，在物体某平面内受到三个力偶的作用。设 $F_1=200\text{N}$，$F_2=600\text{N}$，$m=100\text{N}\cdot\text{m}$，求其合力偶。

6. 水坝受自身重量及上下游水压力作用。如图 3-33 所示（按坝长 1m 考虑）。试

将此力系向坝底 O 点简化,并求出力系合力的大小、方向、作用线位置,画出合力矢量。

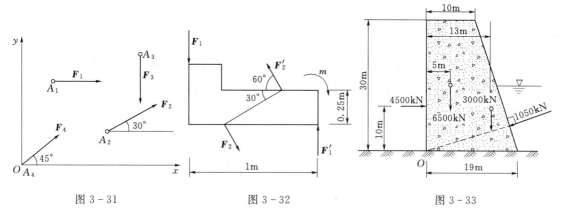

图 3 - 31   图 3 - 32   图 3 - 33

7. 梁 AB 如图 3 - 34 所示。在梁的中间作用一力,求梁的支座反力。

8. 梁 AB 如图 3 - 35 所示。在梁上作用一力 $F=60$kN,求梁的支座反力。

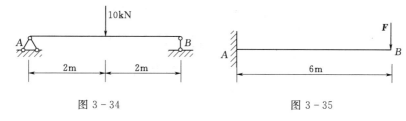

图 3 - 34   图 3 - 35

9. 求图 3 - 36 所示各梁的支座反力,其中均布荷载 $q=3$kN/m,$L=2$m。

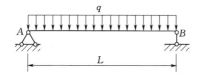

图 3 - 36

10. 汽车吊如图 3 - 37 所示。车重 $F_{G1}=26$kN,起吊装置重 $F_{G2}=31$kN,作用线通过 B 点,起重臂重 $F_G=4.5$kN,求最大起重量 F_{max}。(提示:起重量大到临界状态时,A 处将脱离接触,约束反力 $N_A=0$)

11. 如图 3 - 38 所示,杆 AB 和 CD 的 A 端和 D 端均为固定铰支座,二杆在 C 处为光滑接触,$CD=l$,且二杆重量不计。在 AB 杆上作用有已知力偶矩为 m_1 的力偶,为保持系统在图示位置平衡,在 CD 上作用的力偶矩为 m_2 的力偶应满足什么条件?并

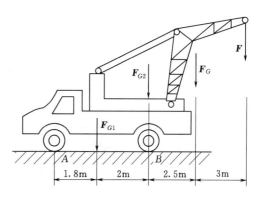

图 3 - 37

求此时 A、C、D 处的反力。

12. 铰链四连杆机构 $ABCD$ 受两个力偶作用在图 3-39 位置平衡。设作用在杆 CD 上力偶的矩 $m_1=1N\cdot m$，求作用在杆 AB 上的力偶的力偶矩 m_2 及杆 BC 所受的力。各杆自重不计，$CD=400mm$，$AB=600mm$。

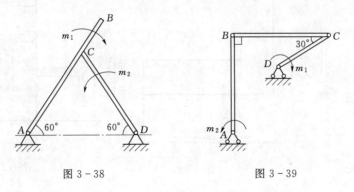

图 3-38   图 3-39

13. 求图 3-40 所示各悬臂梁的支座反力。

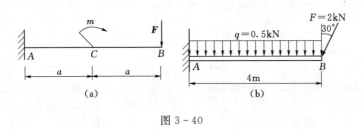

图 3-40

14. 求图 3-41 所示各梁的支座反力。

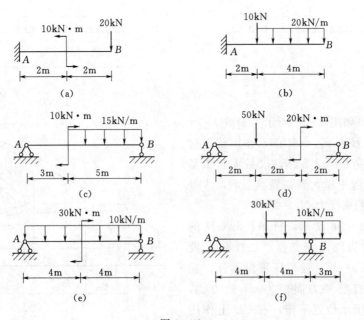

图 3-41

15. 求图 3 - 42 刚架的支座反力。

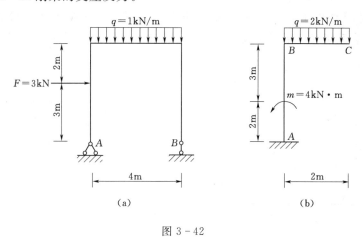

(a)   (b)

图 3 - 42

16. 如图 3 - 43 所示三铰拱，求其支座 A、B 的反力及铰链 C 的约束反力。

17. 家用人字梯可简化为由 AB、AC 两杆在 A 点铰接，又在 D、E 两点用水平绳连接。梯子放在光滑的水平面上，某人由下向上攀登至 H 点。已知人的重量 $F_G = 600$N，$AB = AC = 3$m，$AD = AE = 2$m，$AH = 1$m，$\alpha = 45°$，梯子自重不计，如图 3 - 44 所示。求绳子的张力和铰链 A 的约束反力。

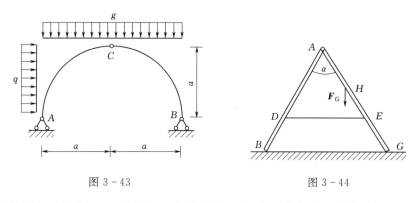

图 3 - 43   图 3 - 44

18. 多跨梁由 AB 和 BC 用铰链 B 连接而成，支承、跨度及荷载如图 3 - 45 所示。已知 $q = 10$kN/m，$m = 40$kN·m。不计梁的自重，求固定端 A 及支座 C 处的约束反力。

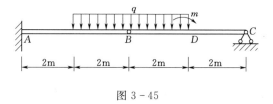

图 3 - 45

19. 混凝土坝的横断面如图 3 - 46 所示。设 1m 长的坝受到水压力 $F = 3390$kN，作用位置如图所示。混凝土的容重 $\gamma = 22$kN/m³，坝与地面的静摩擦系数 $f_s = 0.6$。问：

（1）此坝是否会滑动？

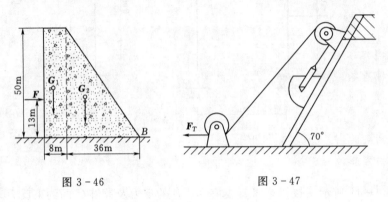

（2）此坝是否会绕 B 点而倾倒？

20．一升降混凝土吊斗的简易装置如图 3-47 所示。已知混凝土和吊斗共重 $F_G=25\text{kN}$，吊斗和滑道间的静摩擦系数 $f_s=0.3$。试求出吊斗静止在滑道上时，绳子拉力 F_T 的大小范围。

图 3-46　　　　　　　　　图 3-47

项目四 杆件的内力分析

【学习目标】
- 了解四种基本变形杆件的受力特点和变形特点。
- 理解外力、内力的概念。
- 掌握求内力的截面法及各内力的正负号规定。
- 掌握绘制梁的内力图的三种方法，要求至少熟练掌握其中的一种方法。
- 掌握梁的弯矩、剪力及荷载集度之间的微分关系及其在作内力图中的应用。

在进行结构设计时，为保证结构安全正常工作，要求各构件必须具有足够的强度和刚度。解决构件的强度和刚度问题，首先需要确定危险截面的内力。内力计算是结构设计的基础。本项目研究杆件的内力计算问题。

任务一 杆件的外力与变形特点

进行构件的受力分析时，只考虑力的运动效应，可以将构件看做是刚体；但进行构件的内力分析时，要考虑力的变形效应，必须把构件作为变形固体处理。所研究杆件受到的其他构件的作用，统称为杆件的外力。**外力包括荷载（主动力）以及荷载引起的约束反力（被动力）**。广义地讲，对构件产生作用的外界因素除荷载以及荷载引起的约束反力之外，还有温度改变、支座移动、制造误差等。杆件在外力作用下的变形可分为四种基本变形及其组合变形。

一、轴向拉伸与压缩

受力特点：杆件受到与杆轴线重合的外力作用。

变形特点：杆沿轴线方向伸长或缩短。

产生轴向拉伸与压缩变形的杆件称为**拉压杆**。图4－1所示屋架中的弦杆、牵引桥的拉索和桥塔、阀门启闭机的螺杆等均为拉压杆。

二、剪切

受力特点：杆件受到垂直杆轴线方向的一组等值、反向、作用线相距极近的平行力作用。

变形特点：二力之间的横截面产生相对错动变形。

产生剪切变形的杆件通常为拉压杆的连接件。如图4－2所示螺栓、销轴连接中的螺栓和销钉，均产生剪切变形。

三、扭转

受力特点：杆件受到作用面垂直于杆轴线的力偶作用。

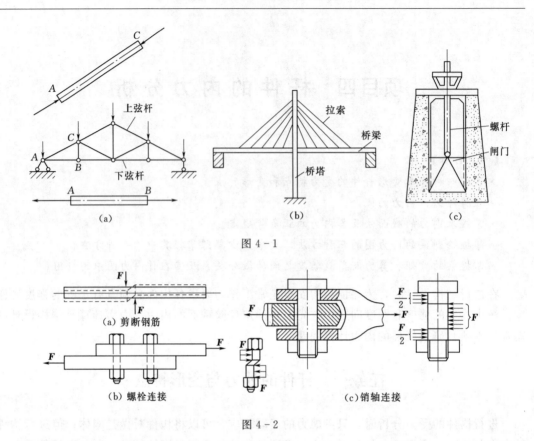

图 4-1

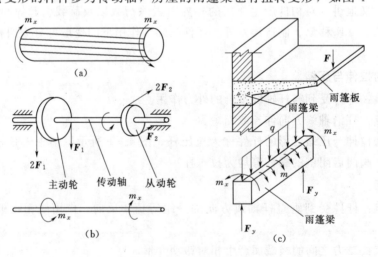

图 4-2

变形特点：相邻横截面绕杆轴产生相对旋转变形。

产生扭转变形的杆件多为传动轴，房屋的雨篷梁也有扭转变形，如图 4-3 所示。

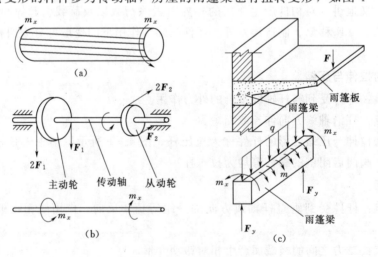

图 4-3

四、平面弯曲

受力特点：杆件受到垂直于杆轴线方向的外力或杆轴所在平面内作用的外力偶。

变形特点：杆轴线由直变弯。

产生弯曲变形的杆件称为**梁**。工程中常见梁的横截面都有一根对称轴（图4-4），各截面对称轴形成一个纵向对称平面。若荷载与约束反力均作用在梁的纵向对称平面内，梁的轴线也在该平面内弯成一条曲线，这样的弯曲称为**平面弯曲**。如图4-4所示。平面弯曲是最简单的弯曲变形，是一种基本变形。

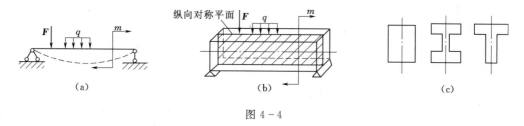

图4-4

本项目重点介绍单跨静定梁的平面弯曲内力。单跨静定梁有3种基本形式，如图4-5所示。

图4-5

任务二 内力及其截面法

一、内力的概念

构件的材料是由许多质点组成的。构件不受外力作用时，材料内部质点之间保持一定的相互作用力，使构件具有固定形状。当构件受外力作用产生变形时，其内部质点之间相对位置改变，原有内力也发生变化。这种**由于外力作用而引起的受力构件内部质点之间相互作用力的改变量称为附加内力**，简称内力。工程力学所研究的内力是由外力引起的，内力随外力的变化而变化，外力增大，内力也增大、外力撤销后，内力也随之消失。

显然，构件中的内力是与构件的变形相联系的，内力总是与变形同时产生。构件的内力随着变形的增加而增加，但对于确定的材料，内力的增加有一定的限度，超过这一限度，构件将发生破坏。因此，内力与构件的强度和刚度都有密切的联系。在研究构件的强度、刚度等问题时，必须知道构件在外力作用下某截面上的内力值。

二、截面法

确定构件任一截面上内力值的基本方法是截面法。图4-6（a）所示为任一受平衡力系作用的构件。为了显示并计算某一截面上的内力，可在该截面处用一假想截面将构件一分为二并弃去其中一部分。将弃去部分对保留部分的作用以力的形式表示，此即该截面上的内力。根据变形固体均匀、连续的基本假设，截面上的内力是连续分布的。通常将截面上分布的内力用位于该截面形心处的合力（简化为主矢和主矩）来代替。尽管内力的合力是未知的，但总可以用其6个内力分量（空间任意力系）N_x、Q_y、Q_z和M_x、M_y、M_z来表示，如图4-6（b）所示。因为构件在外力作用下处于平衡状态，所以截开后的保留部

分也应保持平衡。由此，根据空间力系的 6 个平衡方程

$$\sum F_x = 0 \quad \sum F_y = 0 \quad \sum F_z = 0$$
$$\sum m_x = 0 \quad \sum m_y = 0 \quad \sum m_z = 0$$

即可求出 N_x、Q_y、Q_z 和 M_x、M_y、M_z 等各内力分量。用截面法研究保留部分的平衡时，各内力分量相当于平衡体上的外力。

截面上的内力并不一定都同时存在上述 6 个内力分量，一般可能仅存在其中的一个或几个。随着外力与变形形式的不同，截面上存在的内力分量也不同，如拉压杆截面上的内力，只有与外力平衡的轴向内力 N_x。

截面法求内力的步骤可归纳如下：

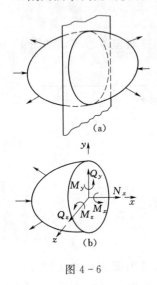

（1）截开：在欲求内力截面处，用一假想截面将构件一分为二。

（2）代替：弃去任一部分，并将弃去部分对保留部分的作用以相应内力代替（即显示内力）。

（3）平衡：根据保留部分的平衡条件，确定截面内力值。

截面法求内力与取分离体由平衡条件求约束反力的方法实质上是完全相同的。求约束反力时，去掉约束代之以约束反力；求内力时，去掉一部分杆件，代之以该截面的内力。

注意：在研究变形体的内力和变形时，对"等效力系"的应用应该慎重。例如，在求内力时，截开截面之前，力的合成、分解及平移，力和力偶沿其作用线和作用面的移动等定理，均不可使用，否则将改变构件的变形效应；但在考虑研究对象的平衡问题时，仍可应用等效力系简化计算。

在本项目以后各任务中，将分别详细讨论几种基本变形杆件横截面上的内力计算。

图 4 - 6

任务三　轴向拉（压）杆的内力分析

一、轴向拉（压）杆横截面上的内力

轴向拉伸或压缩变形是杆件的基本变形之一。当杆件两端受到背离杆件的轴向外力作用时，产生沿轴线方向的伸长变形。这种变形称为**轴向拉伸**，杆件称为**拉杆**，所受外力为**拉力**。反之，当杆件两端受到指向杆件的轴向外力作用时，产生沿轴线方向的缩短变形。这种变形称为**轴向压缩**，杆件称为**压杆**，所受外力为**压力**。如图 4 - 7 所示。由轴向外力作用产生的内力也是轴向力，这种内力称为**轴力**，记为 N，其实际是横截面上分布内力的合力。

二、轴力的计算

如图 4 - 8（a）所示为一受拉杆，用截面法求 m—m 截面上的内力，步骤如下：

（1）截开：假想用 m—m 截面将杆件分为两部分，取左侧 [图 4 - 8（b）] 为研究对象。

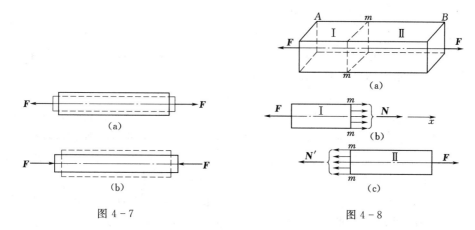

图 4-7　　　　　　　　　　　　　　　图 4-8

（2）代替：将右侧对左侧的作用以截面上的内力 N 代替，如图 4-8（b）所示。

（3）平衡：根据共线力系的平衡条件得

$$\sum F_x = 0 \quad N - F = 0$$
$$N = F$$

所得结果为正值，说明轴力 N 与假设方向一致，为拉力。

若取右段为研究对象，如图 4-8（c）所示，同样方法可得

$$N' = N = F$$

显然 N 与 N' 是一对作用力与反作用力，其大小相等，方向相反，均为拉力。

为了截取不同研究对象计算同一截面内力时，所得结果一致，规定轴力符号为：**轴力为拉力时，N 取正值；反之，轴力为压力时，N 取负值。即轴力"拉为正，压为负"。**

【例 4-1】　如图 4-9（a）所示阶梯形杆件，自重不计，试求其指定截面的轴力。

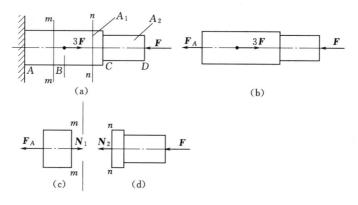

图 4-9

解：（1）求支座反力。取阶梯杆为研究对象画受力图 ［图 4-9（b）］，由平衡方程得

$$\sum F_x = 0 \quad 3F - F_A - F = 0$$
$$F_A = 2F$$

（2）求截面 m—m 的轴力。取 m—m 截面左侧为研究对象，假设 m—m 截面处轴力为正，如图 4-9（c）所示。由平衡方程得

$$\sum F_x = 0 \quad N_1 - F_A = 0$$
$$N_1 = F_A = 2F$$

（3）求截面 $n—n$ 的轴力。取 $n—n$ 截面右侧为研究对象，假设 $n—n$ 截面处轴力为正，如图 4-9（d）所示。由平衡方程得

$$\sum F_x = 0 \quad -N_2 - F = 0$$
$$N_2 = -F$$

内力计算结果为正说明内力实际方向与假设方向一致，如 N_1 为拉力；反之，则表示内力实际方向与假设方向相反，如 N_2 为压力。如果未知轴力方向均按拉力假设，则所得结果的正负号即表示所求轴力的实际符号，而不必再标拉力或压力。

总结截面法求指定截面轴力的计算结果可知，由外力可直接计算截面上的内力，而不必取研究对象画受力图。根据轴力与外力的平衡关系，以及杆段受力图上轴力与外力的方向，由外力直接计算截面轴力，这种计算指定截面轴力的方法称为**直接法**。

任一截面上轴力的大小等于截面一侧杆上所有轴向外力的代数和，即

$$N = \sum F$$

由外力直接判断为：离开截面的外力（拉力）产生正轴力；指向截面的外力（压力）产生负轴力。仍可记为轴力"拉为正，压为负"。

三、轴力图

当杆件受到多个轴向外力作用时，拉（压）杆横截面上的轴力一般不相同。为了直观的表示轴力随截面位置而变化的规律，取与杆轴平行的横坐标 x 表示各截面位置，取与杆轴垂直的纵坐标轴 N 表示各截面轴力的大小，这样画出的图形称为**轴力图**。画轴力图时，规定正值的轴力画在轴上侧，负值的轴力画在轴下侧，并标明正负符号。

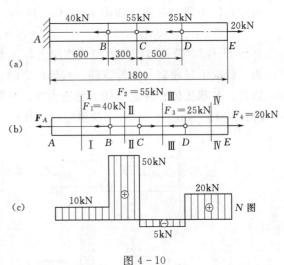

图 4-10

【例 4-2】 试作图 4-10（a）所示直杆的轴力图。

解：（1）求支座反力。取直杆为研究对象画受力图 [图 4-10（b）]。由平衡方程得

$$\sum F_x = 0 \quad -F_A - F_1 + F_2 - F_3 + F_4 = 0$$
$$F_A = 10\text{kN}$$

（2）分段。以荷载变化处为界，将杆分为 AB、BC、CD、DE 4 段。均取杆件左侧为研究对象，各段杆轴力计算如下：

AB 段：$N_1 = F_A = 10\text{kN}$

BC 段：$N_2 = F_A + F_1 = 50$（kN）

CD 段：$N_3 = F_A + F_1 - F_2 = -5$（kN）

DE 段：$N_4 = F_A + F_1 - F_2 + F_3 = 20$ （kN）

若取杆件右侧为研究对象，可得同样结果，故悬臂式杆件可从自由端依次取研究对象求各截面内力，而不必求支座反力。

（3）作轴力图。按一定比例将正值轴力标在轴上侧，负值轴力标在轴下侧，如图 4-10 （c）所示。

$$|N_{max}| = 50 \text{kN}（在 BC 段）$$

由图可见：①各段杆轴力均为常量，轴力图为杆轴的平行线；②集中力作用处轴力图有突变，该截面轴力为不定值，因而计算轴力的截面不要取在集中荷载作用处；③轴力只随截面位置变化，而与截面形状、尺寸无关。

任务四 扭转轴的内力分析

一、功率、转速与外力偶矩之间的关系

研究扭转轴的内力，首先必须确定作用在轴上的外力偶矩，而工程中，传递转矩的动力机械往往仅标明轴的转速和传递的功率。根据轴每分钟传递的功与外力偶矩所做功相等，可换算出功率、转速与外力偶矩之间的关系为

$$m_x = 9550 \frac{P}{n}（\text{N} \cdot \text{m}） \tag{4-1}$$

式中：P 为轴传递的功率，kW；n 为轴的转速，r/min；m_x 为外力偶矩，N·m。

如果功率的单位为马力，则式（4-1）变为

$$m_x = 7024 \frac{P}{n}（\text{N} \cdot \text{m}） \tag{4-2}$$

二、扭矩、扭矩图

扭转轴横截面的内力计算采用截面法。设圆轴在外力偶矩 m_{x1}、m_{x2}、m_{x3} 作用下产生扭转变形，如图 4-11 （a）所示，求其横截面I—I的内力。①将圆轴用假想的截面I—I截开，一分为二；②取左段为研究对象，画其受力图如图 4-11 （b）所示，去掉的右段对保留部分的作用以截面上的内力 M_x 代替；③由保留部分的平衡条件确定截面上的内力。

由圆轴的平衡条件可知，横截面上与外力偶平衡的内力必为一力偶，该内力偶矩称为**扭矩**，用 M_x 表示。由平衡条件

$$\sum M_x = 0 \quad m_{x1} - M_x = 0$$

得

$$M_x = m_{x1}$$

若取右段轴为研究对象 [图 4-11 （c）]，由平衡条件

$$\sum M_x = 0 \quad m_{x2} - m_{x3} - M_x' = 0$$

得

$$M_x' = m_{x2} - m_{x3} = M_x$$

为了保证取不同的研究对象计算同一截面的扭矩时结果相同，扭矩的符号规定为：按**右手螺旋法则，以右手四指顺着扭矩的转向，若拇指指向与截面外法线方向一致，扭矩为正** [图 4-12 （a）]；**反之为负** [图 4-12 （b）]。

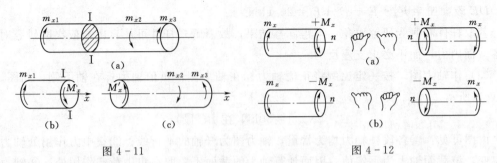

图 4-11　　　　　　　　　　　　图 4-12

多个外力偶作用的扭转轴，计算横截面上的扭矩仍采用截面法。归纳以上计算结果，可由轴上外力偶矩直接计算截面扭矩。**任一截面上的扭矩，等于该截面一侧轴上的所有外力偶矩的代数和**：$M_x = \sum m_{xi}$。扭矩的符号仍用右手螺旋法则判断：**凡拇指离开截面的外力偶矩在截面上产生正扭矩；反之产生负扭矩。**

显然，不同轴段的扭矩不相同。为了直观地反应扭矩随截面位置变化的规律，以便确定危险截面，与轴力图相仿可绘出扭矩图。绘制扭矩图的要求是：选择合适比例将正值的扭矩画在轴线上侧，负值的扭矩画在轴线下侧；图中标明截面位置，截面的扭矩值、单位和正负号。

【例 4-3】 传动轴如图 4-13（a）所示，主动轮 A，输入功率 $P_A = 50\text{kW}$，从动轮 B、C、D，输出功率分别为 $P_B = P_C = 15\text{kW}$，$P_D = 20\text{kW}$，轴转速为 $n = 300\text{r/min}$。试绘制轴的扭矩图。

解：（1）计算外力偶矩。

$$m_{xA} = 9550\frac{P_A}{n} = 9550 \times \frac{50}{300} = 1.6(\text{kN} \cdot \text{m})$$

$$m_{xB} = m_{xC} = 9550\frac{P_B}{n} = 9550 \times \frac{15}{300} = 0.48(\text{kN} \cdot \text{m})$$

$$M_{xD} = 9550\frac{P_D}{n} = 9550 \times \frac{20}{300} = 0.64(\text{kN} \cdot \text{m})$$

（2）分段计算扭矩。

BC 段：用 1—1 截面将轴一分为二，取左段为研究对象，画其受力图，假设该截面扭矩为正转向，如图 4-13（b）所示。由平衡方程

$$\sum M_x = 0 \quad M_{x1} + m_{xB} = 0$$

$$M_{x1} = -m_{xB} = -0.48\text{kN} \cdot \text{m}$$

计算结果为负，说明假设扭矩转向与实际转向相反，为负扭矩。

CA 段：截取 2—2 截面以左段轴计算扭矩 M_{x2}，其受力图如图 4-13（c）所示。

$$\sum M_x = 0 \quad M_{x2} + m_{xB} + m_{xC} = 0$$

$$M_{x2} = -m_{xB} - m_{xC} = -0.96\text{kN} \cdot \text{m}$$

AD 段：取 3—3 截面右段为研究对象，计

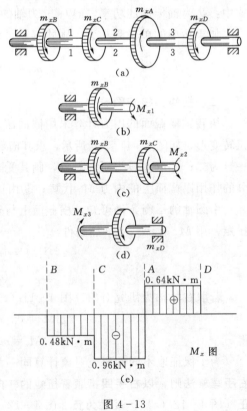

图 4-13

算 3—3 截面扭矩 [图 4 - 13 (d)]。

$$\sum M_x = 0 \quad M_{x3} - m_{xD} = 0$$

$$M_{x3} = m_{xD} = 0.64 \text{kN} \cdot \text{m}$$

（3）绘扭矩图。

由于扭矩在各段的数值不变，故该轴扭矩图由三段水平线组成，最大扭矩在 CA 段，$|M_{max}| = 0.96 \text{kN} \cdot \text{m}$，如图 4 - 13 （e）所示。

任务五　梁的内力分析

一、梁的内力

如图 4 - 14 （a）所示，简支梁 AB 在荷载 **F** 和支座反力 **F_A**、**F_B** 的共同作用下处于平衡状态，用截面法分析 n—n 截面上的内力。

（1）假想用 n—n 截面将梁分为两段。

（2）取左段为研究对象 [图 4 - 14 （b）]。舍弃部分对保留部分的作用用截面上的内力代替，则内力与外力 **F_A** 平衡。显然，**F_A** 有使左梁段上下移动和绕截面形心 O 转动的作用，因而截面上相应有与之平衡的两种内力 Q、M。

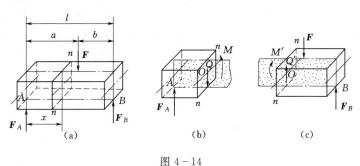

图 4 - 14

剪力 Q——限制梁段沿截面方向移动的内力，单位为 N 或 kN。

弯矩 M——限制梁段绕截面形心 O 转动的内力矩，单位为 N·m 或 kN·m。

（3）由梁段的平衡条件得

$$\sum F_y = 0 \quad F_A - Q = 0$$

$$Q = F_A$$

$$\sum M_O = 0 \quad F_A x - M = 0$$

$$M = F_A x$$

若研究右梁段的平衡，可得同样结果，如图 4 - 14 （c）所示。

$$\sum F_y = 0 \quad F_B - F + Q' = 0$$

$$Q' = F - F_B = F_A = Q$$

$$\sum M_O = 0 \quad F_B(l-x) - F(a-x) - M' = 0$$

$$M' = F_B(l-x) - F(a-x) = F_A x = M$$

二、剪力和弯矩的计算

为了取不同的研究对象计算同一截面的内力时数值和符号均相同，梁的内力符号规定为：

剪力 Q：使截面邻近的微梁段有顺时针转动趋势的剪力为正值，反之为负值 [图 4-15 （a）]。

弯矩 M：使截面邻近的微梁段产生下边凸出，上边凹进变形的弯矩为正值，反之为负值 [图 4-15 （b）]。

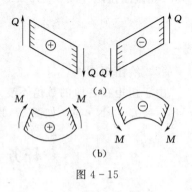

图 4-15

【例 4-4】 已知简支梁 AB 如图 4-16 （a）所示。求距左端支座 2m 处截面上的内力。已知 $F_1=20kN$，$F_2=40kN$。

解：（1）求支座反力。由整体的平衡条件得

$$\sum M_A=0 \quad F_1a+F_2(l-c)-F_Bl=0$$

$$F_B=\frac{F_1a+F_2(l-c)}{l}=\frac{20\times1+40\times(4-1)}{4}=35(kN)(\uparrow)$$

$$\sum M_B=0 \quad F_1(l-a)+F_2c-F_Al=0$$

$$F_A=\frac{F_1(l-a)+F_2c}{l}=\frac{20\times(4-1)+40\times1}{4}=25(kN)(\uparrow)$$

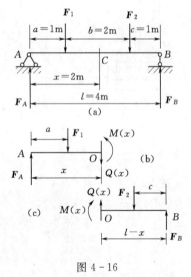

图 4-16

（2）用截面法求内力。截取截面左段梁为研究对象，画受力图如图 4-16 （b）所示，为便于判断计算结果，图中未知内力都按符号规定的正向假设。由左段梁平衡条件得

$$\sum F_y=0 \quad F_A-F_1-Q=0$$

$$Q=F_A-F_1=25-20=5(kN)$$

$$\sum M_O=0 \quad F_Ax-F_1(x-a)-M=0$$

$$M=F_Ax-F_1(x-a)=25\times2-20\times(2-1)=30(kN\cdot m)$$

计算结果均为正值，实际内力方向如图 4-16 （b）、（c）所示。

由计算结果可见，由梁上外力可直接计算截面上的内力。

（1）梁任一横截面上的剪力，在数值上等于该截面一侧梁段上所有外力在截面上投影的代数和，即

$$Q=\sum F_{iQ}$$

（2）梁任一横截面上的弯矩，在数值上等于该截面一侧梁段上所有外力对截面形心力矩的代数和，即

$$M=\sum M_O(F_{iQ})$$

由外力直接判断内力符号为：

（1）**对截面产生顺时针转动趋势的外力**（截面左侧梁上所有向上的外力或截面右侧梁上所有向下的外力）**在截面上产生正剪力；反之产生负剪力**，如图 4-17 （a）所示。

（2）**使梁段产生下边凸出、上边凹进变形的外力**（截面两侧梁上均为向上的外力，使梁产生左侧截面顺时针、右侧截面逆时针的外力矩）**在截面上产生正弯矩；反之产生负弯矩，**如图 4-17（b）所示。

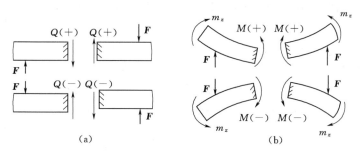

图 4-17

直接由外力计算截面内力时，先看截面一侧有几个外力，再由各外力方向判断产生内力的符号，最后计算各项代数和确定截面内力。

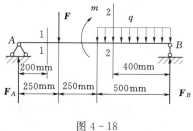

图 4-18

【例 4-5】 简支梁上作用集中力 $F=1\text{kN}$，集中力偶 $m=4\text{kN·m}$，均布荷载 $q=10\text{kN/m}$，如图 4-18 所示。试求 1—1 截面和 2—2 截面上的剪力和弯矩。

解：（1）求支座反力。由整体的平衡条件得

$$F_A=0.75F-m+\frac{q}{2}\times(0.5)^2=0.75\times1-4+\frac{10}{2}\times0.25=-2(\text{kN})(\downarrow)$$

$$F_B=0.25F+m+q\times0.5\times0.75=0.25\times1+4+10\times0.5\times0.75=8(\text{kN})(\uparrow)$$

（2）求内力。

由 1—1 截面左侧外力可得

$$Q_1=F_A=-2\text{kN}$$

$$M_1=0.2F_A=-0.4\text{kN·m}$$

由 2—2 截面右侧外力可得

$$Q_2=0.4q-F_B=0.4\times10-8=-4(\text{kN})$$

$$M_2=F_B\times0.4-\frac{q}{2}(0.4)^2=8\times0.4-\frac{10}{2}\times0.16=2.4(\text{kN·m})$$

【例 4-6】 外伸梁受荷载作用如图 4-19 所示。图中截面 1—1、2—2 无限接近于截面 A 的左、右侧，截面 3—3、4—4 无限接近于跨中截面的左、右侧。试求图示各截面上的剪力和弯矩。

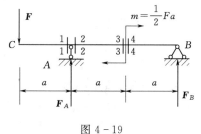

图 4-19

解：（1）求支座反力。取整体为研究对象得

$$\sum M_B=0 \quad F\times3a-m-F_A\times2a=0$$

$$F_A=\frac{3Fa-m}{2a}=\frac{3Fa-0.5Fa}{2a}=1.25F(\uparrow)$$

$$\sum M_A=0 \quad Fa-m-F_B\times2a=0$$

$$F_B = \frac{-Fa+m}{2a} = \frac{-Fa+0.5Fa}{2a} = -0.25F(\downarrow)$$

校核：$\sum F_y = F_A + F_B - F = 1.25F - 0.25F - F = 0$，计算无误。

（2）计算指定截面的剪力和弯矩。由截面左侧梁段上外力计算：

截面 1—1：$\quad Q_1 = -F \quad\quad\quad\quad\quad\quad M_1 = -Fa$

截面 2—2：$\quad Q_2 = F_A - F = 0.25F \quad\quad\quad M_2 = -Fa$

由截面右侧梁段上外力计算：

截面 3—3：$\quad Q_3 = -F_B = 0.25F \quad\quad\quad M_3 = -m + F_B a = -0.75Fa$

截面 4—4：$\quad Q_4 = -F_B = 0.25F \quad\quad\quad M_4 = F_B a = -0.25Fa$

比较截面 1—1、2—2 的内力：

$$Q_2 - Q_1 = 0.25F - (-F) = 1.25F = F_A$$
$$M_2 = M_1$$

可见，在集中力左右两侧截面上，弯矩相同，剪力发生突变，突变值等于该集中力值。

比较截面 3—3、4—4 的内力：

$$Q_4 = Q_3$$
$$M_4 - M_3 = -0.25Fa - (-0.75Fa) = 0.5Fa = m$$

可见，在集中力偶左右两侧截面上，剪力相同，弯矩发生突变，突变值等于该集中力偶的力偶矩。

由此可知，计算集中力和集中力偶作用截面的内力时，须分别计算该截面两侧相邻截面的内力。

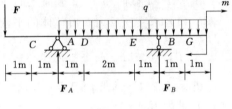

图 4 - 20

【例 4 - 7】 试求图 4 - 20 所示外伸梁 C、A、E、B、G 各截面上的内力。已知 $F = 3kN$，$m = 6kN \cdot m$，$q = 1kN/m$。

解：（1）求支座反力。由整体平衡得

$$\sum M_B = 0, \quad F \times 6 + q \times 6 \times 1 - m - F_A \times 4 = 0$$
$$F_A = \frac{F \times 6 + q \times 6 \times 1 - m}{4} = \frac{3 \times 6 + 1 \times 6 \times 1 - 6}{4} = 4.5(kN)(\uparrow)$$
$$\sum M_A = 0, \quad F \times 2 - q \times 6 \times 3 + F_B \times 4 - m = 0$$
$$F_B = \frac{-F \times 2 + q \times 6 \times 3 + m}{4} = \frac{-3 \times 2 + 1 \times 6 \times 3 + 6}{4} = 4.5(kN)(\uparrow)$$

校核：$\sum F_y = F_A + F_B - F - q \times 6 = 4.5 + 4.5 - 3 - 1 \times 6 = 0$，计算无误。

（2）计算各截面内力。

截面 C：$Q_C = -F = -3kN \quad\quad\quad M_C = -F \times 1 = -3(kN \cdot m)$

截面 $A_左$：$Q_{A左} = -F = -3kN \quad\quad\quad M_{A左} = -F \times 2 = -6(kN \cdot m)$

截面 $A_右$：$Q_{A右} = F_A - F = 1.5(kN) \quad\quad M_{A右} = -F \times 2 = -6(kN \cdot m)$

截面 E：$Q_E = F_A - F - q \times 3 = -1.5(kN)$

$$M_E = F_A \times 3 - F \times 5 - q \times 3 \times 1.5 = -6(\text{kN} \cdot \text{m})$$

截面 $B_左$：$Q_{B左} = q \times 2 - F_B = -2.5(\text{kN} \cdot \text{m})$　$M_{B左} = -q \times 2 \times 1 - m = -8(\text{kN} \cdot \text{m})$

截面 $B_右$：$Q_{B右} = q \times 2 = 2(\text{kN})$　　　　　$M_{B右} = -q \times 2 \times 1 - m = -8(\text{kN} \cdot \text{m})$

截面 G：$Q_G = q \times 1 = 1(\text{kN})$　　　　　　　$M_G = -q \times 1 \times 0.5 - m = -6.5(\text{kN} \cdot \text{m})$

三、剪力图和弯矩图

进行梁的强度和刚度计算时，除了需要计算指定截面的内力外，还须了解剪力和弯矩沿梁轴线的变化规律，并确定最大内力值及其作用位置。由梁横截面的内力计算可知，一般情况下，梁在不同截面上的内力是不同的，即梁各截面的内力是随截面位置而变化的。若取梁轴线为 x 轴，坐标 x 表示各截面位置，则梁各截面上的剪力和弯矩均为 x 坐标的函数：

$$Q = Q(x) \qquad M = M(x)$$

此函数关系即内力方程，分别称为**剪力方程**和**弯矩方程**。为使内力方程形式简单，可任意选定坐标原点和坐标轴方向。

为了直观地显示梁各截面剪力和弯矩沿轴线的变化规律，可绘出内力方程的函数关系图形，称为**剪力图**和**弯矩图**。其绘图方法与绘轴力图相仿，以平行梁轴线的横坐标 x 表示各横截面位置，以垂直梁轴线的纵坐标表示各横截面的内力值，选适当比例绘图。在土建工程中规定：正值的剪力画在轴线上方，负值的剪力画在轴线下方；正值的弯矩画在轴线下方，负值的弯矩画在轴线上方，即弯矩图画在受拉侧，一般可不标正、负号。

（一）方程式法

绘制梁内力图的基本方法，是首先列出梁的内力方程，然后根据方程作图。这种绘制梁内力图的方法可称为**方程式法**。下面举例说明。

【**例 4-8**】　悬臂梁在自由端作用集中荷载 F，如图 4-21（a）所示。试绘制其剪力图和弯矩图。

解：（1）建立剪力方程和弯矩方程。将坐标原点取在梁左端 A 点，截取任意截面 x 的左段梁为研究对象，由平衡条件分别列出该截面的剪力和弯矩的函数表达式，即该梁段的剪力方程和弯矩方程。

$$Q(x) = -F \qquad (0 < x < l) \qquad (\text{a})$$

$$M(x) = -Fx \qquad (0 \leqslant x \leqslant l) \qquad (\text{b})$$

（2）绘制剪力图和弯矩图。由式（a）可知，剪力函数为常量，该梁的剪力 Q 不随截面位置而变化。取直角坐标系 xAO，选适当比例尺，画出梁的剪力图为平行于 x 轴的水平线，因各截面剪力均为负值，故剪力图画在轴下侧，并注明负号〔图 4-21（b）〕。

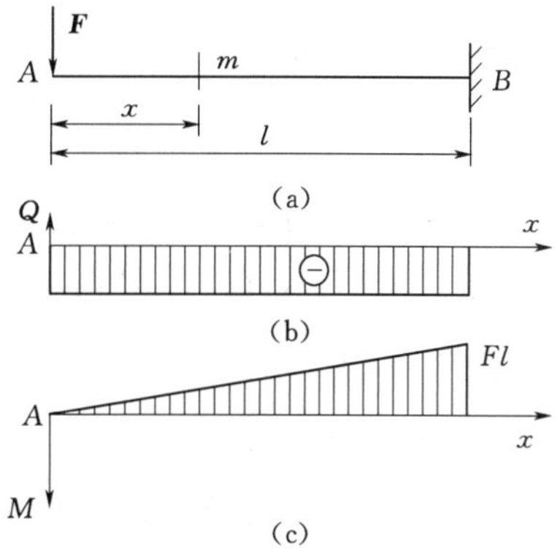

由式（b）可知，弯矩 M 为 x 的一次函数，故弯

图 4-21

矩图为一条斜直线。一般由梁段两端的弯矩值来确定该直线：在 $x=0$ 处，$M_A=0$；在 $x=l$ 处，$M_B=-Fl$。取直角坐标系 xAM，选适当比例绘弯矩图。因 M 为负值，按规定弯矩图画在轴上侧，可不注负号〔图 4-21（c）〕。

（3）确定内力最大值。由图 4-21 可见：

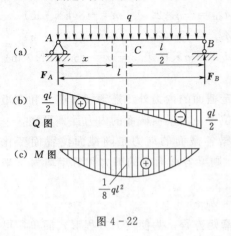

（a）

（b） $\frac{ql}{2}$

Q 图 $\frac{ql}{2}$

（c） M 图

$\frac{1}{8}ql^2$

图 4-22

$|Q|_{max}=F$，发生在全梁各截面；$|M|_{max}=Fl$，发生在固定端截面上。

内力图特征：**无荷载作用的梁段上，剪力图为水平线，弯矩图为斜直线。**

【例 4-9】 简支梁受集度为 q 的均布荷载作用，如图 4-22（a）所示。试作其剪力图和弯矩图。

解：（1）求支座反力。由结构和外力的对称性，可知两支座反力相等，即

$$F_A=F_B=0.5ql（\uparrow）$$

（2）建立剪力方程和弯矩方程。坐标原点取在 A 端，根据任意截面 x 左侧梁段外力直接求截面内力

$$Q(x)=F_A-qx=0.5ql-qx \qquad (0<x<l) \qquad\qquad (a)$$

$$M(x)=F_Ax-0.5qx^2=0.5qlx-0.5qx^2 \qquad (0\leqslant x\leqslant l) \qquad (b)$$

（3）绘制剪力图和弯矩图。由剪力方程（a）可知，剪力为 x 的一次函数，剪力图为斜直线。在 $x=0$ 处，$Q_A=0.5ql$；在 $x=l$ 处，$Q_B=-0.5ql$。选合适比例定两点作剪力图 [图 4-22（b）]。注明正负号，可不画坐标轴。

由弯矩方程（b）可知，弯矩为 x 的二次函数，弯矩图为二次抛物线，确定曲线至少需要 3 个点。在 $x=0$ 处，$M_A=0$；在 $x=l$ 处，$M_B=0$；在 $x=0.5l$ 处，$M_C=\frac{1}{8}ql^2$。选合适比例在受拉侧作弯矩图 [图 4-22（c）]。M 图上有极值点。由弯矩函数的一阶导数（剪力函数）为零确定极值点位置，再代入弯矩方程求出 M 极值。如本题，由 $M'(x)=0.5ql-qx=0$，得 $x=0.5l$，代入弯矩方程，得

$$M(x)|_{x=0.5l}=\frac{ql^2}{4}-\frac{ql^2}{8}=\frac{ql^2}{8}$$

（4）确定内力最大值。由内力图可直观确定：

$|Q|_{max}=0.5ql$，在 A、B 两端截面；$|M|_{max}=\frac{ql^2}{8}$，在跨中截面。

内力图特征：**在均布荷载 q 作用的梁段，剪力图为斜直线；弯矩图为二次抛物线，曲线弯曲方向与 q 指向相同；在剪力为零的截面，弯矩有极值。**

【例 4-10】 简支梁 AB 在 C 点处作用集中力 F，如图 4-23（a）所示。试作梁的内力图。

解：（1）求支座反力。由整体平衡得

$$\sum M_B=0 \qquad -F_Al+Fb=0$$

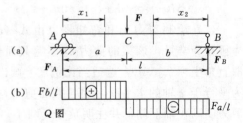

（a）

（b） Fb/l

Q 图 Fa/l

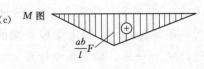

（c） M 图

$\frac{ab}{l}F$

图 4-23

$$\sum M_A = 0 \qquad F_B l - F a = 0$$
$$F_A = F b / l (\uparrow) \qquad F_B = F a / l (\uparrow)$$

校核：$\sum F_y = F_A + F_B - F = 0$，计算无误。

（2）建立剪力方程和弯矩方程。因集中力两侧杆段的内力变化规律不同，故剪力方程和弯矩方程应分 AC、CB 两段分别列出。

AC 段：坐标原点取在 A 端，取任意截面 x_1 左侧梁段为研究对象，由外力直接求截面内力为

$$Q(x_1) = F_A = Fb/l \qquad (0 < x_1 < a) \qquad \text{(a)}$$
$$M(x_1) = F_A x_1 = Fbx_1/l \qquad (0 \leqslant x_1 \leqslant a) \qquad \text{(b)}$$

CB 段：为使内力方程形式简单，坐标原点取在 B 端，取任意截面 x_2 右侧梁段为研究对象，由外力直接求截面内力为

$$Q(x_2) = -F_B = -Fa/l \qquad (0 < x_2 < b) \qquad \text{(c)}$$
$$M(x_2) = F_B x_2 = Fax_2/l \qquad (0 \leqslant x_2 \leqslant b) \qquad \text{(d)}$$

（3）绘制剪力图和弯矩图。由式（a）、式（c）可知，剪力与 x 无关，为常量，在 AC 段为正值，在 CB 段为负值，故剪力图为两段水平线，如图 4-23（b）所示。

由式（b）、式（d）可知，在 AC、CB 梁段，M 均为 x 的一次函数，故弯矩图为两段斜率不同的斜直线，在 $x_1 = 0$ 处，$M_A = 0$；在 $x_1 = a$ 处，$M_C = Fab/l$；在 $x_2 = 0$ 处，$M_B = 0$；在 $x_2 = b$ 处，$M_C = Fab/l$。作弯矩图如图 4-23（c）所示。

（4）确定内力最大值。由内力图可直观确定：

$|Q|_{max} = Fb/l (b > a)$，在 AC 梁段各截面；$|M|_{max} = Fab/l$，在 C 截面。

内力图特征：在集中力 F 作用截面，剪力图有突变，突变的绝对值为 F；弯矩图有尖角，尖角的指向与 F 相同。

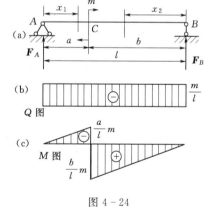

图 4-24

【**例 4-11**】　简支梁 AB 在 C 点处作用一集中力偶 m，如图 4-24（a）所示。试作其内力图。

解：（1）求支座反力。由整体平衡得

$$F_A = -m/l (\downarrow) \qquad F_B = m/l (\uparrow)$$

校核无误。

（2）建立剪力方程和弯矩方程。由于集中力偶作用截面左、右两侧梁段内力变化规律不同，应分段列内力方程。

AC 段：取坐标原点为 A 点，由 x_1 截面左侧梁段外力直接求截面内力为

$$Q(x_1) = F_A = -m/l \qquad (0 < x_1 \leqslant a) \qquad \text{(a)}$$
$$M(x_1) = F_A x_1 = -\frac{m}{l} x_1 \qquad (0 \leqslant x_1 < a) \qquad \text{(b)}$$

CB 段：坐标原点取在 B 端，由 x_2 截面右侧梁段外力直接求截面内力为

$$Q(x_2) = -F_B = -m/l \qquad (0 < x_2 \leqslant b) \qquad \text{(c)}$$
$$M(x_2) = F_B x_2 = \frac{m}{l} x_2 \qquad (0 \leqslant x_2 < b) \qquad \text{(d)}$$

（3）绘制内力图。由式（a）、式（c）可见，AC、CB 梁段剪力相同，剪力图为水平线，如图 4-24（b）所示。

由式（b）、式（d）可见，AC、CB 梁段弯矩均为 x 的一次函数，弯矩图为两条斜率不同的斜直线。在 $x_1=0$ 处，$M_A=0$；在 $x_1=a$ 处，$M_{C左}=-ma/l$；在 $x_2=0$ 处，$M_B=0$；在 $x_2=b$ 处，$M_{C右}=mb/l$。绘梁弯矩图如图 4-24（c）所示。

（4）确定内力最大值。设 $a<b$，从内力图上直观确定：$|Q|_{max}=m/l$，沿全梁段各截面；$|M|_{max}=mb/l$，在 $C_右$ 截面处。

内力图特征：**在集中力偶作用处，剪力图不受影响；弯矩图发生突变，突变值等于该力偶矩的大小。**

（二）简捷法

梁在荷载作用下，横截面将产生弯矩和剪力两种内力。若梁上作用一分布荷载 $q(x)$，则横截面上的弯矩、剪力和分布荷载的集度都是 x 的函数，三者之间存在着某种关系，这种关系有助于梁的内力计算和内力图的绘制。下面从一般情况推导这种关系式。

设梁上作用有任意分布荷载 $q(x)$，如图 4-25（a）所示，规定 $q(x)$ 以向上为正、向下为负。坐标原点取在梁的左端。在距左端为 x 处截取长度为 dx 的微段梁研究其平衡。微段梁上作用有分布荷载 $q(x)$。由于微段 dx 很微小，在 dx 微段上可以将分布荷载看做是均匀的。微段左侧横截面上的剪力和弯矩分别为 $Q(x)$ 和 $M(x)$；微段右侧横截面上的剪力和弯矩分别为 $Q(x)+dQ(x)$ 和 $M(x)+dM(x)$，如图 4-25（b）所示。

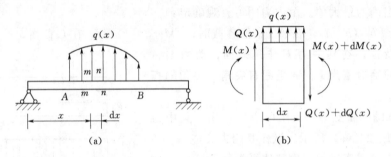

图 4-25

由微段梁平衡条件 $\sum F_y=0$ 可得

$$Q(x)+q(x)dx-[Q(x)+dQ(x)]=0$$

整理得到

$$\frac{dQ(x)}{dx}=q(x) \tag{a}$$

即剪力对 x 的一阶导数等于该截面分布荷载的集度。

由微段梁平衡条件 $\sum M_O=0$（矩心 O 取在右侧截面的形心）可得

$$[M(x)+dM(x)]-M(x)-Q(x)dx-q(x)dx \cdot dx/2=0$$

略去二阶微量，整理得到 $\quad \dfrac{dM(x)}{dx}=Q(x) \tag{b}$

即弯矩对 x 的一阶导数等于该截面的剪力。

将式（b）代入式（a）又可得 $\quad \dfrac{d^2 M(x)}{dx^2}=q(x) \tag{c}$

即弯矩对 x 的二阶导数等于该截面分布荷载的集度。

式（a）、式（b）和式（c）就是弯矩、剪力、荷载集度间普遍存在的微分关系式。

在数学上，一阶导数的几何意义是曲线上切线的斜率。所以，$\dfrac{dQ(x)}{dx}$、$\dfrac{dM(x)}{dx}$ 分别代表剪力图、弯矩图上的切线的斜率。$\dfrac{dQ(x)}{dx}=q(x)$ 表明：剪力图曲线上某点处切线的斜率等于该点处分布荷载的集度。$\dfrac{dM(x)}{dx}=Q(x)$ 表明：弯矩图曲线上某点处切线的斜率等于该点的剪力值。二阶导数 $\dfrac{d^2M(x)}{dx^2}=q(x)$ 可以用来判断弯矩图曲线的凹凸性。

根据上述各关系式及其几何意义，可得画内力图的一些规律如下：

（1）$q(x)=0$ 时，当梁段上没有分布荷载作用时，$q(x)=0$，由 $\dfrac{dQ(x)}{dx}=q(x)=0$ 可知，$Q(x)=$ 常量，此梁段的**剪力图为水平线**。由 $\dfrac{dM(x)}{dx}=Q(x)=$ 常量，$M(x)$ 为 x 的线性函数，此梁段的**弯矩图为斜直线**。当 $Q(x)>0$ 时，$M(x)$ 为增函数，弯矩图为向右下斜直线；当 $Q(x)<0$ 时，$M(x)$ 为减函数，弯矩图为向右上斜直线。

（2）$q(x)=$ 常量时，当梁段上作用有均布荷载时，$q(x)=$ 常量，由 $\dfrac{dQ(x)}{dx}=q(x)=$ 常量可知，$Q(x)$ 为 x 的线性函数，此梁段的**剪力图为斜直线**。由 $\dfrac{d^2M(x)}{dx^2}=q(x)$ 可知，$M(x)$ 为 x 的二次函数，此梁段的**弯矩图为二次曲线**。当均布荷载向下作用时，$\dfrac{dQ(x)}{dx}=q(x)<0$，$Q(x)$ 为减函数，剪力图为向右下斜直线；由 $\dfrac{d^2M(x)}{dx^2}=q(x)<0$ 可知，弯矩图应向下凸。当均布荷载向上作用时，$\dfrac{dQ(x)}{dx}=q(x)>0$，$Q(x)$ 为增函数，剪力图为向右上斜直线；由 $\dfrac{d^2M(x)}{dx^2}=q(x)>0$ 可知，弯矩图应向上凸。由 $\dfrac{dM(x)}{dx}=Q(x)$ 可知，在 $Q(x)=0$ 处 $M(x)$ 有极值，即剪力等于零的截面上弯矩有极大值或极小值。

（3）集中力 F 作用处。如上节所述，在集中力作用处，**剪力图发生突变，且突变值等于该集中力的大小；弯矩图出现尖角，且尖角的方向与集中力的方向相同**。

（4）集中力偶作用处。如上节所述，在集中力偶作用处，**剪力图不变化；弯矩图发生突变，且突变值等于该集中力偶的力偶矩**。

掌握上述荷载与内力图之间的规律，将有助于绘制和校核梁的剪力图和弯矩图。将这些规律列于表 4-1，根据表中所列各项规律，只要确定梁上几个控制截面的内力值，就可按梁段上的荷载情况直接绘制出各梁段的剪力图和弯矩图。一般取梁的端点、支座及荷载变化处为控制截面。如此，绘制梁的内力图不需列内力方程，只求几个截面的剪力和弯矩，再按内力图的特征画图即可，非常简便。这种画图方法称为**简捷法**。下面举例说明。

【例 4-12】 用简捷法绘出图 4-26（a）所示简支梁的内力图。

解：（1）求支座反力为

$$F_A = 6\text{kN}(\uparrow) \qquad F_B = 18\text{kN}(\uparrow)$$

根据荷载变化情况，该梁应分为 AC、CB 两段。

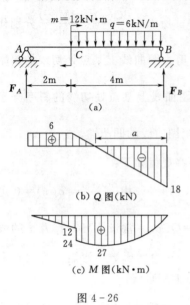

（a）

（b）Q 图（kN）

（c）M 图（kN·m）

图 4-26

（2）剪力图。CB 梁段有均布荷载，剪力图为斜直线，可通过 $Q_C = 6\text{kN}$，$Q_{B左} = -F_B = -18\text{kN}$ 画出。该梁段 $Q = 0$ 处弯矩有极值。设该截面到 B 支座距离为 a，极值点位置计算：

$$Q_0 = -F_B + qa = 0 \qquad a = F_B/q = 18/6 = 3(\text{m})$$

AC 梁段无外力，剪力图为水平线，可通过 $Q = F_A = 6\text{kN}$ 画出。剪力图如图 4-26（b）所示。由图可见，$|Q|_{max} = 18\text{kN}$，作用在 $B_左$ 截面。

（3）弯矩图。AC 梁段无外力，弯矩图为斜直线，可通过 $M_A = 0$，$M_{C左} = F_A \times 2 = 12$（kN·m）画出。

CB 梁段有向下的均布荷载，弯矩图为下凸的二次抛物线。可通过 $M_{C右} = M_{C左} + m = 24$（kN·m），$M_B = 0$，$M_a = F_B \times a - q \times a^2/2 = 27$（kN·m）画出。弯矩图如图 4-26（c）所示。由图可见，$|M|_{max} = 27\text{kN·m}$，作用在距 B 支座 3m 处。

表 4-1   **梁的荷载、剪力图、弯矩图之间的关系**

	梁上荷载情况	剪力图	弯矩图
1	无分布荷载（$q = 0$）	Q 图为水平直线；$Q = 0$；$Q > 0$；$Q < 0$	M 图为斜直线；$M < 0$，$M = 0$，$M > 0$；下斜直线；上斜直线
2	均布荷载向上作用 $q > 0$	上斜直线	上凸曲线
3	均布荷载向下作用 $q < 0$	下斜直线	下凸曲线

续表

	梁上荷载情况	剪 力 图	弯 矩 图
4	集中力作用 F C	C 截面有突变	C 截面有转折 C
5	集中力偶作用 m C	C 截面无变化	C 截面有突变 C m
6		$Q=0$ 截面	M 有极值

【例 4－13】　试绘制图 4－27（a）所示外伸梁的剪力图和弯矩图。

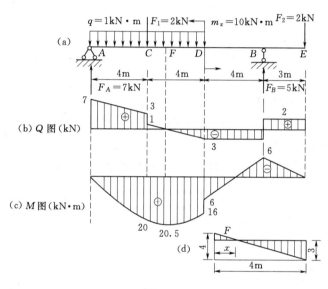

图 4－27

解：（1）求支座反力为

$$F_A=7\text{kN}(\uparrow)\qquad F_B=5\text{kN}(\uparrow)$$

根据荷载变化情况，该梁应分为 AC、CD、DB、BE 四段。

（2）剪力图。先确定各控制截面内力，再按内力图特征画图。

AC 段：$Q_{A右}=F_A=7\text{kN}$　　　　　$Q_{C左}=Q_{A右}-q\times4=3$（kN）

CD 段：$Q_{C右}=Q_{C左}-F_1=1$（kN）　　$Q_D=Q_{C右}-q\times4=-3$（kN）

因 Q 变号，M 有极值。$Q=0$ 截面位置可由几何关系确定，如图 4－27（d）所示。

$$\frac{x}{4}=\frac{1}{4}\qquad x=1\text{m}$$

DB 段：$Q_D=Q_{B左}=-3\text{kN}$

BE 段：$Q_{B右}=Q_{E左}=2\text{kN}$

剪力图如图 4－27（b）所示。由图可见，$|Q|_{max}=7\text{kN}$，作用在截面 $A_右$。

（3）弯矩图。

AC 段：$M_A=0$ $M_C=F_A\times4-q\times4\times4/2=20(\text{kN}\cdot\text{m})$

CD 段：$M_F=F_A\times5-q\times5\times5/2-F_1\times1=20.5(\text{kN}\cdot\text{m})$

$\qquad M_{D左}=F_A\times8-q\times8\times8/2-F_1\times4=16(\text{kN}\cdot\text{m})$

DB 段：$M_{D右}=M_{D左}-m_z=6(\text{kN}\cdot\text{m})$

BE 段：$M_B=M_{D右}-3\times4=-6(\text{kN}\cdot\text{m})$ $M_E=0$

弯矩图如图 4-27 (c) 所示。由图可见，$|M|_{max}=20.5\text{kN}\cdot\text{m}$，作用在距 A 支座 5m 处。

简捷法绘制梁内力图的步骤如下：

(1) 求支座反力。

(2) 根据外力情况将梁分段，一般分界截面即梁内力图的控制截面。

(3) 确定各控制截面内力值。

(4) 根据各梁段内力图特征，逐段画内力图。

(5) 校核内力图并确定内力最大值。

（三）叠加法

1. 叠加原理

在弹性范围、小变形情况下，各荷载共同作用时，梁的某一参数（支座反力，某截面的内力、位移等）等于各荷载单独作用时所引起的该参数的代数和。下面以悬臂梁为例，说明叠加原理在绘梁内力图中的应用。

分析悬臂梁在 3 种荷载情况下的反力、剪力图和弯矩图，如图 4-28 所示。

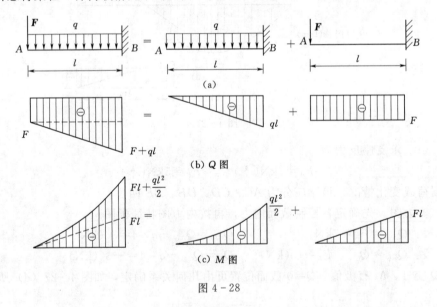

图 4-28

固定端处的支座反力为

$$F_B=F+ql=F_{BF}+F_{Bq}\qquad m_B=Fl+\frac{1}{2}ql^2=m_{BF}+m_{Bq}$$

距左端为 x 的任一截面上的剪力和弯矩分别为

$$Q(x)=-F-qx\qquad M(x)=-Fx-qx^2/2$$

由上列各式可见，梁的反力和内力均由两部分组成：第一部分等效于集中力 **F** 单独作用在梁上所引起的反力和内力；第二部分等效于均布荷载 q 单独作用在梁上所引起的反力和内力。因此，图 4-28 中的第一种情况等效于第二、三两种情况的叠加。所以，计算图 4-28（a）所示梁的反力和内力时，可先分别计算出 **F** 和 q 单独作用时的结果，然后再代数相加。这种方法称为**叠加法**。

2. 叠加法绘内力图

如图 4-28 所示，将集中力 **F** 和均布荷载 q 单独作用下的剪力图和弯矩图分别叠加，即得到二者共同作用时的剪力图和弯矩图［图 4-28（b）、（c）］。

注意：**内力图的叠加，是内力图上对应纵坐标的代数相加，而不是内力图的简单拼合。**

叠加法绘内力图步骤如下：

（1）荷载分组。把梁上作用的复杂荷载分解为几组简单荷载单独作用的情况。

（2）分别作出各简单荷载单独作用下梁的剪力图和弯矩图。各简单荷载作用下单跨静定梁的内力图可查表 4-2。

（3）叠加各内力图上对应截面的纵坐标代数值，得原梁的内力图。

表 4-2	静定梁在简单荷载作用下的剪力图和弯矩图

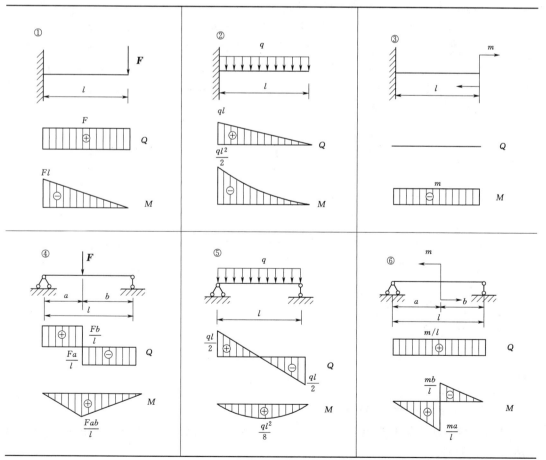

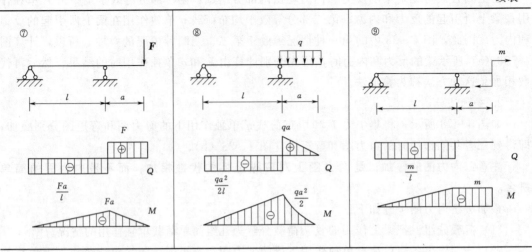

【例4-14】 用叠加法作图4-29所示外伸梁的弯矩图。

解： (1) 分解荷载为 F、F_2 单独作用的情况。

(2) 分别作二力单独作用下梁的弯矩图，如图4-29 (b)、(c) 所示。

(3) 叠加得梁最终的弯矩图。有两种叠加方法。

第一种方法：叠加 A、B、C、D 各截面弯矩图的纵坐标，可得0.45N·m、—150 N·m、0；再按弯矩图特征连线（各段无均布荷载均为直线），得图4-29 (a)。

第二种方法：在 M_1 图的基础上叠加 M_2 图得图4-29 (d)。其中画 AC 梁段的弯矩图时，将 ac 线作为基线，由斜线中点 b 向下量取 $bb_1 = 120$N·m，连 ab_1 及 cb_1，三角形 ab_1c 即为 M_2 图。这种方法也可以叫做区段叠加法。

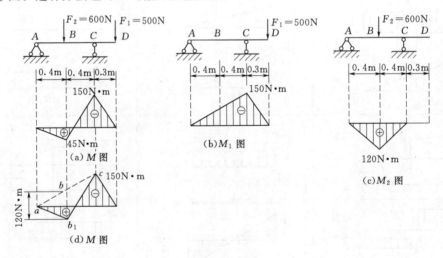

图4-29

3. 区段叠加法作梁的弯矩图

用区段叠加法作梁的弯矩图对复杂荷载作用下的梁、刚架及超静定结构的弯矩图绘制都是十分方便的。

图 4-30（a）所示梁上承受荷载 q、F 作用，如果已求出该梁截面 A、B 的弯矩分别为 M_A、M_B，则可取 AB 梁段为脱离体，由其平衡条件分别求出截面 A、B 的剪力 Q_A、Q_B，如图 4-30（b）所示。此梁段的受力图与图 4-30（c）所示简支梁的受力图完全相同，因为由简支梁平衡条件可求出其支座反力 $F_A=Q_A$，$F_B=-Q_B$。因此，二者的弯矩图也必然完全相同。用叠加法可作出简支梁的弯矩图如图 4-30（d）所示，故 AB 梁段的弯矩图也可用此叠加法作出。用区段叠加法画梁段的弯矩图时，一般先确定两端截面的弯矩值，如 BD 梁段，先求出 M_B 和 $M_D=0$，将两端截面弯矩的连线作为基线，在此基线上叠加简支梁作用杆间荷载时的弯矩图，即得该梁段的弯矩图。BD 梁段的弯矩图如图 4-30（e）所示。

结论：任意梁段都可以看做简支梁，都可用简支梁弯矩图的叠加法作该梁段的弯矩图。这种作图方法称为"区段叠加法"。

区段叠加法作静定梁的弯矩图，应先将梁分段。分段的原则是：分界截面的弯矩值易求；所分梁段对应简支梁的弯矩图易画（可查表 4-2）。

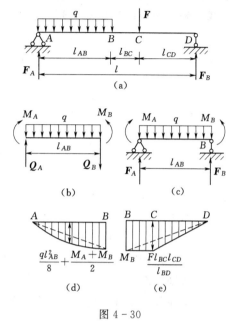

图 4-30

【**例 4-15**】 用叠加法作图 4-31（a）所示外伸梁的弯矩图。

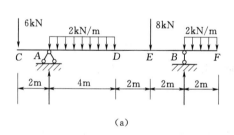

(a)

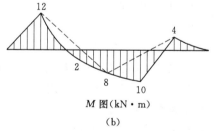

M 图(kN·m)

(b)

图 4-31

解：（1）求支座反力为

$$F_A=15\text{kN}(\uparrow) \qquad F_B=11\text{kN}(\uparrow)$$

（2）分段并确定各控制截面弯矩值，该梁分为 CA、AD、DB、BF 四段。

$$M_C=0$$

$$M_A=-6\times2=-12(\text{kN}\cdot\text{m})$$

$$M_D=-6\times6+15\times4-2\times4\times2=8(\text{kN}\cdot\text{m})$$

$$M_B=-2\times2\times1=-4(\text{kN}\cdot\text{m})$$

$$M_F = 0$$

（3）用区段叠加法绘制各梁段弯矩图。先按一定比例绘出各控制截面的纵坐标，再根据各梁段荷载分别作弯矩图。如图 4 - 31（b）所示，CA 梁段无荷载，由弯矩图特征直接连线作图；AD、DB 有荷载作用，则把该段两端弯矩纵坐标连一虚线，称为基线，在此基线上叠加对应简支梁的弯矩图。其中，AD、DB 段中点的弯矩值

$$M_{AD中} = \frac{-12+8}{2} + \frac{ql_{AD}^2}{8} = \frac{-12+8}{2} + \frac{2 \times 4^2}{8} = 2 (\text{kN} \cdot \text{m})$$

$$M_{DB中} = \frac{8-4}{2} + \frac{Fl}{4} = \frac{8-4}{2} + \frac{8 \times 4}{4} = 10 (\text{kN} \cdot \text{m})$$

小　结

本项目主要对 3 种基本变形杆件作内力分析。

一、内力

（1）杆件轴向拉压时，横截面上的内力只有轴力 N，轴力以拉为正、压为负。

（2）圆轴扭转时，横截面上的内力只有扭矩，扭矩的作用面垂直于轴线。扭矩的正、负由右手法则确定。

（3）梁在竖向荷载作用下产生平面弯曲时，横截面上有两个内力分量：剪力 Q 和弯矩 M。截面上的剪力使所考虑的梁段顺时针方向转时为正，反之为负；截面上的弯矩使所考虑的梁段产生向下凸的变形时为正，反之为负。

二、求内力的方法和步骤

求内力的基本方法是截面法。其基本步骤为：

（1）假想截开。用一个假想的截面在需求内力的位置将梁截开。

（2）弃去代力。用相应的内力代替弃去部分对所取部分的作用。

（3）平衡求内力。对所取部分建立平衡方程求出相应的内力。

三、求作内力图的方法

内力图是表示构件内力沿轴线的变化规律的图形。在本项目中，作轴向拉（压）杆的轴力图和作扭转杆的扭矩图相对于作梁弯曲时的内力图来说，则较为简单。而作梁弯曲时的内力图方法较多，主要有：

（1）根据剪力方程和弯矩方程作内力图。

（2）简捷作图法——利用 Q、M、q 之间的微分关系作内力图。

（3）用叠加法作内力图。

四、绘制内力图的注意事项

（1）注重支座反力的校核。若支座反力求错，则会导致后续计算全错。

（2）注意分段考虑。在集中力、集中力偶作用处，以及分布荷载的分布规律发生变化的截面处等都要分段考虑。

（3）注意内力的正负号。在作轴力图、扭矩图和剪力图时都要标明正负号，而梁的弯

矩图可不标明正负号，但必须画在梁的受拉一侧。

（4）所有内力图上需要标明控制点数值及单位和图名。

知 识 技 能 训 练

一、判断题

1. 杆件的轴力仅与杆件所受的外力有关，而与杆件的截面形状、材料无关。（　　）

2. 分别从两侧计算同一截面上的 Q、M 时，会出现不同的结果。（　　）

3. 静定梁的内力只与荷载有关，而与梁的材料、截面形状和尺寸无关。（　　）

4. 剪力和弯矩的符号与坐标的选择有关。（　　）

5. 绘制弯矩图时，正弯矩始终绘于杆件受拉一侧。（　　）

6. 梁弯曲时最大弯矩一定发生在剪力为零的横截面上。（　　）

7. 若某段梁内的弯矩为零，则该段梁内的剪力也为零。（　　）

8. 集中力偶作用处，弯矩图不发生突变。（　　）

9. 叠加法是力学中的一种重要的方法，它是指荷载独立引起的该参数的代数和。（　　）

二、填空题

1. 作用于直杆上的外力作用线与杆件的轴线 _____ 时，杆只产生沿轴线方向的 _____ 和 _____ 变形，这种变形形式称为轴向拉伸或压缩。

2. 轴力的符号规定是 _____ 。

3. 截面上的扭矩等于该截面一侧（左或右）轴上所有 _____ 的代数和；扭矩的正负按 _____ 法则确定。

4. 梁上任意截面上的剪力在数值上等于 _____ 的代数和。

5. 梁内力中弯矩的符号规定是 _____ 。

6. 剪力 Q、弯矩 M 与荷载 q 三者之间的微分关系是 _____ 、 _____ 。

7. 梁上没有均布荷载作用的部分，剪力图为 _____ 线，弯矩图为 _____ 线。

8. 梁上有均布荷载作用的部分，剪力图为 _____ 线，弯矩图为 _____ 线。

9. 梁上集中力作用处，剪力图有 _____ ，弯矩图上在此处出现 _____ 。

10. 梁上集中力偶作用处，剪力图有 _____ ，弯矩图上在此处出现 _____ 。

三、选择题

1. 在梁的集中力作用处，其左、右两侧无限接近的横截面上的弯矩（　　）。

A. 相同　　　　　　　　　　B. 数值相等，符号相反

C. 不相同　　　　　　　　　D. 数值不相等，符号一致

2. 下列说法正确的是（　　）。

A. 无荷载梁段剪力图为斜直线

B. 均布荷载梁段剪力图为抛物线

C. 集中力偶作用处弯矩图发生突变

D. $Q=0$ 处弯矩图产生极值

3. 如图 4-32 所示梁，剪力等于零的截面位置距 A 支座（　　）。

A.1.5m　　　B. 2m　　　C. 2.5m　　　D. 4m

4. 如图 4-33 所示简支梁中点弯矩值为（　　）。

A. 95kN·m　　B. 125kN·m　C. 145kN·m　　D. 165kN·m

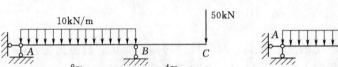
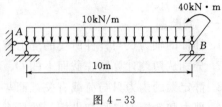

图 4-32　　　　　　　　　　　　　图 4-33

5. 如图 4-34 所示悬臂梁 M_A 的大小为（　　）。

A. Fa　　　B. $\dfrac{ql^2}{8}$　　　C. $\dfrac{ql^2}{2}$　　　D. $Fa+\dfrac{ql^2}{2}$

6. 如图 4-35 所示梁 $|M_{\max}|$ 为（　　）。

A.150kN·m　　B. 80kN·m　　C. 120kN·m　　D. 250kN·m

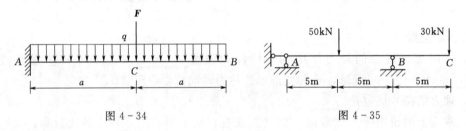

图 4-34　　　　　　　　　　　　　图 4-35

四、计算题

1. 试求图 4-36 所示杆件各指定截面的轴力。

2. 某传动轴，如图 4-37 所示，转速 $n=200$ r/min，主动轮 2 输入功率 $N_2=60$ kW，从动轮 1、3、4、5 的输出功率分别为 $N_1=18$ kW，$N_3=12$ kW，$N_4=22$ kW，$N_5=8$ kW。试绘制该轴的扭矩图。

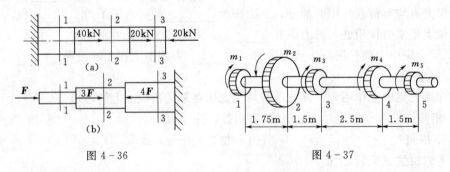

图 4-36　　　　　　　　　　　　　图 4-37

3. 某钻探机的功率为 10kW，如图 4-38 所示，转速 $n=180$ r/min，钻杆进入土层的深度 $l=40$ m。设土层对钻杆的阻力为均匀分布的力偶。试求该均布力偶的集度 m_0，并绘制钻杆的扭矩图。

4. 求图 4-39 所示各梁指定截面的剪力和弯矩。

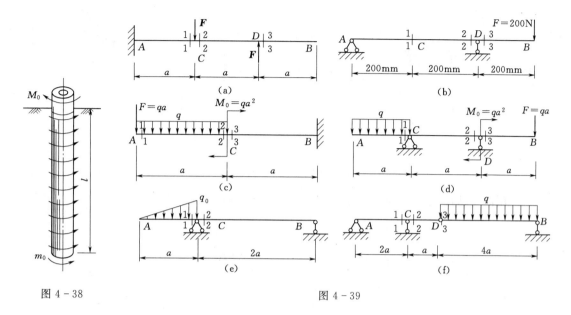

图 4-38

图 4-39

五、作图题

1. 求图 4-40 所示杆件各指定截面的轴力,并作轴力图。

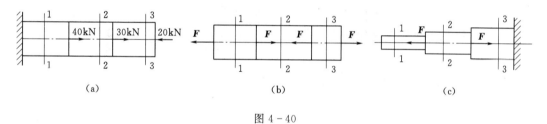

图 4-40

2. 列出图 4-41 中各梁的 Q、M 方程,绘制内力图,并确定 $|Q|_{max}$、$|M|_{max}$。

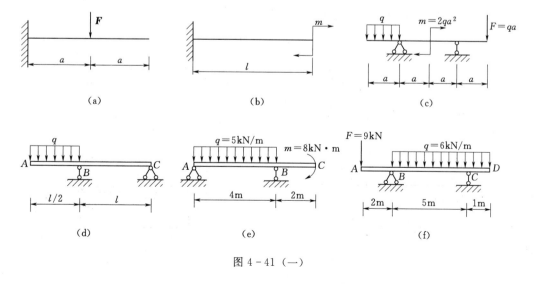

图 4-41 (一)

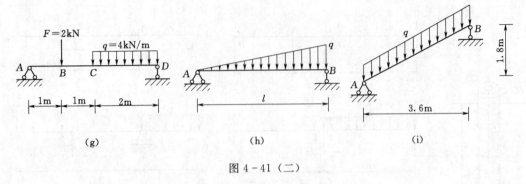

图 4-41（二）

3. 用简捷法绘制图 4-42 各梁的内力图，并确定 $|Q|_{max}$、$|M|_{max}$。

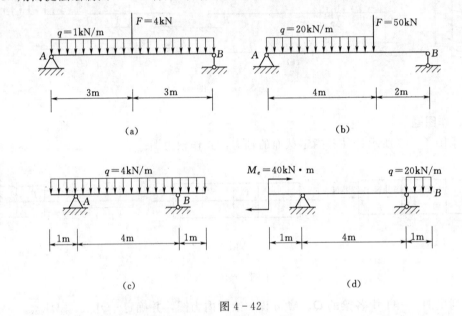

图 4-42

4. 试用叠加法绘制图 4-43 各梁的弯矩图。

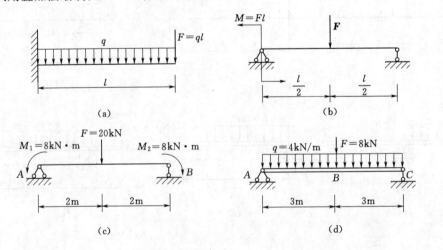

图 4-43

5. 试用区段叠加法绘制图 4-44 各梁的弯矩图。

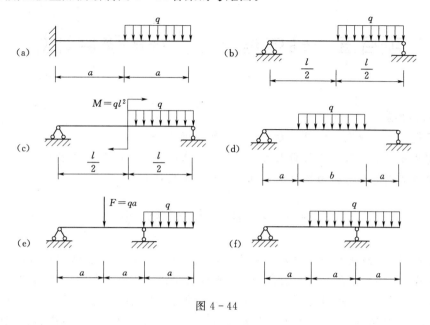

图 4-44

项目五　轴向拉（压）杆的强度计算

【学习目标】

· 了解应力、应变、许用应力与安全系数等概念。

· 掌握轴向拉（压）杆截面上的应力、材料在拉伸和压缩时的力学性能。

· 熟悉胡克定律与轴向拉（压）杆的变形、强度计算。

任务一　应　力　的　概　念

内力是构件横截面上分布内力系的合力，只求出内力，还不能解决构件的强度问题。例如，两根材料相同、粗细不同的直杆，在相同的拉力作用下，随着拉力的增加，细杆首先被拉断，这说明杆件的强度不仅与内力有关，而且与截面的尺寸有关。为了研究构件的强度问题，必须研究内力在截面上的分布规律，为此引入应力的概念。**内力在截面上某点处的分布集度，称为该点的应力。**

设在某一受力构件的 m—m 截面上，围绕 K 点取面积 ΔA，如图 5-1（a）所示，ΔA

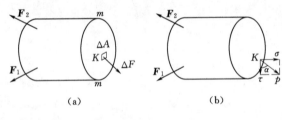

上的内力的合力为 ΔF，这样，在 ΔA 上内力的平均集度定义为：

$$p_{平均}=\frac{\Delta F}{\Delta A}$$

图 5-1

一般情况下，m—m 截面上的内力并不是均匀分布的，因此平均应力 $p_{平均}$ 随所取 ΔA 的大小而不同，当 $\Delta A \to 0$ 时，上式的极限值

$$p=\lim_{\Delta A \to 0}\frac{\Delta F}{\Delta A}=\frac{\mathrm{d}F}{\mathrm{d}A} \tag{5-1}$$

即为 K 点的分布内力集度，称为 K 点处的总应力。p 是一矢量，通常把应力 p 分解成垂直于截面的分量 σ 和相切于截面的分量 τ，如图 5-1（b）所示。由图中的关系可知：

$$\sigma=p\sin\alpha \qquad \tau=p\cos\alpha$$

σ 称为**正应力**，τ 称为**剪应力**。在国际单位制中，应力的单位是帕斯卡，以 Pa（帕）表示，$1Pa=1N/m^2$。由于帕斯卡这一单位甚小，工程常用 kPa（千帕）、MPa（兆帕）、GPa（吉帕）。$1kPa=10^3Pa$，$1MPa=10^6Pa$，$1GPa=10^9Pa$。

工程计算中，长度单位常用 mm 表示，则 $1MPa=10^6N/m^2=1N/mm^2$。

任务二　轴向拉（压）杆截面上的应力

一、横截面上的正应力

要计算杆件横截面上的应力，可通过实验中观察到的变形情况，推测出应力在横截面上的变化规律，再通过静力学关系得到应力计算公式。这里以拉杆为例说明这一方法。

取一等截面直杆，实验之前，在杆的表面刻画出两条垂直于杆轴线的横向线 ab、cd 及两条平行于杆轴线的纵向直线 ef、gh，如图 5-2（a）所示。加上轴向拉力 $\boldsymbol{F}$ 后可以观测到杆件的变形现象：

（1）横向线 ab、cd 分别移到 $a'b'$、$c'd'$ 的位置，但仍保持为直线，如图 5-2（a）中的虚线，并且仍然垂直于杆轴线。

（2）纵向直线 ef、gh 分别伸长为 $e'f'$、$g'h'$，但仍然保持与杆轴线平行，如图 5-2（a）中的虚线。

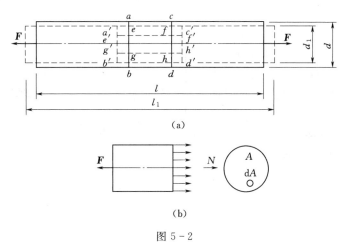

（a）

（b）

图 5-2

根据以上变形现象，可作出假设如下：轴向拉（压）杆，变形前为平面的横截面，变形后仍保持为平面且与轴线垂直，这就是**平面假设**。

根据平面假设可以断定拉杆所有纵向纤维的伸长相等。又因材料是均匀的，各纵向纤维的性质相同，因而其受力也就一样。所以，杆件横截面上的内力即轴力是均匀分布的，即横截面上各点的应力相等，如图 5-2（b）所示，其方向与轴力 N 一致，故横截面上的应力为正应力，即

$$\sigma = \frac{N}{A} \tag{5-2}$$

这就是拉杆横截面上正应力 σ 的计算公式，它也适用于直杆压缩的情况。正应力符号与轴力 N 的符号规定一致，拉应力为正，压应力为负。

由于拉（压）杆上各点的正应力相同，故求其应力时只需确定截面，不必指明点的位置。

实验证明：在靠近外力 $\boldsymbol{F}$ 作用点处，拉（压）杆的变形不满足平面假设，应用式（5-2）只能计算该区域内横截面上的平均应力。但根据圣维南原理，这一范围不大。因

此，工程中一般将二力之间横截面上各点的应力均用式（5-2）计算。

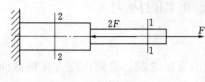

图 5-3

【例 5-1】 图 5-3 所示为阶梯形钢杆。已知 $F=30\text{kN}$，1—1 截面的面积为 $A_1=250\text{mm}^2$，2—2 截面的面积为 $A_2=600\text{mm}^2$，杆的受力情况如图所示，试求各段横截面上的应力。

解：（1）轴力计算。

$$N_1=F=30\text{kN}$$

$$N_2=F-2F=-30(\text{kN})$$

（2）应力计算。

$$\sigma_1=\frac{N_1}{A_1}=\frac{30\times10^3}{250}=120(\text{MPa})$$

$$\sigma_2=\frac{N_2}{A_2}=-\frac{30\times10^3}{600}=-50(\text{MPa})$$

【例 5-2】 图 5-4（a）所示为起重机机架，承受荷载 $F_G=20\text{kN}$，若 BC 杆和 BD 杆横截面面积分别为 $A_{BC}=400\text{mm}^2$，$A_{BD}=100\text{mm}^2$。试求此两杆横截面上的应力。

解：（1）求杆的内力。

取 B 结点为研究对象，画受力图如图 5-4（b）所示。

由平衡条件 $\sum F_x=0$，$\sum F_y=0$ 得

$$-N_{BD}-N_{BC}\cos60°=0$$

$$-F_G-N_{BC}\sin60°=0$$

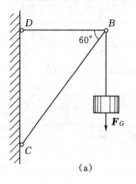
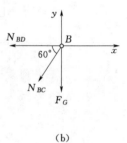

（a）　　　　　　（b）

图 5-4

解得

$$N_{BC}=-\frac{F_G}{\sin60°}=-\frac{20\times10^3}{0.866}=-23095(\text{N})$$

$$N_{BD}=-N_{BC}\cos60°=23095\times0.5=11548(\text{N})$$

（2）求杆横截面上的应力。

$$\sigma_{BC}=\frac{N_{BC}}{A_{BC}}=\frac{23095}{400}=57.7(\text{MPa})$$

$$\sigma_{BD}=\frac{N_{BD}}{A_{BD}}=\frac{11548}{100}=115.5(\text{MPa})$$

二、斜截面上的应力

上面分析了横截面上的正应力，并以它作为强度计算的依据。但实验表明拉（压）杆的破坏，并不一定沿着横截面，而有时是沿着斜截面发生的。例如铸铁压缩时沿着约与轴线成 45°斜截面断裂破坏。为了更全面的研究拉（压）杆的强度，应该进一步讨论斜截面上的应力。

按照证明横截面上应力均匀分布的方法，也可以得出斜截面上的应力均匀分布的结论，见图5-5（c）。

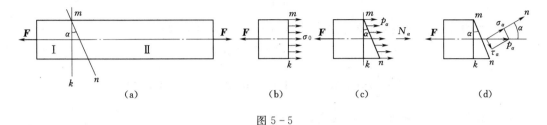

图 5-5

用截面法对拉（压）杆斜截面进行应力分析，由静力学关系可得

$$p_\alpha = \frac{N_\alpha}{A_\alpha} = \frac{F}{A}\cos\alpha = \sigma_0\cos\alpha$$

式中：$\sigma_0 = \dfrac{F}{A}$ 为横截面上的正应力，见图5-5（b）；p_α 称为斜截面上的全应力，通常把 p_α 分解为两个分量，即垂直于 α 截面的正应力 σ_α 和相切于 α 截面的剪应力 τ_α。由图5-5（d）可知

$$\sigma_\alpha = p_\alpha\cos\alpha = \sigma_0\cos^2\alpha \qquad (5-3)$$

$$\tau_\alpha = p_\alpha\sin\alpha = \sigma_0\cos\alpha\sin\alpha = \frac{1}{2}\sigma_0\sin2\alpha \qquad (5-4)$$

式（5-3）和式（5-4）表明拉（压）杆斜截面上任一点既有正应力 σ_α，又有剪应力 τ_α，并且它们都随斜截面的方位角 α 的变化而变化。由式（5-3）可知，最大正应力发生在 $\alpha=0°$ 的横截面上，其值为 $\sigma_{\max}=\sigma_0$；由式（5-4）可知，最大剪应力发生在 $\alpha=45°$ 的斜截面上，其值为 $\tau_{\max}=\tau_{\alpha=45°}=\dfrac{\sigma_0}{2}$。

关于 α、σ_α、τ_α 的符号规定如下：角 σ 自杆轴线向斜截面外法线 n 旋转，逆时针转为正，顺时针转为负；正应力 σ_α 仍以拉应力为正，压应力为负；剪应力 τ_α 以其对截面内侧任一点顺时针转为正，反之为负，见图5-6。

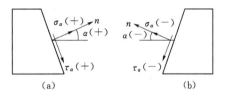

图 5-6

【例5-3】　图5-7（a）所示为一轴向受拉杆，已知拉力 $F=100\text{kN}$，横截面面积 $A=1000\text{mm}^2$。试求 $\alpha=30°$ 和 $\alpha=120°$ 两个正交截面上的应力。

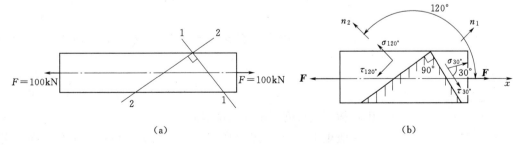

图 5-7

解： 由式（5-2）可得横截面上的正应力

$$\sigma_0 = \frac{F}{A} = \frac{100 \times 10^3}{1000} = 100(\text{MPa})$$

（1）计算 $\alpha = 30°$ 斜截面上的应力。由式（5-3）、式（5-4）得

$$\sigma_{30°} = \sigma_0 \cos^2\alpha = 100 \times \cos^2 30° = 75(\text{MPa})$$

$$\tau_{30°} = \frac{1}{2}\sigma_0 \sin 2\alpha = \frac{1}{2} \times 100 \times \sin(2 \times 30°) = 43.3(\text{MPa})$$

（2）计算 $\alpha = 120°$ 斜截面上的应力。

$$\sigma_{120°} = \sigma_0 \cos^2\alpha = 100 \times \cos^2 120° = 25(\text{MPa})$$

$$\tau_{120°} = \frac{1}{2}\sigma_0 \sin 2\alpha = \frac{1}{2} \times 100 \times \sin(2 \times 120°) = -43.3(\text{MPa})$$

任务三　轴向拉（压）杆的变形

一、拉（压）杆的变形

如图 5-8 所示，直杆在轴向拉力作用下，将引起轴向尺寸的伸长和横向尺寸的减小。反之，在轴向压力作用下，将引起轴向尺寸的缩短和横向尺寸的增大。

（一）纵向变形

设等直杆的原长为 l，在轴向拉力 F 作用下，变形后长度由 l 变为 l_1，如图 5-8 所示。杆件在轴线方向的伸长为

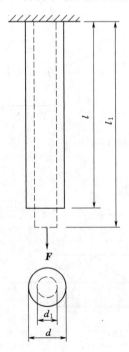

$$\Delta l = l_1 - l$$

Δl 称为杆件的**轴向变形**或**纵向变形**，单位为 m 或 mm。Δl 与杆件的原长度 l 有关，为了确切反应杆件的变形程度，消除尺寸的影响，引入相对变形概念，即轴向线应变为

$$\varepsilon = \frac{\Delta l}{l} \tag{5-5}$$

式中：轴向线应变 ε 是无量纲的量。

（二）横向变形

设等直杆的原横向尺寸为 d，在轴向拉力 F 作用下，变形后尺寸为 d_1，如图 5-8 所示。则杆件的横向变形为

$$\Delta d = d_1 - d$$

Δd 称为杆件的**横向变形**，单位为 m 或 mm。相应的横向线应变为

$$\varepsilon' = \frac{\Delta d}{d} \tag{5-6}$$

式中：横向线应变 ε' 也是无量纲的量。

一般规定：Δl、Δd 以伸长为正，缩短为负；ε、ε' 的正负号分别与 Δl、Δd 一致。所以，轴向线应变 ε 与横向线应变 ε' 的符号恒

图 5-8

相反。

实验结果表明，当受拉（压）杆件的应力不超过某一限度时，横向线应变 ε' 与轴向线应变 ε 之比的绝对值为一常数，用 ν 表示。

$$\nu = \left| \frac{\varepsilon'}{\varepsilon} \right| \qquad (5-7)$$

式中：ν 为**横向变形系数**或**泊松比**。由于 ε 与 ε' 的符号相反，故有

$$\varepsilon' = -\nu\varepsilon$$

二、胡克定律

实验表明：当杆的应力不超过某一限度（弹性极限）时，杆的伸长（缩短）Δl 和杆所受的外力 F、杆长 l 成正比，而与杆件横截面面积 A 成反比，即

$$\Delta l \propto \frac{Fl}{A}$$

引入比例系数 E，同时由于横截面上轴力 $N = F$，则有

$$\Delta l = \frac{Nl}{EA} \qquad (5-8)$$

式（5-8）称为**胡克定律**。式中比例系数 E 称为**弹性模量**，反映材料在拉伸（压缩）时抵抗弹性变形的能力，其量纲为 $[力]/[长度]^2$，常用单位 Pa，E 随材料而异。EA 反映杆件抵抗拉伸（压缩）变形的能力，称为杆的**抗拉（压）刚度**。将式（5-2）和式（5-5）代入式（5-8）可得胡克定律的另一表达形式

$$\varepsilon = \frac{\sigma}{E} \quad \text{或} \quad \sigma = E\varepsilon \qquad (5-9)$$

从式（5-9）可以得知，当杆的应力在线弹性范围时，应力与应变成正比。

E 与 ν 都是表示材料弹性性质的常数，可由实验测定。几种常用材料的 E、ν 值见表 5-1。

表 5-1　　　　　　　　　几种常用材料的 E、ν 值

材料名称	E/GPa	ν	材料名称	E/GPa	ν
碳钢	196~216	0.25~0.33	铜及其合金	73~128	0.31~0.42
合金钢	186~216	0.24~0.33	铝合金	70	0.33
灰铸铁	78~157	0.23~0.27	橡胶	0.00785	0.47

【例 5-4】　一截面为正方形的阶梯形砖柱，由上、下两段组成。其各段长度、截面尺寸和受力情况如图 5-9 所示。已知材料的弹性模量 $E = 0.03 \times 10^5$ MPa，外力 $F = 50$ kN，试求砖柱顶的位移。

解：顶点 A 向下的位移等于全柱的总缩短量

$$\Delta l = \Delta l_1 + \Delta l_2 = \frac{N_1 l_1}{EA_1} + \frac{N_2 l_2}{EA_2}$$

式中　$N_1 = -F = -50$ kN　　$l_1 = 3$ m　　$A_1 = 0.25^2$ m^2

$N_2 = -3F = -150$ kN　　$l_2 = 4$ m　　$A_2 = 0.37^2$ m^2

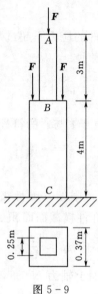

图 5-9

则
$$\Delta l = \frac{-50 \times 10^3 \times 3}{0.03 \times 10^5 \times 10^6 \times 0.25^2} + \frac{-150 \times 10^3 \times 4}{0.03 \times 10^5 \times 10^6 \times 0.37^2}$$
$$= -0.0023(\text{m}) = -2.3\text{mm}$$

计算结果为负, 说明柱顶向下移动 2.3mm。

任务四　材料在轴向拉 (压) 时的力学性能

　　材料的力学性质, 是指材料在受力过程中, 在强度和变形方面所表现的性能, 是通过材料实验来测定的。构件的承载力, 除了与构件的几何尺寸和受力情况有关外, 还与材料的力学性质有关, 如本项目中提到的极限应力等。工程中使用的材料种类很多, 习惯上根据试件在破坏时塑性变形的大小, 区分为脆性材料和塑性材料两类。脆性材料在破坏时塑性变形很小, 如石英、玻璃、铸铁、混凝土等; 塑性材料在破坏时具有较大的塑性变形, 如低碳钢、合金钢、铜、铝等。这两类材料的力学性能有明显的差别。本任务以低碳钢和铸铁为例, 介绍两类材料在常温静载下轴向拉伸和压缩时表现出来的力学性能。

一、低碳钢拉伸时的力学性能

　　低碳钢是指含碳量在 0.3% 以下的钢材。低碳钢在工程实际中使用较广, 而且在拉伸实验中表现出来的力学性能也最典型。

　　根据规范规定, 拉伸实验时的标准试件如图 5-10 所示。试件中段为等直杆, 其截面形状有圆形和矩形两种, 在中间部分取一段等直杆为工作段, 长度 l 称为**标距**。

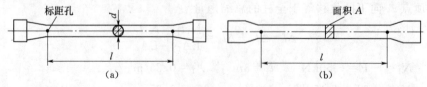

图 5-10

对于圆截面的试件，标距 l 与截面直径 d 的关系有两种：$l=10d$ 或 $l=5d$。

对于矩形截面的试件，标距 l 与截面面积 A 之间的关系为：$l=11.3\sqrt{A}$ 或 $l=5.65\sqrt{A}$。

当试件装上试验机后，试件受到由零逐渐增加的拉力 F，同时对应每一拉力 F，可测出试件在标距内的绝对伸长 Δl，直至试件破坏为止。若取一直角坐标系，横坐标表示伸长量 Δl，纵坐标表示拉力 F，便可绘出 F 与 Δl 的关系曲线，如图 5-11 所示，称为**拉伸图**或 F-Δl **曲线**。试验机上的自动绘图装置，在试件拉伸过程中可自动绘出拉伸图。

F-Δl 曲线与试件的尺寸有关。为了消除试件尺寸的影响，直接反映材料本身的力学性能，通常是将拉伸图的拉力 F 除以试件的原横截面面积 A，即得正应力 $\sigma=\dfrac{F}{A}$；将伸长 Δl 除以标距 l，即得轴向线应变 $\varepsilon=\dfrac{\Delta l}{l}$。以 σ 为纵坐标、ε 为横坐标，即可绘出 σ-ε 曲线，如图 5-12 所示，称为**应力与应变曲线**。下面根据 σ-ε 曲线来讨论低碳钢拉伸时的力学性能。

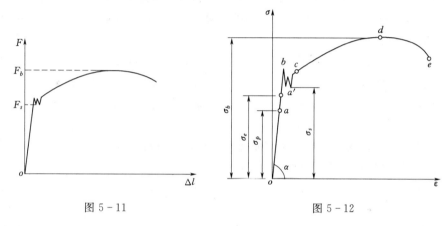

图 5-11　　　　　　　　　　　　　图 5-12

根据低碳钢的应力与应变曲线的特点，可以将其整个拉伸过程依次分为弹性、屈服、强化和颈缩 4 个阶段。

（一）弹性阶段

从开始拉伸到曲线微弯的 oa' 段，这个阶段的应变很小。如果荷载卸去，曲线将按 oa' 线返回原点，变形完全消失，说明试件在这个阶段只产生弹性变形。因此，称这一阶段为弹性阶段。a' 点所对应的应力，是产生弹性变形的最大应力，称为材料的**弹性极限**，常以 σ_e 表示。

在弹性阶段内，曲线有一直线段 oa，它表示应力与应变成正比，材料服从胡克定律。过 a 点后曲线开始弯曲，表示应力与应变不再成正比。a 点所对应的应力，称为**比例极限**，常以 σ_p 表示。Q235 钢的比例极限 $\sigma_p=200\text{MPa}$，oa 直线的斜率 $\tan\alpha=\dfrac{\sigma}{\varepsilon}$，其值即等于材料的弹性模量 E。在 σ-ε 曲线上，由于 a、a' 两点非常接近，所以工程上对两个极限并无严格的区分。

（二）屈服阶段

当应力超过 σ_e 后，将出现应变增加很快，而应力则在小范围内波动的现象。在 σ-ε 曲线上出现一段接近水平的锯齿形阶段 bc。这种应力变化不大而应变明显增加的现象称为

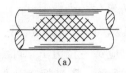 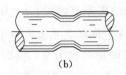

(a)　　　　　　　　(b)

图 5 - 13

屈服或流动。屈服阶段 bc 的最低应力称为屈服极限 σ_s（不包括首次应力最低点）。当材料屈服时，在光滑的试件表面会出现与轴线成 45°倾角的斜纹，如图 5 - 13（a）所示。这种条纹是由材料的微小晶粒之间产生相对滑移而形成的，称为滑移线。考虑到轴向拉伸时，在与杆轴线成 45°的斜截面上，剪应力为最大值，由此可见屈服现象的出现，与最大剪应力有关。

当应力达到屈服极限时，材料会出现明显的塑性变形，构件将不能正常工作，所以屈服极限 σ_s 是衡量材料强度的一个重要指标，Q235 钢的屈服极限 $\sigma_s = 235\text{MPa}$。

（三）强化阶段

经过屈服阶段后，在 $\sigma\text{-}\varepsilon$ 曲线上为上凸的曲线 cd 段，这说明材料又恢复了抵抗变形的能力，要使它继续变形必须增加应力，这种现象称为材料的强化。强化阶段最高点 d 所对应的应力，是材料所能承受的最大应力，称为强度极限 σ_b。Q235 钢的强度极限为 $\sigma_b = 400\text{MPa}$。

（四）颈缩阶段

当应力达到 σ_b 后，变形将集中在试件的某一薄弱处局部范围内，横截面急剧缩小，这种现象称为颈缩现象，如图 5 - 13（b）所示。由于颈缩部分横截面面积急剧减小，使试件继续伸长所需的拉力也随之迅速下降，曲线下降到 e 点，试件在颈缩处被拉断。

试件拉断后，弹性变形完全消失，而塑性变形依然保留下来。工程上用于衡量材料塑性的指标有延伸率（δ）和截面伸缩率（Ψ）。

试件标距的原始长度 l 变成 l_1，用百分比表示的比值为

$$\delta = \frac{l_1 - t}{l} \times 100\%$$

称为延伸率。Q235 钢的延伸率 $\delta = 25\% \sim 27\%$。工程中按 δ 的大小把材料分为两类：$\delta > 5\%$ 的材料称为塑性材料，如钢、铝、铜等；$\delta < 5\%$ 的材料称为脆性材料，如铸铁、玻璃、混凝土、石料等。

试件拉断后，若断口处的横截面面积为 A_1，用百分比表示的比值为

$$\Psi = \frac{A - A_1}{A} \times 100\%$$

称为截面收缩率。

二、铸铁拉伸时的力学性能

铸铁是一种典型的脆性材料，它受拉时从开始到断裂，变形都不显著，没有屈服阶段和颈缩现象，图 5 - 14 是铸铁拉伸时的 $\sigma\text{-}\varepsilon$ 曲线。在曲线上没有明显的直线部分，这说明铸铁不符合胡克定律。但由于铸铁构件总是在较小应力范围内工作，因此可以用产生 0.1%应变对应的割线 oa 来代替曲线 oa，即认为在较小应力时是符合胡克定律的，其斜率作为弹性模量 E。由 $\sigma\text{-}\varepsilon$ 曲线可以看出，脆性材料只有一个强度指标，即拉断时的最大应力——强度极限 σ_b。

在土木建筑工程中，常用的混凝土和砖石等材料也是脆性材料，它们的 σ-ε 曲线与铸铁相似，只是各具有不同的强度极限 σ_b 值。

三、材料压缩时的力学性能

钢材和铸铁的压缩试件一般采用圆柱体，它不能做得太高，高了容易压弯，试件的高度 l 与直径 d 的比一般为 $1:3$。

（一）低碳钢压缩实验

低碳钢受压时的 σ-ε 曲线，如图 5-15 中实线所示，把它和拉伸时的 σ-ε 曲线（图 5-15 中虚线所示），进行比较可以看出：

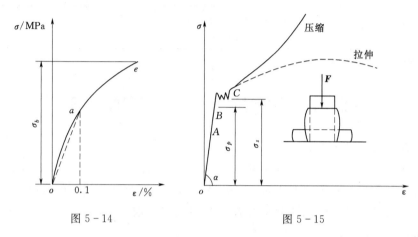

图 5-14　　　　　　　　　　　图 5-15

（1）在应力未超过屈服阶段前，两个图形是重合的。因此，受压时的弹性模量 E、比例极限 σ_p 和屈服极限 σ_s 与受拉时相同。

（2）当应力超过屈服极限后，受压的曲线不断上升，其原因是试件的截面不断地增加，由鼓形最后变成薄饼形，如图 5-15 中虚线所示。

由于钢材受拉和受压时的主要力学性能（E、σ_p、σ_s）相同，所以钢材的力学性能都由拉伸实验来测定，不必进行压缩实验。

（二）铸铁压缩实验

对于脆性材料，压缩实验是很重要的。脆性材料如铸铁、混凝土和砖石等，受压时也是在很小的变形下就发生破坏，但其抗压的能力远远大于抗拉的能力。所以脆性材料常用于受压的构件，以充分利用其抗压性能。

铸铁的压缩实验表明：在应力与应变的关系曲线上，没有明显的直线部分，也没有屈服阶段。可以测得强度极限 σ_b 值约为受拉时的 $4\sim5$ 倍。试件破坏时，沿着接近于 $45°$ 的斜截面上裂开，如图 5-16（a）所示，这说明铸铁的抗剪强度低于抗压强度。表 5-2 列出了几种常用材料的力学性能，以供参考。

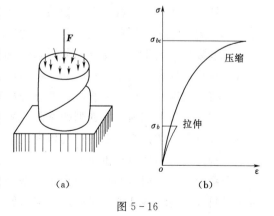

（a）　　　　（b）

图 5-16

表 5-2 　　　　　几种常用材料在常温与静载下的力学性能

材 料	屈服极限 σ_s		强度极限 σ_b				延伸率 δ /%
			拉 伸		压 缩		
	kg/cm²	MPa	kg/cm²	MPa	kg/cm²	MPa	
低碳钢	2200～2400	220～240	3800～4700	380～470			25～27
16 锰钢	2900～3500	290～350	4800～5200	480～520			21～29
灰口铸铁			1000～3400	100～340	6500～13000	650～1300	<6.5
C20(200 号)混凝土			16	1.6	145	14.5	
C30(300 号)混凝土			21	2.1	210	21.0	
红松(顺纹)			981	98.1	328	32.8	

注　表中单位按 1kg/cm² = 0.1MPa 换算。

任务五　轴向拉（压）杆的强度计算

一、许用应力与安全系数

通过材料的拉伸（压缩）实验可知，当脆性材料的应力达到强度极限 σ_b 时，材料发生断裂破坏。当塑性材料的应力达到屈服极限 σ_s 时，材料将产生很大的塑性变形。材料断裂或产生较大的塑性变形时的应力称为**危险应力**或**极限应力**，用 σ^0 表示。显然，当材料应力达到极限应力时，将无法正常工作。

塑性材料　　　　　　　　　　$\sigma^0 = \sigma_s$

脆性材料　　　　　　　　　　$\sigma^0 = \sigma_b$

为了保证构件安全可靠的工作，必须使构件的实际工作应力小于许用应力。许用应力是将材料的极限应力 σ^0 除以安全系数 n，用符号 $[\sigma]$ 表示，即

$$[\sigma] = \frac{\sigma^0}{n} \qquad\qquad (5-10)$$

安全系数的数值恒大于 1，由式（5-10）可见，对许用应力数值的规定，实质上是反映如何选择安全系数的问题。从安全考虑，加大安全系数，虽然构件的强度和刚度得到了保证，但是会浪费材料；若安全系数过小，虽然比较经济，但构件可能会被破坏。因此，选择安全系数时，应该是在满足安全要求的情况下，尽量满足经济要求。

安全系数的确定是一个复杂问题，它取决于以下几个方面的因素：

（1）材料的性质。包括材料的质地好坏，均匀程度，是塑性材料还是脆性材料。

（2）荷载情况。包括对荷载的估算是否准确，是静荷载还是动荷载。

（3）构件在使用期内可能遇到的意外事故或其他不利的工作条件等。

（4）计算简图和计算方法的精确程度。

（5）构件的使用性质和重要性。

安全系数和许用应力的具体数据，一般由国家在有关规范中规定。表 5-3 给出了几种常用材料在常温、静载条件下的许用应力值。

表 5 - 3　　　　　　　　几种常用材料在常温与静载下的许用应力

材　料	牌　号	许　用　应　力			
		轴向拉伸		轴向压缩	
		kg/cm²	MPa	kg/cm²	MPa
低碳钢	A3	1700	170	1700	170
低合金钢	16Mn	2300	230	2300	230
灰口铸铁		350~550	35~55	1600~2000	160~200
混凝土	C20(200 号)	4.5	0.45	70	7
混凝土	C30(300 号)	6	0.6	105	10.5
红松(顺纹)		65	6.5	100	10

二、拉（压）杆的强度计算

对于等截面直杆，最大的正应力发生在最大轴力 N_{max} 作用的截面上，即

$$\sigma_{max} = \frac{N_{max}}{A} \tag{5-11}$$

通常把 σ_{max} 所在的截面称为**危险截面**，把危险截面上最大应力值 σ_{max} 的点称为**危险点**。为了保证拉（压）杆不致因强度不够而破坏，构件内的最大工作应力不得超过其材料的许用应力，即

$$\sigma_{max} = \frac{N_{max}}{A} \leqslant [\sigma] \tag{5-12}$$

式（5-12）称为**轴向拉（压）杆的强度条件**。应用该条件可以解决有关强度计算的三类问题。

（1）强度校核。当已知杆的材料许用应力 $[\sigma]$、截面尺寸 A 和承受的荷载 N_{max} 时，可用式（5-12）校核杆的强度是否满足要求，即

$$\sigma_{max} = \frac{N_{max}}{A} \leqslant [\sigma]（工程中一般允许 5\% 的误差）$$

（2）设计截面尺寸。已知荷载和材料的许用应力时，可将式（5-12）改写成

$$A \geqslant \frac{N_{max}}{[\sigma]}$$

以确定截面尺寸。

（3）确定许可荷载 $[F]$。已知构件截面尺寸和材料的许用应力时，可将式（5-12）改写成

$$N_{max} \leqslant A[\sigma]$$

再由内力与外力关系确定许可荷载。

【例 5-5】　图 5-17（a）所示为一简易吊车的简图，斜杆 AC 为直径 $d = 20\text{mm}$ 的圆形钢杆，材料的许用应力 $[\sigma] = 170\text{MPa}$，荷载 $F = 20\text{kN}$。试校核 AC 杆的强度。

解：（1）求斜杆 AC 的轴力。

取 BC 梁进行受力分析，如图 5-17（b）所示。

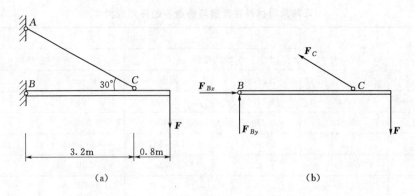

图 5-17

由 $\qquad$ $\sum M_B=0$ $\qquad$ $F_C\times\sin30°\times3.2-F\times4=0$

解得 $\qquad$ $F_C=50\text{kN}$

（2）强度校核。

AC 杆的横截面上的应力为

$$\sigma=\frac{N}{A}=\frac{F_C}{\pi d^2/4}=\frac{50\times10^3\times4}{\pi\times20^2}=159.2(\text{MPa})\leqslant[\sigma]=170\text{MPa}$$

所以 AC 杆的强度能满足要求。

【例 5-6】 图 5-18（a）为三角形托架，其 AB 杆由两个等边角钢组成。已知 $[\sigma]=$ 160MPa，$F=75$kN，试选择等边角钢型号。

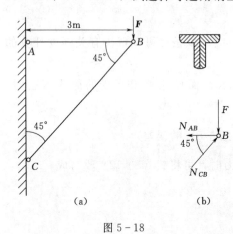

图 5-18

解：（1）求 AB 杆的轴力。

取 B 结点为脱离体进行受力分析，如图 5-18（b）所示。

由 $\sum F_x=0$ $\qquad$ $N_{AB}-N_{CB}\cos45°=0$

$\qquad$ $\sum F_y=0$ $\qquad$ $N_{CB}\sin45°-F=0$

解得 $\qquad$ $N_{CB}=\sqrt{2}F=\sqrt{2}\times75=106.11(\text{kN})$

$\qquad\qquad$ $N_{AB}=F=75\text{kN}$

（2）由强度条件设计截面尺寸。

$$A\geqslant\frac{N_{\max}}{[\sigma]}=\frac{75\times10^3}{160\times10^3}=0.4687\times10^3(\text{m}^2)$$

$$=468.7\text{mm}^2$$

从附录型钢规格表查得 3mm 厚的 4 号等边角钢的截面面积为 $2.359\text{cm}^2=235.9\text{mm}^2$。用两个相同的角钢拼合，其总截面面积为 $2\times235.9=471.8\text{mm}^2>A=468.7\text{mm}^2$，就能满足要求。

【例 5-7】 一空心铸铁短圆筒，外径 $d_1=250$mm，内径 $d_2=200$mm，受压力 F 作用，如图 5-19 所示。已知铸铁的许用应力 $[\sigma]=30$MPa，圆筒自重略去不计。求此圆筒的许可荷载 $[F]$。

解：（1）求圆筒的横截面面积 A。

$$A=\pi(d_1^2-d_2^2)/4=\pi(250^2-200^2)/4=17671(\text{mm}^2)$$

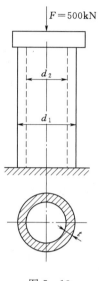

图 5－19

（2）确定许可荷载。

$$[F] \leqslant A[\sigma] = 17671 \times 30 = 530130(\text{N}) = 530.13\text{kN}$$

故圆筒的许可荷载 $[F] = 530.13\text{kN}$。

小　结

一、应力的概念

截面上某点处内力分布的集度，称为该点的应力。通常把应力分解为正应力 σ 和剪应力 τ 两个分量。

二、轴向拉（压）杆的变形·胡克定律

胡克定律是材料力学中最基本的定律，它揭示了材料应力和应变之间的关系，其表达式有两种：$\Delta l = \dfrac{Nl}{EA}$ 或 $\sigma = E\varepsilon$。公式的适用条件是：杆的应力不超过比例极限。

三、材料在拉伸和压缩时的力学性能

材料的力学性能是通过试验测定的，它是解决强度和刚度问题的重要依据。材料在常温、静载下的力学性能主要有：

（1）强度指标表示材料抵抗破坏能力的指标，有材料的屈服极限 σ_s 和强度极限 σ_b。

（2）刚度指标表示材料抵抗弹性变形能力的指标，有弹性模量 E 和泊松比 ν。

（3）塑性指标表示材料产生塑性变形能力的指标，有伸长率 δ 和断面收缩率 Ψ。

对低碳钢拉伸曲线的四个阶段和工程材料的选用原则要有所了解。

四、轴向拉（压）杆的强度计算

横截面上的应力是正应力，均匀分布在整个横截面上，计算式为 $\sigma = \dfrac{N}{A}$。

斜截面上的应力既有正应力又有剪应力，最大正应力作用在横截面上，最大剪应力作用在与杆轴成 45°的斜截面上。

轴向拉（压）杆的强度条件为

$$\sigma_{max} = \frac{N_{max}}{A} \leqslant [\sigma]$$

应用上述条件可解决如下三类强度计算问题：①强度校核；②设计截面；③确定许可荷载。

进行强度计算的一般步骤是：用截面法计算轴力，分析危险截面位置并建立强度条件，最后进行三类问题的计算。

知 识 技 能 训 练

一、判断题

1. 铸铁试件受压在 45°斜截面上破坏，是因为该斜截面上的剪应力最大。（　　）

2. 低碳钢在拉断时的应力为强度极限。（　　）

3. 低碳钢在拉伸过程中始终遵循胡克定律。（　　）

4. 预制钢筋混凝土楼板，先将钢筋通过冷拔机拉成冷拔丝，使钢筋的比例极限提高，弹性范围内的承载力增强，钢筋的塑性没有变化。（　　）

5. 脆性材料的极限应力是屈服极限。（　　）

6. 脆性材料的抗压性能比抗拉性能要好。（　　）

二、填空题

1. 在国际单位制中，应力的单位是 Pa，1Pa＝_____ N/m²，1MPa＝_____ Pa，1GPa＝_____ Pa。

2. 构件在外力作用下，单位面积上的_____称为应力，用符号_____表示；应力的正负规定与轴力_____，拉应力为_____，压应力为_____。

3. 根据材料的抗拉、抗压性能不同，工程实际中低碳钢材料适宜作受_____杆件，铸铁材料适宜作受_____构件。

4. 如果安全系数取得过大，容许应力就_____，需用的材料就_____；反之，安全系数取得太小，构件的_____就可能不够。

5. 胡克定律的关系式 $\Delta l = \frac{Nl}{EA}$ 中的 E 为表示材料抵抗_____能力的一个系数，称为材料的_____。乘积 EA 则表示了杆件抵抗_____能力的大小，称为杆的_____。

6. 低碳钢拉伸可以分成：_____阶段、_____阶段、_____阶段、_____阶段。

7. 铸铁拉伸时无_____现象和_____现象；断口与轴线_____，塑性变形很小。

8. _____和_____是衡量材料塑性的两个重要指标。工程上通常把_____的材料称为塑性材料，_____的材料称为脆性材料。

9. 确定容许应力时，对于脆性材料_____为极限应力，而塑性材料以_____为极限应力。

三、选择题

1. 变截面杆 AC 如图 5-20 所示。设 N_{AB}、N_{BC} 分别表示 AB 段和 BC 段的轴力，σ_{AB}、σ_{BC} 分别表示 AB 段和 BC 段的应力，则下列结论正确的是（　　）。

A. $N_{AB}=N_{BC}$，$\sigma_{AB}=\sigma_{BC}$ B. $N_{AB}\neq N_{BC}$，$\sigma_{AB}\neq\sigma_{BC}$

C. $N_{AB}=N_{BC}$，$\sigma_{AB}\neq\sigma_{BC}$ D. $N_{AB}\neq N_{BC}$，$\sigma_{AB}=\sigma_{BC}$

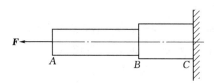

图 5-20

2. 两个拉杆轴力相等，截面面积不相等，但杆件材料不同，则以下结论正确的是（　　）。

A. 变形相同，应力相同   B. 变形相同，应力不同

C. 变形不同，应力相同   D. 变形不同，应力不同

3. 对于没有明显屈服阶段的塑性材料，其容许应力 $[\sigma]=\dfrac{\sigma'}{k}$，其中 σ' 应取（　　）。

A. σ_s B. σ_b C. $\sigma_{0.2}$ D. σ_p

4. 在其他条件不变时，若受轴向拉伸的杆件的直径增大一倍，则杆件横截面上的正应力将减少（　　）。

A. 1 倍   B. 1/2 倍   C. 2/3 倍   D. 1/4 倍

5. 在其他条件不变时，若受轴向拉伸的杆件的长度增大一倍，则杆件横截面上的正应力将（　　）。

A. 增大   B. 减少   C. 不变   D. 以上都不正确

6. 在其他条件不变时，若受轴向拉伸的杆件的长度增大一倍，则杆件横截面上的绝对变形将增加（　　）。

A. 1 倍   B. 2 倍   C. 3 倍   D. 4 倍

7. 材料变形性能指标是（　　）。

A. 延伸率 δ，截面收缩率 Ψ B. 弹性模量 E，泊松比 ν

C. 延伸率 δ，弹性模量 E D. 弹性模量 E，截面收缩率 Ψ

8. 尺寸相同的钢杆和铜杆，在相同的轴向拉力作用下，其伸长比为 $8:15$，若钢杆的弹性模量为 $E_1=200\mathrm{GPa}$，在比例极限内，则铜杆的弹性模量 E_2 为（　　）。

A. $\dfrac{8E_1}{15}$ B. $\dfrac{15E_1}{8}$ C. 等于 E_1 D. 以上都不是

9. 低碳钢冷作硬化后，材料的（　　）。

A. 比例极限提高而塑性降低   B. 比例极限和塑性均提高

C. 比例极限降低而塑性提高   D. 比例极限和塑性均降低

10. 应用拉（压）杆应力公式 $\sigma=\dfrac{N}{A}$ 的必要条件是（　　）。

A. 应力在比例极限内　　　　　B. 外力合力作用线必须沿着杆的轴线

C. 应力在屈服极限内　　　　　D. 杆件必须为矩形截面杆

11. 脆性材料具有以下哪种力学性质（　　）。

A. 试件拉伸过程中出现屈服现象

B. 压缩强度极限比拉伸强度极限大得多

C. 抗冲击性能比塑性材料好

D. 若构件因开孔造成应力集中现象，对强度无明显影响

12. 当低碳钢试件的试验应力 $\sigma = \sigma_s$ 时，试件将（　　）。

A. 完全失去承载能力　　　　　B. 破坏断裂

C. 发生局部颈缩现象　　　　　D. 产生很大的塑性变形

四、计算题

1. 求图 5-21 阶梯杆各段横截面上的应力。已知横截面面积 $A_{AB} = 200 \text{mm}^2$，$A_{BC} = 300 \text{mm}^2$，$A_{CD} = 400 \text{mm}^2$。

2. 图 5-22 为一承受轴向拉力 $F = 10 \text{kN}$ 的等直杆，已知杆的横截面面积 $A = 100 \text{mm}^2$。试求 $\alpha = 0°$、$30°$、$45°$、$60°$、$90°$ 的各斜截面上的正应力和剪应力。

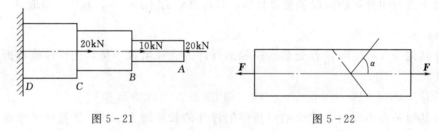

图 5-21　　　　　　　　　　　图 5-22

3. 图 5-23 为一钢制阶梯杆，各段横截面面积分别为 $A_1 = A_3 = 300 \text{mm}^2$，$A_2 = 200 \text{mm}^2$，钢的弹性模量 $E = 200 \text{GPa}$。试求杆的总变形。

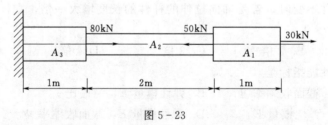

图 5-23

4. 一矩形截面木杆，两端的截面被圆孔削弱，中间的截面被两个切口削弱，如图 5-24 所示。试验算在承受拉力 $F = 70 \text{kN}$ 时，杆是否安全，已知 $[\sigma] = 7 \text{MPa}$。

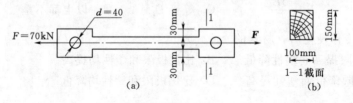

（a）　　　　　　　　　　　（b）

图 5-24

5. 如图 5-25 所示为一个三角形托架，已知：杆 AC 为圆形截面钢杆，许用应力 [σ]＝170MPa；杆 BC 是正方形截面木杆，许用应力 [σ]＝12MPa；荷载 F＝60kN。试选择钢杆的直径 d 和木杆的边长 a。

6. 如图 5-26 所示起重机的杆 BC 由钢丝绳 AB 拉住，钢丝绳的直径 d＝26mm，许用应力 [σ]＝162MPa，试问起重机的最大起重量 F_G 为多少？

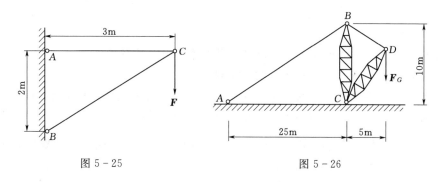

图 5-25   图 5-26

项目六　截面的几何性质

- 了解物体的重心与形心的概念及其计算公式和计算方法。
- 掌握面积矩的概念、单位、性质及面积矩与形心的关系。
- 掌握极惯性矩、惯性矩的定义、单位、性质，以及极惯性矩与惯性矩的关系。
- 了解简单图形、组合图形的面积矩和惯性矩的计算。

构件在外力作用下产生的应力和变形，与截面的几何性质有关。所谓**截面的几何性质是指与构件截面形状和尺寸有关的几何量**。如在拉（压）杆应力、变形和强度计算中遇到的截面面积 A 就是反映截面几何性质的一个量。在下面讨论扭转和弯曲的强度和刚度计算时，还将用到另外一些几何性质。本项目集中介绍这些几何性质的定义和计算方法。

任务一　物体的重心和形心

重心在实际工程中是一个非常重要的概念，它的位置与物体的平衡、物体运动的稳定性有着直接的关系，如挡土墙、重力坝、起重机的抗倾覆稳定性问题，都与它们的重心位置有关，高速运转部件的重心如果不在轴线上将引起机械的剧烈震动。因此，确定物体重心位置具有重要的意义，有必要了解物体重心的概念及其位置的确定方法。

一、物体重心的概念

物体的重力是地球对物体的引力，如果把物体看成是由许多微小部分组成的，则每个

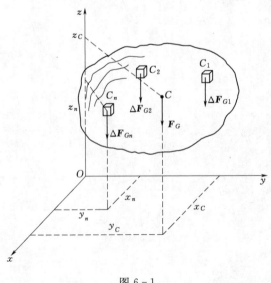

图 6-1

微小的部分都受到地球的引力，这些引力汇交于地球的中心，形成一个空间汇交力系，但由于我们所研究的物体尺寸与地球的直径相比要小得多，因此可以近似地看成是空间平行力系，该力系的合力称为物体的重量。由实践可知，无论物体如何放置，重力合力的作用线总是过一个确定点，这个点就是物体的重心。

二、物体重心的坐标公式

（一）重心坐标的一般公式

设一物体重心为 C，在图 6-1 所示坐标系中的坐标为 (x_C, y_C, z_C)，物体的容重为 γ，总体积为 V。假想把物体分割

成许多微小体积 ΔV_i，每个微小体积所受的重力为 $\Delta F_{Gi} = \gamma \Delta V_i$，其作用点坐标为 (x_i, y_i, z_i)。整个物体所受的重力为 $F_G = \sum \Delta F_{Gi}$。应用合力矩定理可以推导出物体重心的**近似公式**

$$
\left.
\begin{aligned}
x_C &= \frac{\sum\limits_{i=1}^{n} \Delta F_{Gi} x_i}{F_G} \\[2ex]
y_C &= \frac{\sum\limits_{i=1}^{n} \Delta F_{Gi} y_i}{F_G} \\[2ex]
z_C &= \frac{\sum\limits_{i=1}^{n} \Delta F_{Gi} z_i}{F_G}
\end{aligned}
\right\} \tag{6-1}
$$

微小体积 ΔV_i 分割越小，重心位置越精确，在极限情况下便得到物体重心的**一般公式**

$$
\left.
\begin{aligned}
x_C &= \lim_{\Delta V_i \to 0} \frac{\sum\limits_{i=1}^{n} \Delta F_{Gi} x_i}{F_G} = \lim_{\Delta V_i \to 0} \frac{\sum\limits_{i=1}^{n} \gamma \Delta V_i x_i}{\sum\limits_{i=1}^{n} \gamma \Delta V_i} = \frac{\int_V \gamma x \, dV}{\int_V \gamma \, dV} \\[2ex]
\text{同理} \quad y_C &= \frac{\sum\limits_{i=1}^{n} \Delta F_{Gi} y_i}{F_G} = \frac{\int_V \gamma y \, dV}{\int_V \gamma \, dV} \\[2ex]
z_C &= \frac{\sum\limits_{i=1}^{n} \Delta F_{Gi} z_i}{F_G} = \frac{\int_V \gamma z \, dV}{\int_V \gamma \, dV}
\end{aligned}
\right\} \tag{6-2}
$$

（二）均质物体重心（形心）坐标公式

对于均质物体（常把同一材料制成的物体称为均质物体，其 γ 为常量），式（6-2）变为

$$
\left.
\begin{aligned}
x_C &= \frac{\int_V x \, dV}{\int_V dV} = \frac{\int_V x \, dV}{V} \\[2ex]
y_C &= \frac{\int_V y \, dV}{V} \\[2ex]
z_C &= \frac{\int_V z \, dV}{V}
\end{aligned}
\right\} \tag{6-3}
$$

式（6-3）表明，对均质物体而言，物体的重心只与物体的形状、尺寸有关，而与物体的重量无关，由物体的几何形状和尺寸所决定的物体的几何中心称为物体的形心。可见，均质物体的重心与其形心重合。重心是物理概念，形心是几何概念。

（三）均质薄壳重心（形心）坐标公式

由于薄壳的厚度远小于其他两个方向尺寸，可忽略厚度不计，故形心公式为

$$
\left.
\begin{aligned}
x_C &= \frac{\int_A x\,\mathrm{d}A}{A} \\[2mm]
y_C &= \frac{\int_A y\,\mathrm{d}A}{A} \\[2mm]
z_C &= \frac{\int_A z\,\mathrm{d}A}{A}
\end{aligned}
\right\}
\tag{6-4}
$$

式中：A 为薄壳的总面积。

对于平板（或平面图形），如取平板所在的平面为 xOy 坐标平面，则 $z_C = 0$，x_C、y_C 由式（6-4）中的前两式求得。

（四）均质杆重心（形心）坐标公式

对于均质细杆（或曲线），可以得到相应的坐标公式为

$$
\left.
\begin{aligned}
x_C &= \frac{\int_l x\,\mathrm{d}l}{l} \\[2mm]
y_C &= \frac{\int_l y\,\mathrm{d}l}{l} \\[2mm]
z_C &= \frac{\int_l z\,\mathrm{d}l}{l}
\end{aligned}
\right\}
\tag{6-5}
$$

式中：l 为细杆的总长度。

对于平面曲线，取曲线所在平面为 xOy，则 $z_C = 0$，x_C、y_C 由式（6-5）中的前两式求得。

三、物体重心与形心的计算

根据物体的具体形状及特征，可用不同方法确定其重心与形心的位置。

（一）对称法

由重心公式不难证明，具有对称轴、对称面或对称中心的均质物体，其形心必定在其对称轴、对称面或对称中心上。因此，有一根对称轴的平面图形［如 T 形、半圆、槽形等截面，如图 6-2（a）所示］，其形心在对称轴上；具有两根或两根以上对称轴的平面图形［如矩形、翼缘等宽的工字形、正方形、圆等截面，如图 6-2（b）所示］，其形心在对称

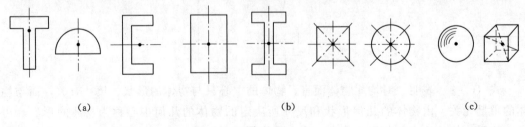

(a)   (b)   (c)

图 6-2

轴的交点上；球体、立方体等均质物体，其形心必定在对称中心上，如图6-2（c）所示。常用物体的形心列入表6-1，以供参考。

表6-1 简单物体的重心（形心）

图 形	形心坐标及面积（体积）	图 形	形心坐标及面积（体积）
三角形 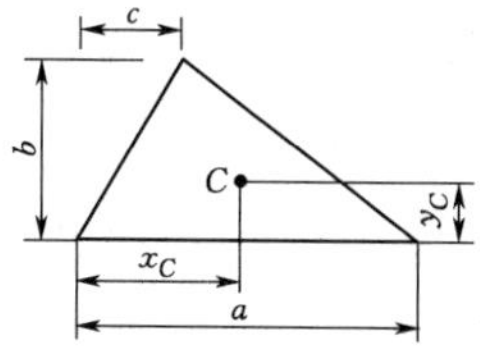	$x_C = \frac{1}{3}(a+c)$ $y_C = \frac{b}{3}$ $A = \frac{1}{2}ab$	抛物线形 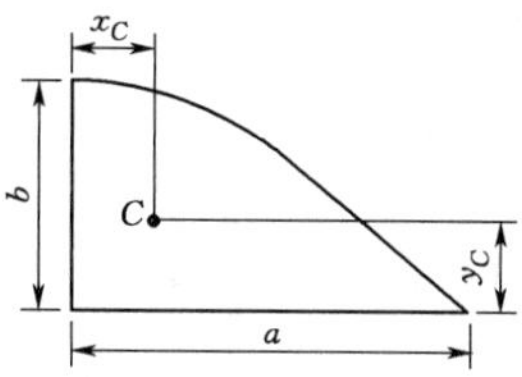	$x_C = \frac{3a}{8}$ $y_C = \frac{2b}{5}$ $A = \frac{2}{3}ab$
梯形 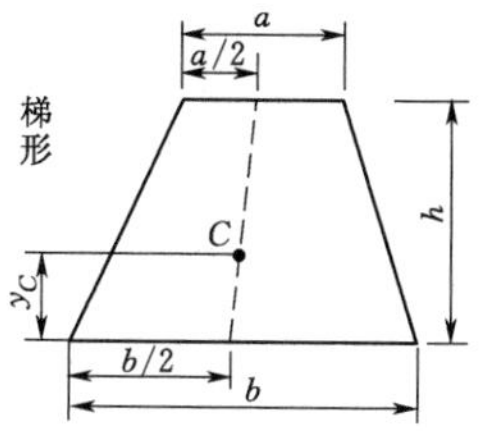	$y_C = \frac{h(2a+b)}{3(a+b)}$ $A = \frac{h}{2}(a+b)$	半球体 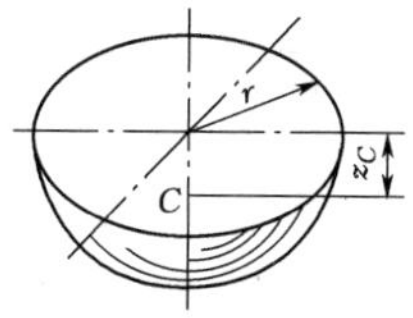	$z_C = \frac{3}{8}r$ $V = \frac{2}{3}\pi r^3$
扇形 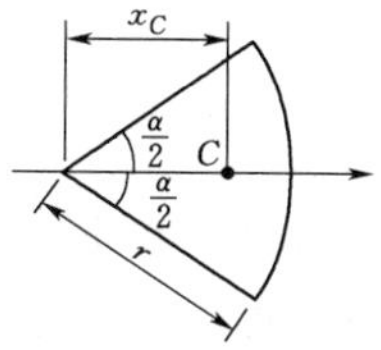	$x_C = \frac{4r}{3\alpha}\sin\frac{\alpha}{2}$ $A = \frac{1}{2}\alpha r^2$ 半圆：$x_C = \frac{4r}{3\pi}$	半圆柱体 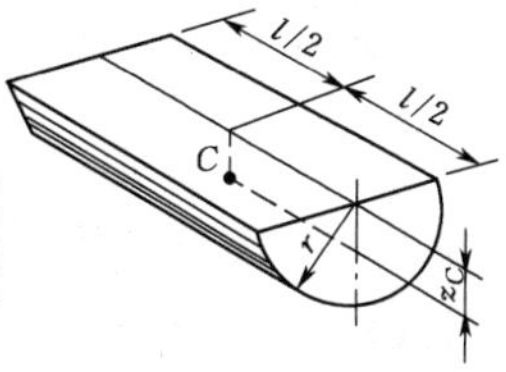	$z_C = -\frac{4r}{3\pi}$ $V = \frac{1}{2}\pi r^2 l$
部分圆环 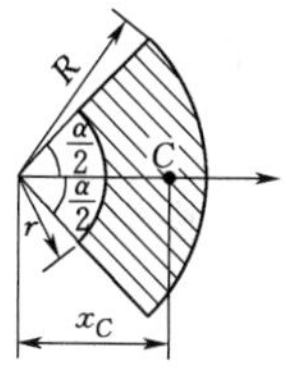	$x_C = \frac{2(R^3-r^3)\sin\alpha}{3(R^2-r^2)\alpha}$	锥体 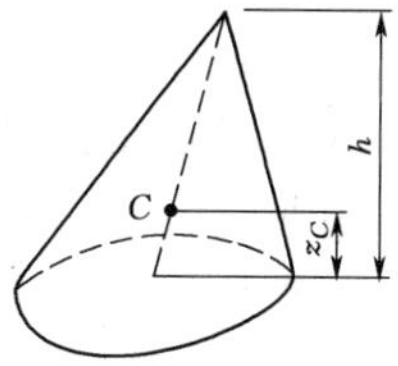	在锥顶与底面形心的连线上 $z_C = \frac{1}{4}h$ $V = \frac{1}{3}Ah$ （A为底面面积）
圆弧 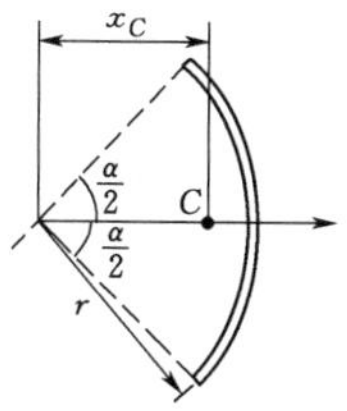	$x_C = \frac{2r}{\alpha}\sin\frac{\alpha}{2}$	三角棱柱体 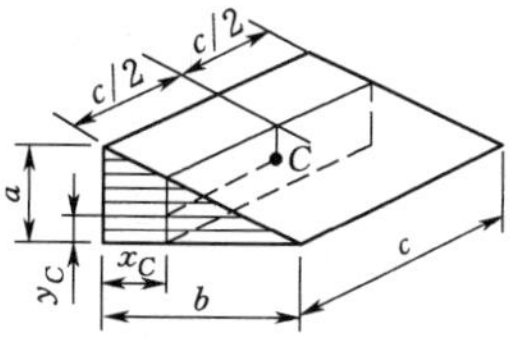	$x_C = \frac{b}{3}$ $y_C = \frac{a}{3}$ $V = \frac{1}{2}abc$
抛物线形 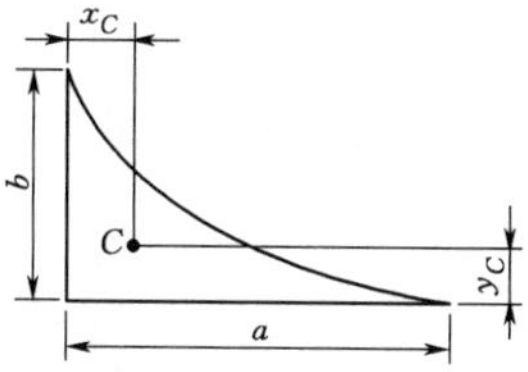	$x_C = \frac{a}{4}$ $y_C = \frac{3b}{10}$ $A = \frac{1}{2}ab$	正四面体 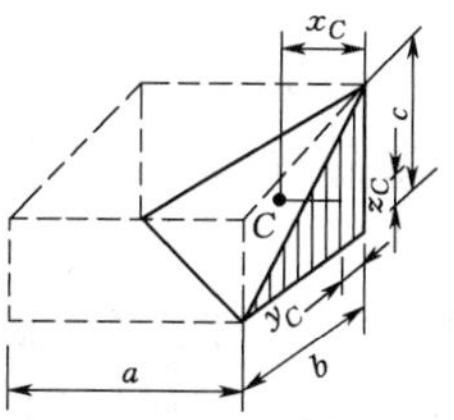	$x_C = \frac{a}{4}$ $y_C = \frac{b}{4}$ $z_C = \frac{c}{4}$ $V = \frac{1}{6}abc$

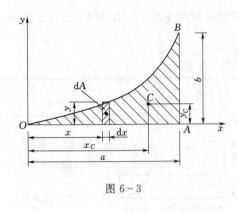

图 6-3

（二）积分法

对于没有对称轴、对称面或对称中心的物体，可用积分法确定形心位置。

如图 6-3 所示的二次抛物线 $y = \dfrac{b}{a^2}x^2$，与 x 轴所围成的图形 OAB 的形心用积分法确定如下：

取与 y 轴平行的窄条作为微面积 $\mathrm{d}A$，窄条的宽为 $\mathrm{d}x$，高为 y，则 $\mathrm{d}A = y\mathrm{d}x$，微面积的形心坐标为 $(x, y/2)$，由式（6-4）可得

$$x_C = \frac{\displaystyle\int_A x\,\mathrm{d}A}{\displaystyle\int_A \mathrm{d}A} = \frac{\displaystyle\int_a^0 xy\,\mathrm{d}x}{\displaystyle\int_a^0 y\,\mathrm{d}x} = \frac{\displaystyle\int_a^0 x\,\frac{b}{a^2}x^2\,\mathrm{d}x}{\displaystyle\int_a^0 \frac{b}{a^2}x^2\,\mathrm{d}x} = \frac{3}{4}a$$

$$y_C = \frac{\displaystyle\int_A \frac{y}{2}\,\mathrm{d}A}{\displaystyle\int_A \mathrm{d}A} = \frac{\displaystyle\int_a^0 \frac{y}{2}y\,\mathrm{d}x}{\displaystyle\int_a^0 y\,\mathrm{d}x} = \frac{\displaystyle\int_a^0 \frac{b}{2a^2}x^2\,\frac{b}{a^2}x^2\,\mathrm{d}x}{\displaystyle\int_a^0 \frac{b}{a^2}x^2\,\mathrm{d}x} = \frac{3}{10}b$$

（三）组合法

有些平面图形是由几个简单图形组成的，例如梯形可以认为是由两个三角形（或一个矩形、一个三角形）组成的，T 形截面是由两个矩形组成的，这种图形称为组合图形。要求组合图形的形心位置，先把图形分成几个分图形，确定各分图形的面积和形心坐标，分图形的形心位置一般容易确定（或可由表 6-1 查得），然后利用形心坐标公式计算组合图形的形心，这种方法称为**组合法**。

这里应指出，利用式（6-4）确定组合图形形心位置时，可以不用积分式，而改用总和式，即把式（6-4）改为如下形式

$$\left.\begin{aligned} x_C &= \frac{A_1 x_1 + A_2 x_2 + \cdots + A_n x_n}{A_1 + A_2 + \cdots + A_n} = \frac{\displaystyle\sum_{i=1}^{n} A_i x_i}{\displaystyle\sum_{i=1}^{n} A_i} \\[2em] y_C &= \frac{A_1 y_1 + A_2 y_2 + \cdots + A_n y_n}{A_1 + A_2 + \cdots + A_n} = \frac{\displaystyle\sum_{i=1}^{n} A_i y_i}{\displaystyle\sum_{i=1}^{n} A_i} \end{aligned}\right\} \qquad (6-6)$$

式中：A_1、A_2、$\cdots$、A_n 为各分图形（有限个）的面积；x_1、x_2、$\cdots$、x_n，y_1、y_2、$\cdots$、y_n 是各分图形对应的形心坐标。

【例 6-1】 图 6-4 为一倒 T 形截面，求该截面的形心。

解： 取如图 6-4 所示坐标轴。因图形有一个对称轴，取该轴作为 y 轴，则图形形心

必在该轴上，即 $x_C = 0$。将图形分成两部分 A_1、A_2，各
分图形面积及 y_i 的值如下

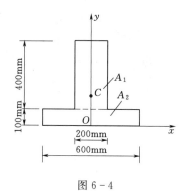

$$A_1 = 200 \times 400 = 80000(\text{mm}^2)$$

$$y_1 = \frac{400}{2} + 100 = 300(\text{mm})$$

$$A_2 = 600 \times 100 = 60000(\text{mm}^2)$$

$$y_2 = \frac{100}{2} = 50(\text{mm})$$

图 6-4

将以上数据代入式（6-6）得

$$y_C = \frac{A_1 y_1 + A_2 y_2}{A_1 + A_2} = \frac{80000 \times 300 + 60000 \times 50}{80000 + 60000} = 192.9(\text{mm})$$

【例 6-2】 图 6-5 为振动器中的偏心块。已知 $R = 100\text{mm}$，$r = 17\text{mm}$，$b = 13\text{mm}$。
求偏心块形心。

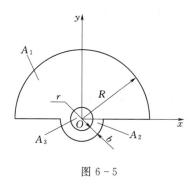

解： 将偏心块看成是由 3 部分组成的，即半径为 R
的半圆 A_1、半径为 $(r+b)$ 的半圆 A_2 及半径为 r 的圆
A_3，但 A_3 应取负值，因为该圆是被挖去的部分。取如
图坐标轴，y 轴为对称轴，故 $x_C = 0$。各部分的面积及形
心坐标为

$$A_1 = \frac{1}{2}\pi R^2 \qquad A_2 = \frac{1}{2}\pi(r+b)^2 \qquad A_3 = -\pi r^2$$

$$y_1 = \frac{4R}{3\pi} \qquad y_2 = -\frac{4(r+b)}{3\pi} \qquad y_3 = 0$$

图 6-5

$$y_C = \frac{A_1 y_1 + A_2 y_2 + A_3 y_3}{A_1 + A_2 + A_3} = \frac{\frac{\pi}{2} \times 100^2 \times \frac{4 \times 100}{3\pi} + \frac{\pi}{2}(17+13)^2 \left[-\frac{4(17+13)}{3\pi} \right]}{\frac{\pi}{2} \times 100^2 + \frac{\pi}{2}(17+13)^2 - \pi \times 17^2} = 40(\text{mm})$$

本例图形中的孔、洞面积取负值进行计算，这种方法也叫做"负面积法"。

任务二　面　积　矩

一、面积矩的定义

图 6-6 所示为一任意截面的几何图形（以下简称图形）。在图形平面内选取直角坐标
系如图所示。在图形内任取一微面积 dA，其坐标为 (y, z)。将乘积 ydA 和 zdA 分别称为
微面积 dA 对 z 轴和 y 轴的面积矩或静矩，而把积分 $\displaystyle\int_A y\,dA$ 和 $\displaystyle\int_A z\,dA$ 分别定义为该图形对
z 轴和 y 轴的**面积矩**或**静矩**，用符号 S_z 和 S_y 来表示，即

$$\left. \begin{array}{l} S_z = \displaystyle\int_A y\,dA \\[2mm] S_y = \displaystyle\int_A z\,dA \end{array} \right\} \qquad (6-7)$$

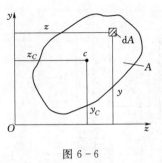

图 6-6

由面积矩的定义可知，面积矩是对一定的轴而言的，同一平面图形对不同的轴，面积矩不同。面积矩的数值可正、可负，也可为零。面积矩的量纲是长度的三次方，其单位为 m^3 或 mm^3。

二、面积矩与形心

将式（6-7）代入平面图形的形心坐标公式（6-4），得

$$\left.\begin{array}{l} y_C = \dfrac{S_z}{A} \\[2mm] z_C = \dfrac{S_y}{A} \end{array}\right\} \tag{6-8}$$

或改写为

$$\left.\begin{array}{l} S_z = A y_C \\[1mm] S_y = A z_C \end{array}\right\} \tag{6-9}$$

面积矩的几何意义：图形的形心相对于指定的坐标轴之间距离的远近程度。图形形心相对于某一坐标轴距离越远，对该轴的面积矩绝对值越大。

当图形对 y、z 轴的面积矩已知时，可用式（6-8）求图形形心坐标；反之，若已知图形形心坐标，即可根据式（6-9）计算图形对 y、z 轴的面积矩。

图形对通过其形心的轴的面积矩等于零；反之，图形对某一轴的面积矩等于零，则该轴一定通过图形形心。

三、组合截面面积矩的计算

工程结构中有些构件的截面是由几个简单图形组成的，如工字形、T 形和槽形等。这类截面称为组合截面。由面积矩的定义可知，组合截面对某一轴的面积矩等于其各简单图形对该轴面积矩的代数和。即

$$\left.\begin{array}{l} S_z = \sum S_{zi} = \sum A_i y_i \\[1mm] S_y = \sum S_{yi} = \sum A_i z_i \end{array}\right\} \tag{6-10}$$

式中：A_i 和 y_i、z_i 分别为各简单图形的面积和形心坐标。

【例 6-3】 T 形截面如图 6-7 所示，图中各部分尺寸单位为 m。试求阴影部分面积对通过形心且与对称轴 y 垂直的 z_0 轴的面积矩。

解： 因 T 形截面形心位置未知，故应首先确定形心位置，然后再根据组合截面面积矩的计算公式，计算阴影部分对 z_0 轴的面积矩。

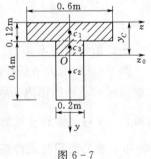

图 6-7

（1）求 T 形截面形心位置。取正交参考坐标轴 y、z，因 y 轴为对称轴，所以 $z_C = 0$，只需计算 y_C 值。将图形分成形心分别为 C_1 和 C_2 的两个矩形，它们的面积和形心 y 坐标为

$A_1 = 0.6 \times 0.12 = 0.072(m^2)$　　　$A_2 = 0.2 \times 0.4 = 0.08(m^2)$

$y_1 = 0.06(m)$　　　　　　　　　　　$y_2 = 0.12 + 0.2 = 0.32(m)$

由式（6-6）得

$$y_C = \frac{\sum A_i y_i}{A} = \frac{A_1 y_1 + A_2 y_2}{A_1 + A_2} = \frac{0.072 \times 0.06 + 0.08 \times 0.32}{0.072 + 0.08} = 0.197(\text{m})$$

（2）计算阴影部分面积对 z_0 轴的面积矩。将阴影部分图形分成形心分别为 c_1 和 c_3 的两个矩形，应用式（6-9）计算面积矩时，应注意式中 y_i 为各部分面积的形心在 yOz。正交坐标系下的坐标

$$A_1 = 0.072\text{m}^2 \qquad A_3 = 0.2 \times (0.197 - 0.12) = 0.0154(\text{m}^2)$$

$$y_1 = -(0.197 - 0.06) = -0.137(\text{m}) \qquad y_3 = \frac{-(0.197 - 0.12)}{2} = -0.04(\text{m})$$

$$S_z = \sum S_{zi} = \sum A_i y_i$$
$$= A_1 y_1 + A_3 y_3 = -(0.072 \times 0.137 + 0.0154 \times 0.04) = -1.05 \times 10^{-2}(\text{m}^3)$$

任务三 惯性矩和惯性积

一、极惯性矩

任意平面图形如图 6-8 所示，其面积为 A。在图形内坐标为 (y, z) 处取微面积 dA，并以 ρ 表示微面积 dA 到坐标原点的距离。将乘积 $\rho^2 dA$ 称为微面积 dA 对 O 点的极惯性矩，积分 $\int_A \rho^2 dA$ 称为图形对 O 点的**极惯性矩**，用符号 I_ρ 表示，即

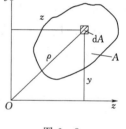

图 6-8

$$I_\rho = \int_A \rho^2 dA \qquad (6-11)$$

由极惯性矩的定义可以看出，极惯性矩是相对于指定的点而言的，即同一图形对不同的点的极惯性矩一般是不同的。极惯性恒为正，其量纲是长度的四次方，单位是 m^4 或 mm^4。

【例 6-4】 求圆截面对其圆心的极惯性矩。

解： 如图 6-9 所示，设圆截面直径为 D。取厚度为 $d\rho$ 的环形面积为微面积 dA，则有

$$dA = 2\pi \rho d\rho$$

由式（6-11）得

$$I_\rho = \int_A \rho^2 dA = \int_0^{\frac{D}{2}} \rho^2 2\pi \rho d\rho = \frac{\pi D^4}{32}$$

对于外径为 D、内径为 d 的空心圆截面（图 6-10），按同样方法计算可得到它对圆心的极惯性矩为

$$I_\rho = \int_A \rho^2 dA = \int_{\frac{d}{2}}^{\frac{D}{2}} \rho^2 2\pi \rho d\rho = \frac{\pi(D^4 - d^4)}{32} = \frac{\pi D^4}{32}(1 - \alpha^4)$$

式中：$\alpha = \dfrac{d}{D}$ 为空心圆截面内、外径的比值。

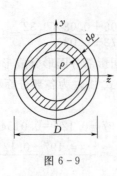

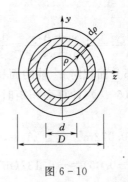

图 6-9   图 6-10

二、惯性矩

在图 6-8 中，微面积 dA 到两坐标轴的距离分别为 y 和 z，将乘积 $y^2 dA$ 和 $z^2 dA$ 称为微面积 dA 对 z 轴和 y 轴的惯性矩，而把积分称为图形对 z 轴和 y 轴的**惯性矩**。

$$\left. \begin{array}{l} I_z = \int_A y^2 \, dA \\ I_y = \int_A z^2 \, dA \end{array} \right\} \qquad (6-12)$$

由惯性矩的定义可知，惯性矩是对一定的轴而言的，同一图形对不同的轴的惯性矩一般不同。惯性矩恒为正值，其量纲和单位与极惯性矩相同。

图形对同一对正交轴的惯性矩和对坐标原点的极惯性矩存在着一定的关系。由图 6-8 的几何关系可得

$$\rho^2 = y^2 + z^2$$

将上述关系式代入式（6-11）得

$$I_\rho = \int_A \rho^2 \, dA = \int_A (y^2 + z^2) \, dA = \int_A y^2 \, dA + \int_A z^2 \, dA$$

即

$$I_\rho = I_z + I_y \qquad (6-13)$$

式（6-13）表明，**图形对任一点的极惯性矩，等于图形对通过此点且在其平面内的任一对正交轴惯性矩之和**。

【例 6-5】 矩形截面如图 6-11 所示，求矩形截面对正交对称轴 y、z 的惯性矩。

解： 先求 I_z。取微面积 $dA = b dy$，由式（6-12）得

$$I_z = \int_A y^2 b \, dy = \int_{-\frac{h}{2}}^{\frac{h}{2}} y^2 b \, dy = \frac{bh^3}{12}$$

再求 I_y。取微面积 $dA = h dz$，则由式（6-12）得

$$I_y = \int_A z^2 h \, dz = \int_{-\frac{b}{2}}^{\frac{b}{2}} z^2 h \, dz = \frac{hb^3}{12}$$

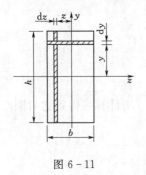

图 6-11

【例 6-6】 求图 6-9 所示圆截面对形心轴 y、z 的惯性矩。

解： 由例 6-4 知，圆截面对其圆心的极惯性矩为

$$I_\rho = \frac{\pi D^4}{32}$$

由于圆截面对称于圆心，故其对于过圆心的任何轴的惯性矩均应相等，即 $I_y = I_z$。因

此，由式（6－13）可得

$$I_z = I_y = \frac{I_\rho}{2} = \frac{\pi D^4}{64}$$

同理，可得图 6－10 所示的空心圆截面对过它形心的 y、z 轴的惯性矩为

$$I_y = I_z = \frac{\pi}{64}(D^4 - d^4) = \frac{\pi D^4}{64}(1 - \alpha^4)$$

式中

$$\alpha = \frac{d}{D}$$

表 6－2 给出了一些常见截面图形的面积、形心和惯性矩的计算公式，以便查用。工程中使用的型钢截面，如工字钢、槽钢、角钢等，这些截面的几何性质可从附录型钢规格表中查取。

三、惯性积

如图 6－12 所示，微面积 dA 与它到两坐标轴距离的乘积 $yz\,dA$，称为微面积 dA 对 y、z 轴的惯性积，而将积分 $\int_A yz\,dA$ 定义为图形对 y、z 轴的**惯性积**，用符号 I_{yz} 表示，即

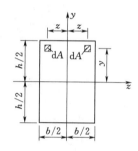

图 6－12

$$I_{yz} = \int_A yz\,dA \qquad (6-14)$$

惯性积是对于一定的一对正交坐标轴而言的，即同一图形对不同的正交坐标轴的惯性积不同，惯性积的数值可正、可负、可为零，其量纲和单位与惯性矩相同。

由惯性积的定义可以得出如下结论：若图形具有对称轴，则图形对包含此对称轴在内的一对正交坐标轴的惯性积为零。如图 6－12 所示，y 为图形的对称轴，在 y 轴两侧对称位置各取相同的微面积 dA，它们的 y 轴坐标相同，但 z 坐标等值反号。因此，两个微面积对 y、z 轴的惯性积 $yz\,dA$ 等值反号，其代数和为零。由此推知，整个图形对 y、z 轴的惯性积等于零。

表 6－2		常见截面图形的面积、形心和惯性矩		
序号	图 形	面 积	形心位置	惯性矩（形心轴）
1		$A = bh$	$z_C = \dfrac{b}{2}$ $y_C = \dfrac{h}{2}$	$I_z = \dfrac{bh^3}{12}$ $I_y = \dfrac{hb^3}{12}$
2		$A = bh - b_1 h_1$	$z_C = \dfrac{b}{2}$ $y_C = \dfrac{h}{2}$	$I_z = \dfrac{1}{12}(bh^3 - b_1 h_1^3)$ $I_y = \dfrac{1}{12}(hb^3 - h_1 b_1^3)$

序号	图 形	面 积	形心位置	惯性矩（形心轴）
3	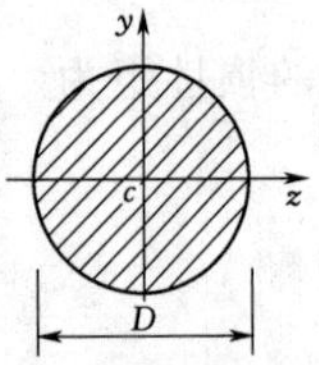	$A=\dfrac{\pi D^2}{4}$	圆心	$I_z=I_y=\dfrac{\pi D^4}{64}$
4	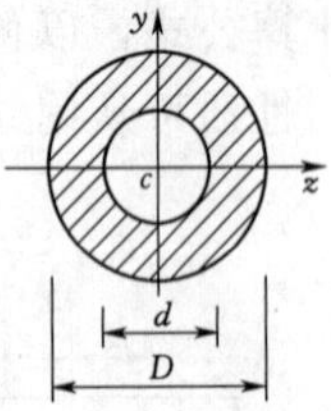	$A=\dfrac{\pi}{4}(D^2-d^2)$	圆心	$I_z=I_y=\dfrac{\pi D^4}{64}(1-a^4)$ $a=\dfrac{d}{D}$
5	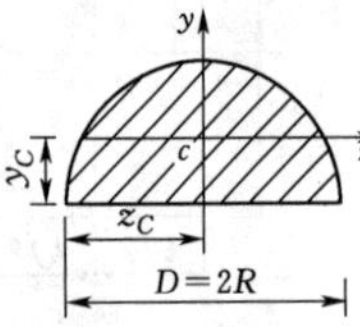	$A=\dfrac{\pi R^2}{4}$	$z_C=\dfrac{D}{2}$ $y_C=\dfrac{4R}{3\pi}$	$I_z=\left(\dfrac{1}{8}-\dfrac{8}{9\pi^2}\right)\pi R^4\approx0.11R^4$ $I_y=\dfrac{\pi D^4}{128}=\dfrac{\pi R^4}{8}$
6	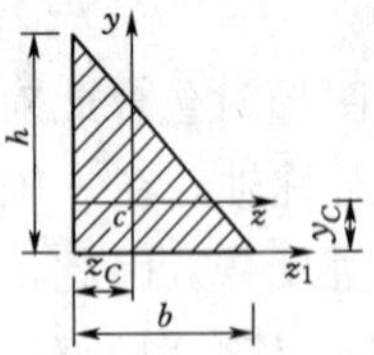	$A=\dfrac{1}{2}bh$	$z_C=\dfrac{b}{3}$ $y_C=\dfrac{h}{3}$	$I_y=\dfrac{hb^3}{36}$ $I_z=\dfrac{bh^3}{36}$ $I_{z1}=\dfrac{bh^3}{12}$

任务四　组合截面的惯性矩

一、惯性矩的平行移轴公式

由任务三已知，同一截面图形对不同坐标轴的惯性矩一般是不同的。但在坐标轴满足一定条件时，图形对它们的惯性矩之间存在着一定的关系。下面来讨论这种关系。

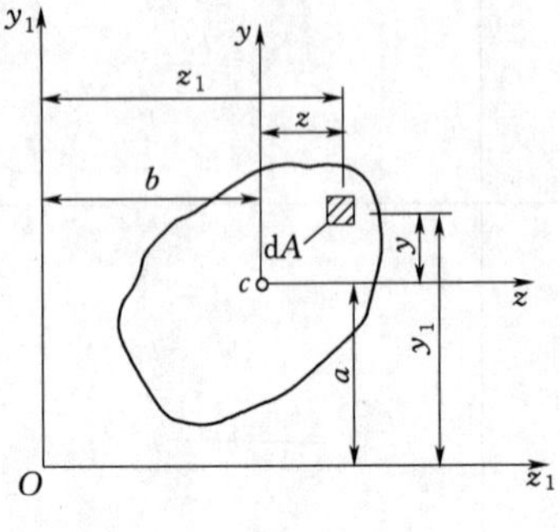

图 6-13

任意平面图形如图 6-13 所示。z、y 为一对正交的形心轴，z_1、y_1 为与形心轴平行的另一对正交轴，平行轴间的距离分别为 a 和 b。已知图形对形心轴的惯性矩 I_z、I_y，现求图形对 z_1、y_1 轴的惯性矩 I_{z1}、I_{y1}。

由图 6-13 可知

$$y_1=y+a \qquad z_1=z+b$$

根据惯性矩的定义可得

$$I_{z1} = \int_A y_1^2 \cdot dA = \int_A (y+a)^2 \cdot dA = \int_A y^2 dA + 2a \int_A y dA + a^2 \int_A dA = I_z + 2aS_z + a^2 A$$

因 z 轴为形心轴，故 $S_z = 0$，因此可得

$$\left.\begin{array}{l} I_{z1} = I_z + a^2 A \\ I_{y1} = I_y + b^2 A \end{array}\right\} \tag{6-15}$$

式（6-15）称为惯性矩的**平行移轴公式**。公式表明：**平面图形对任一轴的惯性矩，等于图形对平行于该轴的形心轴的惯性矩，加上图形面积与两轴之间距离平方的乘积。**式中，由于乘积 $a^2 A$、$b^2 A$ 恒为正，因此图形对于形心轴的惯性矩是对所有平行轴的惯性矩中最小的一个。

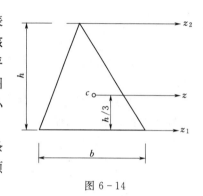

图 6-14

在应用平行移轴公式（6-15）时，要注意应用条件，即 z、y 轴必须是通过形心的轴，且 z_1、y_1 轴必须分别与 z、y 轴平行。

【例 6-7】　三角形截面如图 6-14 所示，图中 z、z_1、z_2 三轴互相平行，且 z 轴为形心轴。已知 $I_{z1} = \dfrac{bh^3}{12}$，求截面对 z_2 轴的惯性矩。

解：由平行移轴公式（6-15）可得

$$I_{z1} = I_z + \left(\frac{h}{3}\right)^2 \cdot A$$

$$I_{z2} = I_z + \left(\frac{2h}{3}\right)^2 \cdot A$$

由上两式得

$$I_{z2} = I_{z1} + \left[\left(\frac{2h}{3}\right)^2 - \left(\frac{h}{3}\right)^2\right] A = \frac{bh^3}{12} + \frac{h^2}{3} \cdot \frac{bh}{2} = \frac{1}{4} bh^3$$

二、组合截面惯性矩计算

根据惯性矩的定义可知，组合图形对某一轴的惯性矩，等于其各组成部分简单图形对该轴惯性矩之和，即

$$\left.\begin{array}{l} I_z = \sum I_{zi} \\ I_y = \sum I_{yi} \end{array}\right\} \tag{6-16}$$

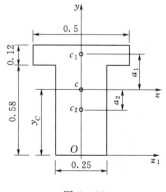

图 6-15

在计算组合图形对 z、y 轴的惯性矩时，应先将组合图形分成若干个简单图形，并计算出每一简单图形对平行于 z、y 轴的自身形心轴的惯性矩，然后利用平行移轴公式（6-15）计算出各简单图形对 z、y 轴的惯性矩，最后利用式（6-16）求总和。

【例 6-8】　试计算图 6-15 所示 T 形截面对形心轴 z、y 的惯性矩。图中尺寸单位为 m。

解：（1）确定形心位置。

由于 y 轴为截面的对称轴，形心必定在 y 轴上，故 $z_C=0$。为确定 y_C，选参考坐标系 yOz_1。将 T 形分割为两个矩形，它们的面积和形心坐标分别为

$$A_1=0.5\times0.12=0.06(\text{m}^2) \qquad A_2=0.25\times0.58=0.145(\text{m}^2)$$

$$y_1=0.58+0.06=0.64(\text{m}) \qquad y_2=\frac{0.58}{2}=0.29(\text{m})$$

由式（6-6）可得

$$y_C=\frac{\sum A_iy_i}{A}=\frac{A_1y_1+A_2y_2}{A_1+A_2}=\frac{0.06\times0.64+0.145\times0.29}{0.06+0.145}=0.392(\text{m})$$

（2）计算截面对形心轴的惯性矩。

整个截面对 z、y 的惯性矩应分别等于组成它的两个矩形对 z、y 的惯性矩之和。而两矩形对 z 轴的惯性矩应根据平行移轴公式计算，即

$$I_z=I_{z1}+I_{z2}=I_{zc1}+A_1a_1^2+I_{zc2}+A_2a_2^2$$

$$=\frac{0.5\times0.12^3}{12}+0.12\times0.5\times0.248^2+\frac{0.25\times0.58^3}{12}+0.25\times0.58\times0.102^2$$

$$=9.33\times10^{-3}(\text{m}^4)$$

由于 y 轴通过两个矩形的形心，故可由表 6-2 给出的计算公式直接计算它们对 y 轴的惯性矩，即

$$I_y=I_{y1}+I_{y2}=\frac{0.12\times0.5^3}{12}+\frac{0.58\times0.25^3}{12}=2\times10^{-3}(\text{m}^4)$$

【例 6-9】 求图 6-16 所示图形对 z 轴的惯性矩。图中尺寸单位为 mm。

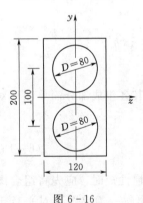

图 6-16

解： 图 6-16 所示图形可看成为 120mm×200mm 的矩形减去两个直径 $D=80$mm 的圆形而得到。图形对 z 轴的惯性矩 I_z 应为矩形对 z 轴的惯性矩 I_{z1} 减去两个圆孔对 z 轴的惯性矩 I_{z2}。

$$I_{z1}=\frac{bh^3}{12}=\frac{1}{12}\times120\times200^3=8\times10^7(\text{mm}^4)$$

$$I_{z2}=2\left(\frac{\pi D^4}{64}+\frac{\pi D^2}{4}\times a^2\right)$$

$$=2\left(\frac{\pi}{64}\times80^4+\frac{\pi}{4}\times80^2\times50^2\right)$$

$$=2.91\times10^7(\text{mm}^4)$$

故 $$I_z=I_{z1}-I_{z2}=8\times10^7-2.91\times10^7=5.09\times10^7(\text{mm}^4)$$

【例 6-10】 由两个 20a 号槽钢组成的截面如图 6-17 所示。试问：

（1）当两槽钢相距 $a=50$mm 时，对形心轴 z、y 的惯性矩哪个较大，其值各为多少？

(2) 如果使 $I_y = I_z$，a 值应为多少？

解：由附录型钢规格表查得 20a 号槽钢［图 6-17（b）］的有关数据如下：

$A = 2.884 \times 10^3 \text{mm}^2 \quad z_0 = 20.1\text{mm}$

$I_{zc} = 17.8 \times 10^6 \text{mm}^4 \quad I_{yc} = 1.28 \times 10^6 \text{mm}^4$

(1) 当 $a = 50$mm 时，I_z、I_y 的值为

$I_z = 2I_{zc} = 2 \times 17.8 \times 10^6 = 35.6 \times 10^6 (\text{mm}^4)$

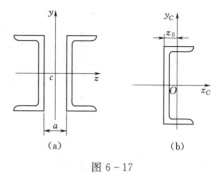

图 6-17

$$I_y = 2 \times \left[I_{yc} + \left(z_0 + \frac{a}{2} \right)^2 A \right]$$

$$= 2 \times \left[1.28 \times 10^6 + \left(20.1 + \frac{50}{2} \right)^2 \times 2.884 \times 10^3 \right]$$

$$= 14.292 \times 10^6 (\text{mm}^4)$$

(2) 欲使 $I_y = I_z$，确定 a 的值。由计算结果可知，$I_z > I_y$，适当加大 a 值，可使 $I_y = I_z$。

令

$$I_y = 2 \times \left[I_{yc} + \left(z_0 + \frac{a}{2} \right)^2 \times A \right] = I_z$$

即

$$2 \times \left[1.28 \times 10^6 + \left(20.1 + \frac{a}{2} \right)^2 \times 2.884 \times 10^3 \right] = 35.6 \times 10^6$$

解得

$$a = 111.2 (\text{mm})$$

计算结果表明，当 $a = 111.2$mm 时，截面对 z、y 轴的惯性矩相等，即 $I_y = I_z = 35.6 \times 10^6 \text{mm}^4$。

三、形心主惯性轴和形心主惯性矩的概念

任意截面图形如图 6-18 所示，通过图形内任一点 O，可以作出无穷多对正交坐标

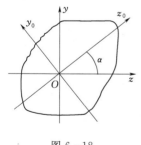

图 6-18

轴，一般情况下，图形对过 O 点的不同正交坐标轴的惯性积不同，但是在通过任意点 O 的所有正交坐标轴中，总可以找到一对特殊的正交坐标轴 z_0、y_0 称为过 O 点的主惯性轴，简称主轴。截面对主轴的惯性矩称为主惯性矩。

过图形上任一点都可得到一对主轴，通过截面图形形心的主惯性轴，称为形心主轴，图形对形心主轴的惯性矩称为形心主惯性矩。在对构件进行强度、刚度和稳定的计算中，常常需要确定形心主轴和计算形心主惯性矩。因此，确定形心主轴的位置是十分重要的。由于图形对包括其对称轴在内的一对正交坐标轴的惯性积等于零，所以对于图 6-19 所示具有对称轴的截面图形，可根据图形具有对称轴的情况，确定形心主轴的位置。

(1) 如果图形有一根对称轴，则此轴必定是形心主轴，而另一根形心主轴通过形心，并与对称轴垂直［图 6-19（b）、（d）］。

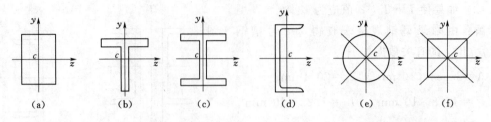

图 6 - 19

（2）如果图形有两根对称轴，则该两轴都为形心主轴［图 6 - 19（a）、（c）］。

（3）如果图形具有三根或更多根对称轴，可以证明，过图形形心的任何轴都是形心主轴，且图形对其任一形心主轴的惯性矩都相等［图 6 - 19（e）、（f）］。

小　结

本项目主要研究面积矩和惯性矩的计算，两者都是与图形的形状、大小有关的几何量。本项目研究的内容是为后面研究其他相关内容做的准备工作。

一、面积矩、极惯性矩、惯性矩和惯性积的定义和性质

（1）面积矩为　　　　$S_z = \int_A y \, dA$ 　　　　$S_y = \int_A z \, dA$

（2）极惯性矩为　　　$I_\rho = \int_A \rho^2 \, dA$

（3）惯性矩为　　　　$I_z = \int_A y^2 \, dA$ 　　　　$I_y = \int_A z^2 \, dA$

（4）惯性积为　　　　$I_{yz} = \int_A yz \, dA$

面积矩和惯性矩都是对一个坐标轴而言的，对于不同的坐标轴，它们的数值是不同的。面积矩可正、可负、可为零，而惯性矩恒为正值。

极惯性矩是对一个坐标原点而言的，对于不同坐标原点，其数值是不同的。极惯性矩恒为正值。

惯性积是对两个正交的坐标轴而言的。惯性积可正、可负、可为零。

二、面积矩与形心坐标的关系

简单图形为　　　　　　$S_z = \int_A y \, dA = A y_C$ 　　或　　$y_C = \dfrac{S_z}{A}$

组合图形为　　　　　　$S_z = \sum_{i=1}^{n} A_i y_{iC} = A y_C$ 　　或　　$y_C = \dfrac{\sum\limits_{i=1}^{n} A_i y_{iC}}{A}$

当坐标轴通过图形的形心轴时，静矩为零；反之，若截面对某轴的面积矩等于零，则该轴必定为形心轴。

三、极惯性矩、惯性矩的计算

（1）简单图形：按定义通过积分计算或查表 6 - 2。

（2）组合图形：利用简单图形的已知结果，通过平行移轴公式来计算组合图形的惯性

矩。其计算式为

$$I_z = \sum_{i=1}^{n} I_{zi} = \sum_{i=1}^{n} (I_{zic} + a_i^2 A_i) = \sum_{i=1}^{n} I_{zic} + \sum_{i=1}^{n} a_i^2 A_i$$

$$I_y = \sum_{i=1}^{n} I_{yi} = \sum_{i=1}^{n} (I_{yic} + b_i^2 A_i) = \sum_{i=1}^{n} I_{yic} + \sum_{i=1}^{n} b_i^2 A_i$$

熟记矩形、圆形和圆环的惯性矩，即

矩形 $$I_z = \frac{bh^3}{12}$$

圆形 $$I_z = \frac{\pi D^4}{64}$$

圆环 $$I_z = \frac{\pi D^4}{64}(1 - \alpha^4)$$

知 识 技 能 训 练

一、填空题

1. 当一物体改变它在空间的方位时，其重心的位置是_____的。

2. 均质物体的几何中心就相当于物体的_____。

3. 均质物体若具有两根对称轴，则它的重心必然在这两根对称轴的_____上。

4. 具有对称轴的截面图形，其形心必在_____轴上，截面对该轴的静矩为_____。

5. 截面图形对一点的极惯性矩，等于截面对通过该点的任意两正交坐标轴的_____之和。

6. 若坐标 y 或 z 中有一个为截面图形的对称轴，则其惯性积 I_{yz} 恒等于_____。

7. 使截面图形的惯性积为零的一对坐标轴称为_____，若其中一轴过截面形心称为_____，截面对该轴的惯性矩称为_____。

8. 组合图形对某轴的惯性矩，等于组成组合图形的_____对同一轴的惯性矩的和。

二、选择题

1. 杆的一端粗一端细，通过重心沿垂直于杆轴线的方向将其切成两段，两段重量（   ）。

A. 相等　　　　B. 不相等　　　　C. 不一定相等

2. 下面说法正确的是（   ）。

A. 物体的重心一定在物体上

B. 物体的重心就是其形心

C. 具有对称轴的物体，重心必在对称轴上

D. 物体越重，重心越低

3. 对于某个平面图形，以下结论正确的是（   ）。

A. 图形对某一轴的惯性矩可以为零

B. 图形若有两根对称轴，该两对称轴的交点必为形心

C. 对于图形的对称轴，惯性矩必为零

D. 若图形对某轴的惯性矩等于零，则该轴必为对称轴

4. 圆形截面对其形心轴的惯性矩是（　　）。

A. $\pi d^2/4$　　B. $\pi d^4/32$　　C. $\pi d^3/16$　　D. $\pi d^4/64$

5. 图 6-20 所示矩形截面对 z 轴的惯性矩为（　　），对 y 轴的惯性矩为（　　）。

A. $bh^2/12$，$bh^4/6$　　　　　B. $bh^3/3$，$hb^3/12$

C. $hb^3/12$，$hb^4/3$　　　　　D. $hb^4/6$，$hb^3/12$

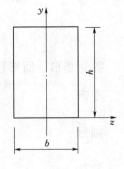

图 6-20

三、计算题

1. 试求图 6-21 所示平面图形的形心（除图上有注明尺寸单位外，其他尺寸单位是 mm）。

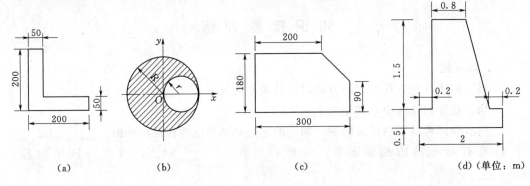

(a)　　　　　　　(b)　　　　　　　(c)　　　　　　(d)（单位：m）

图 6-21

2. 求图 6-22 平面桁架的重心，桁架中各杆每米长均等重。

3. 求图 6-23 混凝土基础的重心位置（图中尺寸单位是 m）。

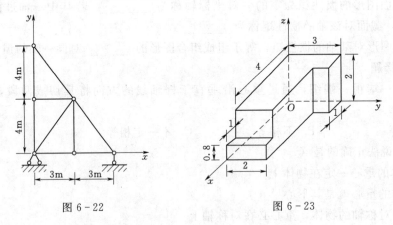

图 6-22　　　　　　　　　　图 6-23

4. 试求图 6-24 中各图形对 z 轴的面积矩。

5. 图 6-25 所示⊥形截面，图中尺寸单位为 m。试求：

(1) 形心 c 的位置；

(2) 阴影部分对 z 轴的面积矩。

6. 求图 6-26 两截面对形心主轴 z 的惯性矩。

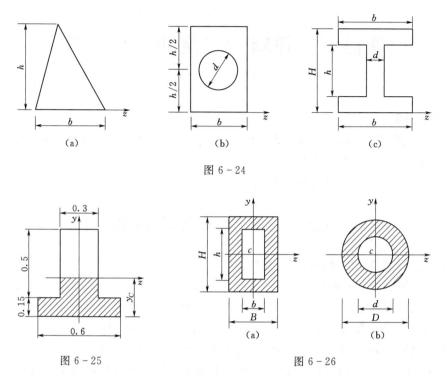

图 6-24

图 6-25

图 6-26

7. 试计算图 6-27 所示组合截面对形心轴 y、z 的惯性矩。图中尺寸单位为 m。

8. 试求图 6-28 所示截面对形心轴 z 的惯性矩。图中尺寸单位为 mm。

9. 图 6-29 为由两个 18a 号槽钢组成的组合截面，欲使截面对两个对称轴 z、y 的惯性矩相等，问两根槽钢的间距 a 应为多少？

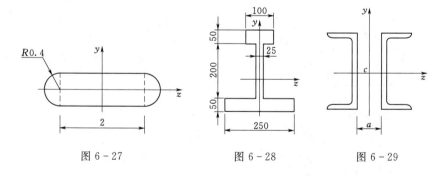

图 6-27

图 6-28

图 6-29

项目七　扭转的强度和刚度计算

【学习目标】
- 掌握薄壁圆筒扭转时横截面上的切应力、切应力互等定理，剪切胡克定律。
- 掌握圆轴扭转时的应力和变形。
- 了解圆轴扭转时的强度和刚度计算。

任务一　薄壁圆筒的扭转

一、薄壁圆筒扭转时横截面上的切应力

为了说明圆轴扭转时横截面上的应力及其分布规律，我们可进行一次扭转试验。取一实心圆杆，在其表面上画一系列与轴线平行的纵线和一系列表示圆轴横截面的圆环线，将圆轴的表面划分为许多的小矩形，如图 7-1 所示。若在圆轴的两端加上一对大小相等、转向相反、其矩为 m 的外力偶，使圆轴发生扭转变形。当扭转变形很小时，我们就可以观察到如图 7-1（b）所示的变形情况：①虽然圆轴变形后，所有与轴线平行的纵向线都被扭成螺旋线，但对于整个圆轴而言，它的尺寸和形状基本上没有变动；②原来画好的圆环线仍然保持为垂直于轴线的圆环线，各圆环线的间距也没有改变，各圆环线所代表的横截面都好像是"刚性圆盘"一样，只是在自己原有的平面内绕轴线旋转了一个角度；③各纵向线都倾斜了相同的角度 γ，原来轴上的小方格变成平行四边形。

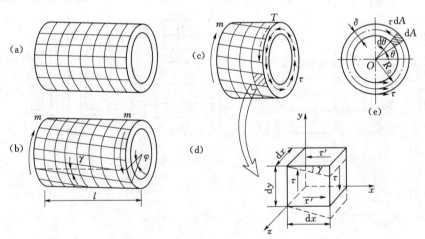

图 7-1

由此说明，圆筒横截面及含轴线的纵向截面上均没有正应力，则横截面上只有切于截面的切应力 τ。因为薄壁的厚度 δ 很小，所以可以认为切应力沿壁厚方向均匀分布，如图

116

7-1（e）所示。

由

$$\sum m_x = 0, \int_0^{2\pi} \tau R_0^2 \delta d\theta - m = 0$$

解得

$$\tau = \frac{m}{2\pi R_0^2 \delta} \qquad (7-1)$$

式中：R_0 为圆筒的平均半径。

扭转角 φ 与切应变 γ 的关系，由图7-1（b）有

$$R\varphi \approx l\gamma$$

即

$$\gamma = R\frac{\varphi}{l} \qquad (7-2)$$

二、切应力互等定理

用相邻的两个横截面、两个径向截面及两个圆柱面，从圆筒中取出边长分别为 dx、dy、dz 的单元体 [图7-1（d）]，单元体左、右两侧面是横截面的一部分，则其上作用有等值、反向的切应力 τ，其组成一个力偶矩为 $(\tau dz dy)dx$ 的力偶。则单元体上、下面上的切应力 τ' 必组成一等值、反向的力偶与其平衡。

由

$$\sum m = 0, (\tau' dz dx)dy - (\tau dz dy)dx = 0$$

解得

$$\tau = \tau'$$

上式表明：**在互相垂直的两个平面上，切应力总是成对存在，且数值相等；两者均垂直两个平面交线，方向则同时指向或同时背离这一交线。** 如图7-1（d）所示的单元体的四个侧面上，只有切应力而没有正应力作用，这种情况称为**纯剪切**。

三、剪切胡克定律

通过薄壁圆筒扭转试验可得逐渐增加的外力偶矩 m 与扭转角 φ 的对应关系，然后由式（7-1）和式（7-2）得一系列的 τ 与 γ 的对应值，便可作出图7-2所示的 $\tau-\gamma$ 曲线（由低碳钢材料得出的）。在 $\tau-\gamma$ 曲线中 OA 为一直线，表明 $\tau \leqslant \tau_p$（剪切比例极限）时，$\tau \propto \gamma$，这就是**剪切胡克定律**，即

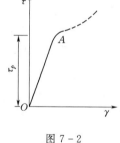

图 7-2

$$\tau = G\gamma \qquad (7-3)$$

式中：G 为比例系数，称为剪切弹性模量。

对于各向同性材料，理论分析和实验结果均表明，材料的三个弹性常数——弹性模量 E，剪切弹性模量 G（表7-1）以及泊松比 ν 中，只有两个是独立的，它们之间满足如下关系：

$$G = \frac{E}{2(1+\nu)}$$

表 7-1　　　　　　　　　　　　材料的剪切弹性模量 G

材料名称	低碳钢	合金钢	灰铸铁	铜及其合金	橡胶	木材（顺纹）
G/GPa	78.5~79.5	79.5	44.1	39.2~45.1	0.47	0.055

任务二 圆轴扭转时的应力和变形

一、圆轴扭转时的应力

由图 7-3 可知，圆轴与薄壁圆筒的扭转变形相同。由此作出圆轴扭转变形的平面假设：圆轴变形后其横截面仍保持为平面，其大小及相邻两横截面间的距离不变，且半径仍为直线。按照该假设，圆轴扭转变形时，其横截面就像刚性平面一样，绕轴线转了一个角度。

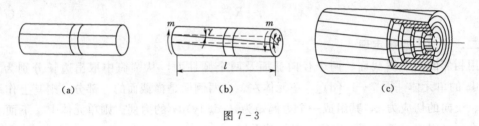

图 7-3

1. 变形几何关系

从圆轴中取出长为 dx 的微段 [图 7-4 (a)]，截面 $n—n$ 相对于截面 $m—m$ 绕轴转了 $d\varphi$ 角，半径 O_2C 转至 O_2C' 位置。若将圆周看成由无数薄壁圆筒组成，则在此微段中，组成圆轴的所有圆筒的扭转角 $d\varphi$ 均相同。设其中任意圆筒的半径为 ρ，且应变为 γ_ρ [图7-4(b)]，由式（7-2）有

$$\gamma_\rho = \rho \frac{d\varphi}{dx} = \rho\theta \tag{7-4}$$

式中：θ 为沿轴线方向单位长度的扭转角。对一个给定的截面 θ 为常数。显然 γ_ρ 发生在垂直于 O_2H 半径的平面内。

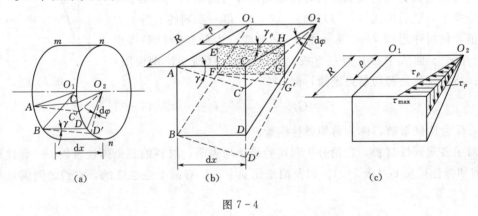

图 7-4

2. 物理关系

以 τ_ρ 表示横截面上距圆心为 ρ 处的切应力，由式（7-3），有

$$\tau_\rho = G\gamma_\rho$$

将式（7-4）代入上式，得

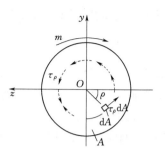

图 7 - 5

$$\tau_\rho = G\rho \frac{\mathrm{d}\varphi}{\mathrm{d}x} = G\rho\theta \qquad (7-5)$$

式（7-5）表明，横截面上任意点的切应力 τ_ρ 与该点到圆心的距离 ρ 成正比。因为 γ_ρ 发生在垂直于半径的平面内，所以 τ_ρ 也与半径垂直，切应力在纵、横截面上沿半径分布如图 7-4（c）所示。

3. 静力学关系

在横截面上距圆心为 ρ 处取一微面积 $\mathrm{d}A$（图 7-5），其上内力 $\tau_\rho\mathrm{d}A$ 对 x 轴之矩为 $\tau_\rho\mathrm{d}A\rho$，所有内力矩的总和即为截面上的扭矩

$$M_x = \int_A \rho\tau_\rho\mathrm{d}A \qquad (7-6)$$

将式（7-4）代入式（7-6），得

$$M_x = G\theta\int_A \rho^2\mathrm{d}A = G\theta I_\rho \qquad (7-7)$$

式中：I_ρ 为横截面对点 O 的极惯性矩。

由式（7-7）可得单位长度扭转角为

$$\theta = \frac{M_x}{GI_\rho} \qquad (7-8)$$

将式（7-8）代入式（7-5），得

$$\tau_\rho = \frac{M_x\rho}{I_\rho} \qquad (7-9)$$

这就是圆轴扭转时横截面上任意点的切应力公式。

在圆截面边缘上，ρ 的最大值为 R，则最大切应力为

$$\tau_{\max} = \frac{M_xR}{I_\rho}$$

令 $W_\rho = I_\rho/R$，则上式可写为

$$\tau_{\max} = \frac{M_x}{W_n} \qquad (7-10)$$

式中 W_ρ 仅与截面的几何尺寸有关，称为抗扭截面模量。若截面是直径为 d 的圆形，则

$$W_\rho = \frac{I_\rho}{d/2} = \frac{\pi d^3}{16}$$

若截面是外径为 D、内径为 d 的空心圆形，则

$$W_\rho = \frac{I_\rho}{D/2} = \frac{\pi D^3}{16}\left[1 - \left(\frac{d}{D}\right)^4\right]$$

注意：式（7-4）、式（7-5）和式（7-6）是在材料符合胡克定律的前提下推导出来的，因此这些公式只能是等直圆杆在线弹性范围内扭转时使用。

二、圆轴扭转时的变形

圆轴扭转时两个横截面相对转动的角度 φ 即为圆轴的扭转变形，φ 称为扭转角。由数

学推导可得扭转角 φ 的计算公式为

$$\varphi = \frac{M_x L}{GI_\rho} \tag{7-11}$$

式中：φ 为扭转角，rad；M_x 为某段轴的扭矩，N·m；L 为相应两横界面间的距离，m；G 为轴材料的切变量模量，GPa；I_ρ 为横截面间的极惯性矩，m⁴。

式中的 GI_ρ 反映了材料及轴的截面形状和尺寸对弹性扭转变形的影响，称为圆轴的"抗扭刚度"。抗扭刚度 GI_ρ 越大，相对扭转角 φ 就越小。

任务三　圆轴扭转时的强度和刚度计算

一、圆轴扭转时的强度计算

为了保证受扭圆轴能正常工作，不会因强度不足而破坏，其强度条件为：最大工作剪应力 τ_{max} 不超过材料的许用剪应力 $[\tau]$，即 $\tau_{max} \leqslant [\tau]$。从轴的受力情况或由扭矩图可确定最大扭矩 $M_{x max}$，最大剪应力 τ_{max} 就发生于 $M_{x max}$ 所在截面的周边各点处。

$$\tau_{max} = \frac{M_x}{W_\rho} \leqslant [\tau] \tag{7-12}$$

对阶梯轴来说，各段的抗扭截面模量 W_ρ 不同，因此要确定其最大工作剪应力 τ_{max}，必须综合考虑扭矩 M_x 和抗扭截面模量 W_ρ 两种因素。

在静载荷的情况下，扭转许用剪应力 $[\tau]$ 与许用拉应力 $[\sigma]$ 之间有如下关系：

对塑性材料　　　　　　$[\tau] = (0.5 \sim 0.6)[\sigma]$

对脆性材料　　　　　　$[\tau] = (0.8 \sim 1.0)[\sigma]$

由于扭转轴所受载荷多为动载荷，因此所取 $[\tau]$ 值应比上述许用剪应力值还要低些。

二、圆轴扭转时的刚度计算

在机械设计中，为使轴能正常工作，除了满足强度要求外，往往还要考虑它的变形情况。例如车床的丝杠，扭转变形过大，会影响螺纹的加工精度；镗床的主轴扭转变形过大，将会产生剧烈的振动而影响加工精度；发动机的凸轮轴，扭转变形过大，会影响气门启闭时间的准确性等。所以，轴还应该满足刚度要求。

为了保证轴的刚度，工程上规定单位长度扭转角不得超过规定的许用扭转角。故轴的刚度条件可表示为

$$\theta_{max} = \frac{M_{x max}}{GI_\rho} \leqslant [\theta] \tag{7-13}$$

在工程中，$[\theta]$ 的单位习惯上用 °/m。故把式（7-13）中的弧度换算为度，得

$$\theta_{max} = \frac{M_x}{GI_\rho} \times \frac{180}{\pi} \leqslant [\theta] \tag{7-14}$$

【例 7-1】　阶梯轴 AB 如图所示，AC 段直径 $d_1 = 40$mm，CB 段直径 $d_2 = 70$mm，外力偶矩 $M_B = 1500$N·m，$M_A = 600$N·m，$M_C = 900$N·m，$G = 80$GPa，$[\tau] = 60$MPa，$[\theta] = 2$(°/m)。试校核该轴的强度和刚度。

解：（1）画出扭矩图如图 7-6 所示。

$T_1 = 600$N·m，$T_2 = 1500$N·m。

（2）校核强度。

AC 段：$\tau_{max}=\dfrac{T_1}{W_{\rho 1}}=\dfrac{600}{\dfrac{\pi}{16}\times 0.04^3}$

$=47.7\text{MPa}\leqslant[\tau]=60(\text{MPa})$

CB 段：$\tau_{max}=\dfrac{T_2}{W_{\rho 2}}=\dfrac{1500}{\dfrac{\pi}{16}\times 0.07^3}$

$=22.3\text{MPa}\leqslant[\tau]=60(\text{MPa})$

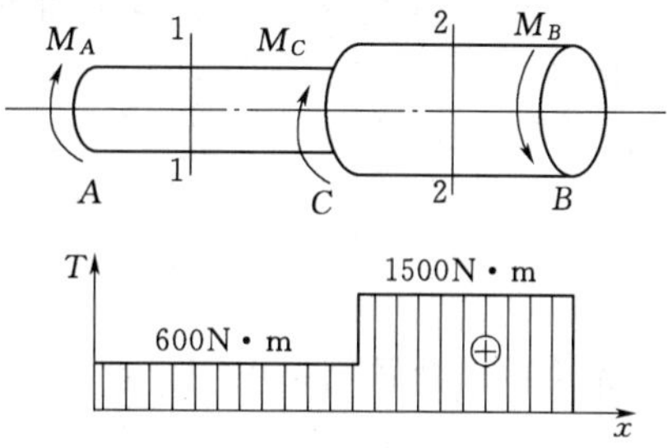

图 7-6

AC 段、CB 段强度都满足。

（3）校核刚度。

$$I_{\rho 1}=\frac{\pi d_1^4}{32}=\frac{\pi\times 0.04^4}{32}=2.51\times 10^{-7}\text{m}^4,\ I_{\rho 2}=\frac{\pi d_2^4}{32}=\frac{\pi\times 0.07^4}{32}=2.36\times 10^{-6}\text{m}^4$$

AC 段：$\theta_{max1}=\dfrac{T_1}{GI_{\rho 1}}\times\dfrac{180}{\pi}=\dfrac{600}{80\times 10^9\times 2.51\times 10^{-7}}\times\dfrac{180}{\pi}=1.71(°/\text{m})\leqslant[\theta]=2°/\text{m}$

CB 段：$\theta_{max2}=\dfrac{T_2}{GI_{\rho 2}}\times\dfrac{180}{\pi}=\dfrac{1500}{80\times 10^9\times 2.36\times 10^{-6}}\times\dfrac{180}{\pi}=0.46(°/\text{m})\leqslant[\theta]=2°/\text{m}$

AC 段、CB 段刚度都满足。

【例 7-2】 汽车的主传动轴，由 45 号钢的无缝钢管制成，外径 $D=90\text{mm}$，壁厚 $\delta=2.5\text{mm}$，工作时的最大扭矩 $T=1.5\text{N}\cdot\text{m}$，若材料的许用切应力 $[\tau]=60\text{MPa}$，试校核该轴的强度。

解：（1）计算抗扭截面系数。

主传动轴的内外径之比

$$\alpha=\frac{d}{D}=\frac{90-2\times 2.5}{90}=0.944$$

抗扭截面系数为

$$W_\rho=\frac{\pi D^3}{16}(1-\alpha^4)=\frac{\pi\times(90)^3}{16}(1-0.944^4)=295\times 10^2(\text{mm}^3)$$

（2）计算轴的最大切应力。

$$\tau_{max}=\frac{T}{W_\rho}=\frac{1.5\times 10^3\text{N}\cdot\text{mm}}{295\times 10^2\text{mm}^3}=50.8\text{MPa}$$

（3）强度校核。

$\tau_{max}=50.8\text{MPa}<[\tau]$，所以主传动轴安全。

【例 7-3】 如把例 7-2 中的汽车主传动轴改为实心轴，要求它与原来的空心轴强度相同，试确定实心轴的直径，并比较空心轴和实心轴的重量。

解：（1）求实心轴的直径，要求强度相同，即实心轴的最大切应力也为 51MPa，即

$$\tau=\frac{T}{W_\rho}=\frac{1.5\times 10^3\text{N}\cdot\text{mm}}{\dfrac{\pi D_1^3}{16}}=51\text{MPa}$$

$$D_1=\sqrt[3]{\frac{16\times 1.5\times 10^3\text{N}\cdot\text{mm}}{\pi\times 51\text{MPa}}}=53.1\text{m}$$

（2）在两轴长度相等、材料相同的情况下，两轴重量之比等于两轴横截面面积之比，即

$$\frac{A_{空}}{A_{实}}=\frac{\frac{\pi}{4}(D^2-d^2)}{\frac{\pi}{4}D_1^2}=\frac{90^2-85^2}{53.1^2}=0.31$$

讨论： 由此题结果表明，在其他条件相同的情况下，空心轴的重量只是实心轴重量的31%，其节省材料是非常明显的。这是由于实心圆轴横截面上的切应力沿半径呈线性规律分布，圆心附近的应力很小，这部分材料没有充分发挥作用，若把轴心附近的材料向边缘移置，使其成为空心轴，就会增大 I_ρ 或 W_ρ，从而提高了轴的强度。然而，空心轴的壁厚也不能过薄，否则会发生局部皱折而丧失其承载能力（即丧失稳定性）。

小　　结

一、圆轴扭转时横截面上的应力

圆轴扭转时横截面上只产生剪应力 τ，其大小沿半径线性分布，圆心处为零、边缘处最大，方向垂直于半径而与截面上的扭矩转向一致。圆轴扭转时横截面上的剪应力计算公式为

$$\tau_\rho=\frac{M_x\rho}{I_\rho}, \quad \tau_{\max}=\frac{M_{x\max}}{W_\rho}$$

二、极惯性矩和抗扭截面模量

I_ρ、W_ρ 分别为横截面的极惯性矩和抗扭截面模量。

对实心圆轴 D

$$I_\rho=\frac{\pi D^4}{32}, \quad W_\rho=\frac{\pi D^3}{16}$$

对外径为 D、内径为 d 的空心圆轴

$$I_\rho=\frac{\pi D^4}{32}(1-\alpha^4), \quad W_\rho=\frac{\pi D^3}{16}(1-\alpha^4)$$

三、圆轴扭转时的强度计算

圆轴扭转时的强度条件为

$$\tau_{\max}=\frac{M_{x\max}}{W_\rho}\leqslant[\tau]$$

应用该强度条件可解决圆轴扭转时如下三类强度问题：①强度校核；②设计截面；③确定许可荷载。

四、圆轴扭转时的刚度计算

圆轴扭转时，横截面产生绕轴线的相对转动，相邻两截面的扭转角为

$$\varphi=\frac{M_xL}{GI_\rho}$$

而刚度条件为

$$\theta_{\max} = \frac{M_{x\max}}{GI_{\rho}} \times \frac{180}{\pi} \leqslant [\theta] (°/\mathrm{m})$$

应用该刚度条件可校核圆轴扭转时是否满足刚度要求。

知 识 技 能 训 练

一、计算题

1. 图 7-7 所示圆截面轴，AB 段与 BC 段的直径分别为 d_1 与 d_2，且 $d_1 = 4d_2/3$，材料的切变模量为 G，（1）试求轴内的最大切应力与截面 C 的转角，并画出轴表面母线的位移情况。（2）若扭力偶矩 $M=1\mathrm{kN} \cdot \mathrm{m}$，许用切应力 $[\tau]=80\mathrm{MPa}$，单位长度的许用扭转角 $[\theta]=0.5(°/\mathrm{m})$，切变模量 $G=80\mathrm{GPa}$，试确定轴径。

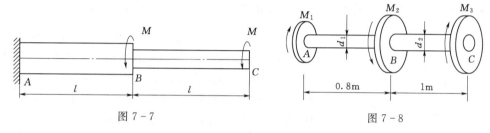

图 7-7   图 7-8

2. 图 7-8 为阶梯轴，AB 段的直径 $d_1 = 4\mathrm{cm}$，BC 段的直径 $d_2 = 7\mathrm{cm}$，外力偶矩 $M_1 = 0.8\mathrm{kN} \cdot \mathrm{m}$，$M_3 = 1.5\mathrm{kN} \cdot \mathrm{m}$，已知材料的剪切弹性模量 $G=80\mathrm{GPa}$，试计算 ϕ_{AC} 和最大的单位长度扭转角 $\theta_{\max}$。

3. 实心轴如图 7-9 所示，已知该轴转速 $n=300\mathrm{r/min}$，主动轮输入功率 $P_C=40\mathrm{kW}$，从动轮的输出功率分别为 $P_A=10\mathrm{kW}$，$P_B=12\mathrm{kW}$，$P_D=18\mathrm{kW}$。材料的剪切弹性模量 $G=80\mathrm{GPa}$，若 $[\tau]=50\mathrm{MPa}$，$[\theta]=0.3(°/\mathrm{m})$，试按强度条件和刚度条件设计此轴的直径。

4. 一内径 $d=100\mathrm{mm}$ 的空心圆轴如图 7-10 所示，已知圆轴受扭矩 $T=5\mathrm{kN} \cdot \mathrm{m}$，许用切应力 $[\tau]=80\mathrm{MPa}$，试确定空心圆轴的壁厚 δ。

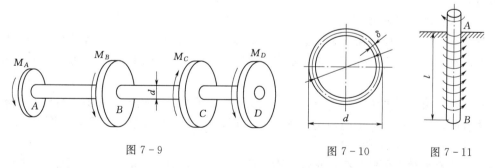

图 7-9   图 7-10   图 7-11

5. 已知钻探机杆的外径 $D=60\mathrm{mm}$，内径 $d=50\mathrm{mm}$，功率 $P=7.46\mathrm{kW}$，转速 $n=180\mathrm{r/min}$，如图 7-11 所示，钻杆入土深度 $l=40\mathrm{m}$，$G=80\mathrm{GPa}$，$[\tau]=40\mathrm{MPa}$。设土壤对钻杆的阻力是沿长度均匀分布的，试求：（1）单位长度上土壤对钻杆的阻力矩 M；（2）作钻杆的扭矩图，并进行强度校核；（3）求 A、B 两截面相对扭转角。

项目八　梁弯曲的强度和刚度计算

【学习目标】
- 了解梁弯曲时的挠度和转角等概念。
- 了解用积分法和叠加法求梁的挠度和转角、梁弯曲时的变形和刚度计算。
- 理解提高梁弯曲强度的措施。
- 熟悉梁弯曲时横截面上的正应力及剪应力计算公式。
- 掌握梁弯曲时的强度条件，并能利用强度条件进行强度计算。

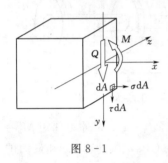

图 8 - 1

一般情况下，梁的横截面上既有剪力 Q 又有弯矩 M。由图 8 - 1 可知，梁横截面上的剪力 Q 应由截面上的微内力 τdA 组成；而弯矩 M 应由微内力 σdA 对 z 轴之矩组成。因此，当梁的横截面上同时有弯矩和剪力时，横截面上各点也就同时有正应力 σ 和剪应力 τ。本项目主要研究等直梁在平面弯曲时，其横截面上这两种应力的分布规律、计算公式及相应的强度和刚度计算。

任务一　梁横截面上的正应力

平面弯曲时，如果某段梁各横截面上只有弯矩而没有剪力，这种平面弯曲称为**纯弯曲**。如果某段梁各横截面上不仅有弯矩而且有剪力，此段梁在发生弯曲变形的同时，还伴有剪切变形，这种平面弯曲称为**横力弯曲**或**剪切弯曲**。下面以矩形截面梁为例，研究纯弯曲梁横截面上的正应力。

一、试验观察与分析

梁纯弯曲时其正应力在横截面上的分布规律不能直接观察到，需要先研究梁的变形情况。通过对变形的观察、分析，找出它的分布规律，在此基础上进一步找出应力的分布规律。

矩形截面模型梁如图8 - 2（a）所示，试验前在其表面画一些与梁轴平行的纵线和与纵线垂直的横线，然后在梁的两端施加一对力偶，梁将发生纯弯曲变形，如图 8 - 2（b）所示。这时可观察到如下现象：

（1）所有纵线都弯成曲线，靠近底面（凸边）的纵线伸长了，而靠近顶面（凹边）的纵线缩短了。

（2）所有横线仍保持为直线，只是相互倾斜了一个角度，但仍与弯曲的纵线相垂直。

（3）矩形截面的上部变宽，下部变窄。

根据上面所观察到的现象，推测梁的内部变形，可作出如下的假设和推断：

（1）平面假设。在纯弯曲时，梁的横截面在梁弯曲后仍保持为平面，且仍垂直于弯曲后的梁轴线。

（2）单向受力假设。将梁看成由无数根纵向纤维组成，各纤维只受到轴向拉伸或压缩，不存在相互挤压。

由平面假设知，梁变形后各横截面仍保持与纵线正交，所以剪应力变为零。由应力与应变的相应关系知，纯弯曲梁段无剪应力存在。

上部的纵线缩短、截面变宽，表示上部各根纤维受压缩；下部的纵线伸长、截面变窄，表示下部各根纤维受拉伸。从上部各层纤维缩短到下部各层纤维伸长的连续变化中，中间必有一层长度不变的过渡层称为**中性层**。中性层与横截面的交线称为**中性轴**，见图8-2（c）。中性轴将横截面分为受压和受拉两个区域。

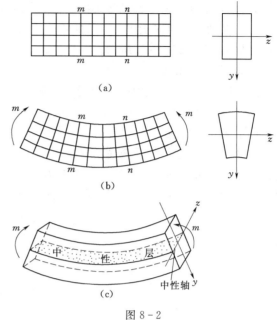

图 8-2

二、正应力计算公式

公式的推导思路是：先找出线应变 ε 的变化规律，然后通过胡克定律建立起正应力与线应变关系，再由静力平衡条件把正应力与弯矩联系起来，从而导出正应力的计算公式。

（一）变形几何关系

根据平面假设可知，纵向纤维的伸长或缩短是横截面绕中性轴转动的结果。为求任意一根纤维的线应变，用相邻两横截面 m—m 和 n—n 从梁上截出一长为 $\mathrm{d}x$ 的微段，如图8-3所示。设 o_1o_2 为中性层（它的具体位置还不知道），两相邻横截面 m—m 和 n—n 转动后延长相交于 o 点，o 点为中性层的曲率中心。中性层的曲率半径用 ρ 表示，两个截面间的夹角以 $\mathrm{d}\theta$ 表示。现求距中性层为 y 处的纵向纤维 ab 的线应变。

纤维 ab 的原长 $\overline{ab}=\mathrm{d}x=o_1o_2=\rho\mathrm{d}\theta$，变形后的长度为 $\widehat{a_1b_1}=(\rho+y)\mathrm{d}\theta$，故纤维 ab 的线应变为

$$\varepsilon=\frac{\widehat{a_1b_1}-\overline{ab}}{\overline{ab}}=\frac{(\rho+y)\mathrm{d}\theta-\rho\mathrm{d}\theta}{\rho\mathrm{d}\theta}=\frac{y}{\rho} \tag{a}$$

对于确定的截面来说，ρ 是常量。所以，各层纤维的应变与它到中性层的距离成正比，并且梁越弯（即曲率 $1/\rho$ 越大），同一位置的线应变也越大。

（二）物理关系

由于假设纵向纤维只受单向拉伸或压缩，在正应力不超过比例极限时，由胡克定律得

$$\sigma=E\varepsilon=E\cdot\frac{y}{\rho} \tag{b}$$

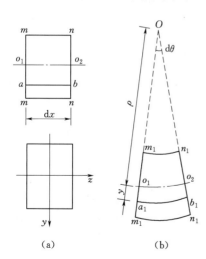

图 8-3

式（b）表明：距中性轴等远的各点正应力相同，并且横截面上任一点处的正应力与该点到中性轴的距离成正比。即弯曲正应力沿截面高度按线性规律分布，中性轴上各点的正应力均为零。如图 8 - 4 所示。

（三）静力学关系

式（b）只给出正应力的分布规律，还不能用来计算正应力的数值。因为中性轴的位置尚未确定，曲率半径 ρ 的大小也不知道。这些问题将通过研究横截面上分布内力与总内力之间的关系来解决。

如图 8 - 5 所示，在横截面上取微面积 dA，其形心坐标为 z、y，微面积上的法向内力可认为是均匀分布的，其集度（即正应力）用 σ 来表示。则微面积上的合力为 σdA，整个横截面上的法向微内力可组成下列三个内力分量

$$N = \int_A \sigma dA$$

$$M_y = \int_A z\sigma dA$$

$$M_z = \int_A y\sigma dA$$

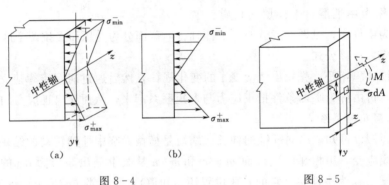

图 8 - 4　　　　　　　　　图 8 - 5

由于横截面上只有绕中性轴转动的弯矩 M_z，所以整个横截面法向微内力合成的轴力 N 和力偶矩 M_y 应为零。于是有

$$N = \int_A \sigma dA = 0 \tag{c}$$

$$M_y = \int_A z\sigma dA = 0 \tag{d}$$

$$M_z = \int_A y\sigma dA \tag{e}$$

将式（b）代入式（c），得

$$\frac{E}{\rho}\int_A y dA = 0$$

由于 $\frac{E}{\rho} \neq 0$，所以一定有

$$\int_A y dA = 0$$

上式表明截面对中性轴的静矩等于零。由此可知，直梁弯曲时其中性轴 z 必定通过截

面的形心。

将式（b）代入式（d），得

$$\frac{E}{\rho}\int_A yz\,\mathrm{d}A = 0$$

因 $\frac{E}{\rho} \neq 0$，所以一定有

$$\int_A yz\,\mathrm{d}A = 0$$

上式表明截面对 y、z 轴惯性积 I_{zy} 等于零，所以 z、y 轴必为形心主轴。即中性轴通过截面形心，且为截面的形心主轴。

将式（b）代入式（e），得

$$M_z = \int_A \frac{E}{\rho} y^2\,\mathrm{d}A = \frac{E}{\rho}\int_A y^2\,\mathrm{d}A = \frac{E}{\rho}I_z$$

则

$$\frac{1}{\rho} = \frac{M_z}{EI_z} \qquad\qquad (8-1)$$

式（8-1）是计算梁变形的基本公式。由该式可知，曲率 $1/\rho$ 与 M_z 成正比，与 EI_z 成反比。这表明：梁在外力作用下，某截面的弯矩越大，该处梁的弯曲程度也就越大；而 EI_z 值越大，则梁越不易弯曲，故 EI_z 称为梁的**抗弯刚度**，其物理意义是表示梁抵抗弯曲变形的能力。

将式（8-1）代入式（b），便得纯弯曲梁横截面上任一点处正应力的计算公式为

$$\sigma = \frac{M_z y}{I_z} \qquad\qquad (8-2)$$

式（8-2）表明：梁横截面上任一点的正应力 σ 与该截面上的弯矩 M_z 和该点到中性轴 z 的距离 y 成正比，而与截面对中性轴的惯性矩 I_z 成反比。

计算时直接将 M 和 y 的绝对值代入公式，正应力的性质（拉或压）可由弯矩 M 的正负及所求点的位置来判断。当 M 为正时，中性轴以上各点为压应力，取负值；中性轴以下各点为

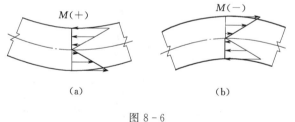

图 8-6

拉应力，取正值，见图 8-6（a）；当 M 为负时则相反，见图 8-6（b）。

三、正应力公式的使用条件

（1）由正应力计算公式的推导过程可知，它的适用条件是纯弯曲梁，且梁的最大正应力不超过材料的比例极限。

（2）工程上，横力弯曲是弯曲问题中最常见的情况。梁横截面上不仅有正应力还有剪应力。梁受载后，横截面将发生翘曲，平面假设不成立。但当梁跨度与横截面高度之比 l/h 大于 5 时，剪应力的存在对正应力的影响甚小，可以忽略不计。所以，式（8-2）在一般情况下也可用于横力弯曲时横截面正应力的计算。

（3）式（8-2）虽然是由矩形截面推导出来的，但对于横截面为其他对称形状的梁，如圆形、圆环形、工字形和 T 形截面等，在发生平面弯曲时，均适用。

【例8-1】　简支梁受均布荷载 q 作用，如图8-7所示。已知 $q=3.5$ kN/m，梁的跨度 $l=3$ m，截面为矩形，$b=120$ mm，$h=180$ mm。试求：C 截面上 a、b、c 三点处正应力以及梁的最大正应力 σ_{max} 及其位置。

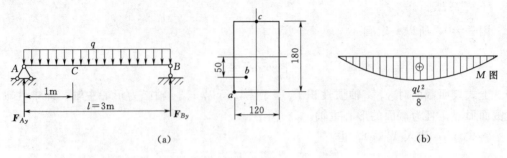

图8-7

解：（1）计算 C 截面的弯矩。因对称，梁的支座反力为

$$F_{Ay}=F_{By}=\frac{ql}{2}=\frac{3.5\times3}{2}=5.25(\text{kN})(\uparrow)$$

C 截面的弯矩为

$$M_C=F_{Ay}\times1-\frac{q\times1^2}{2}=5.25\times1-\frac{3.5\times1^2}{2}=3.5(\text{kN}\cdot\text{m})$$

（2）计算截面对中性轴 z 的惯性矩。

$$I_z=\frac{bh^3}{12}=\frac{1}{12}\times120\times180^3=58.3\times10^6(\text{mm}^4)$$

（3）计算各点的正应力。

$$\sigma_a=\frac{M_Cy_a}{I_z}=\frac{3.5\times10^6\times90}{58.3\times10^6}=5.4(\text{MPa})(\text{拉})$$

$$\sigma_b=\frac{M_Cy_b}{I_z}=\frac{3.5\times10^6\times50}{58.3\times10^6}=3(\text{MPa})(\text{拉})$$

$$\sigma_c=\frac{M_Cy_c}{I_z}=\frac{3.5\times10^6\times90}{58.3\times10^6}=5.4(\text{MPa})(\text{压})$$

（4）求梁最大正应力 σ_{max} 及其位置。由弯矩图可知，最大弯矩在跨中截面，其值为

$$M_{max}=\frac{ql^2}{8}=\frac{1}{8}\times3.5\times3^2=3.94(\text{kN}\cdot\text{m})$$

对等截面梁来说，梁的最大正应力应发生在 M_{max} 截面的上下边缘处。由梁的变形情况可以判定，最大拉应力发生在跨中截面的下边缘处；最大压应力发生在跨中截面的上边缘处。最大正应力的值为

$$\sigma_{max}=\frac{M_{max}y_{max}}{I_z}=\frac{3.94\times10^6\times90}{58.3\times10^6}=6.08(\text{MPa})$$

任务二　梁横截面上的剪应力

横力弯曲时，梁的横截面上既有弯矩又有剪力，因而在横截面上既有正应力又有剪应

力。由剪应力互等定理可知，在平行于中性层的纵向平面内，也有剪应力存在。如果剪应力的数值过大，而梁的材料抗剪强度不足，也会发生剪切破坏。任务二主要讨论矩形截面梁弯曲剪应力的计算公式，对其他截面梁弯曲剪应力只作简要介绍。

一、矩形截面梁横截面上的剪应力

（一）横截面上剪应力分布规律的假设

（1）横截面上各点处的剪应力方向都平行于剪力 Q。

（2）剪应力沿截面宽度均匀分布，即离中性轴等距离的各点处的剪应力相等。

（二）剪应力计算公式

从图 8-8（a）中梁截取 $\mathrm{d}x$ 小段，其受力如图 8-8（b）所示。为了确定截面上到中性轴距离为 y 处的剪应力，在该处取纵向截面 aa_1、bb_1，以下部为研究对象，根据剪应力互等定理，纵截面上也将产生剪应力，用 τ' 表示，如图 8-8（d）所示。用 N_1 和 N_2 分别代表左、右侧截面上法向分布内力的合力，$\mathrm{d}Q$ 代表顶面切向微内力 $\tau'\mathrm{d}A$ 组成的合力，则 N_1、N_2、$\mathrm{d}Q$ 分别为

$$N_1 = \int_{A^*} \sigma_1 \mathrm{d}A = \int_{A^*} \frac{M_z y_1}{I_z}\mathrm{d}A = \frac{M_z}{I_z}\int_{A^*} y_1 \mathrm{d}A \tag{f}$$

$$N_2 = \int_{A^*} \sigma_2 \mathrm{d}A = \int_{A^*} \frac{(M_z + \mathrm{d}M) y_1}{I_z}\mathrm{d}A = \frac{M_z + \mathrm{d}M}{I_z}\int_{A^*} y_1 \mathrm{d}A \tag{g}$$

$$\mathrm{d}Q = \tau' b \mathrm{d}x \tag{h}$$

由平衡方程 $\sum F_x = 0$ $\qquad\qquad N_2 - N_1 - \mathrm{d}Q = 0$

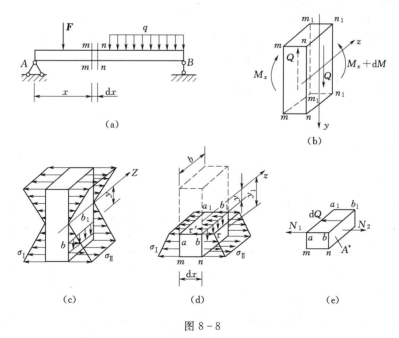

图 8-8

将式（f）、式（g）和式（h）代入上式，简化后得

$$\mathrm{d}Q = \tau' = \frac{\mathrm{d}M}{\mathrm{d}x} \cdot \frac{\displaystyle\int_{A^*} y_1 \mathrm{d}A}{I_z b}$$

式中：$\int_{A^*} y_1 \mathrm{d}A$ 为面积 A^* 对 z 轴的静矩，用 S_z 表示，并且 $\dfrac{\mathrm{d}M}{\mathrm{d}x}=Q$，$\tau=\tau'$，于是可得

$$\tau=\frac{QS_z}{I_z b} \tag{8-3}$$

式中：Q 为所求剪应力的点所在横截面上的剪力；b 为所求剪应力的点处的截面宽度；I_z 为整个截面对中性轴的惯性矩；S_z 为所求剪应力的点处横线以下（或以上）的面积 A^* 对中性轴的静矩。

式（8-3）就是矩形截面梁弯曲剪应力的计算公式。

下面讨论剪应力沿截面高度的分布规律。如图 8-9 所示，面积 A^* 对中性轴的静矩为

$$S_z = \int_{A^*} y_1 \mathrm{d}A = \int_y^{h/2} by_1 \mathrm{d}y_1 = \frac{b}{2}\left(\frac{h^2}{4} - y^2\right)$$

将上式及 $I_z = bh^3/12$ 代入式（8-3），可得

$$\tau = \frac{6Q}{bh^3}\left(\frac{h^2}{4} - y^2\right)$$

上式表明：剪应力沿截面高度按二次抛物线规律变化。当 $y=\pm h/2$ 时，$\tau=0$，即截面上下边缘处的剪应力为零。当 $y=0$ 时，$\tau=\tau_{\max}$，即中性轴上剪应力最大，其值为

$$\tau_{\max} = \frac{6Q}{bh^3}\cdot\frac{h^2}{4} = 1.5\frac{Q}{A} \tag{8-4}$$

即矩形截面上的最大剪应力为截面上平均剪应力的 1.5 倍。

二、其他截面梁的剪应力

（一）工字形截面及 T 形截面

工字形截面由腹板和上、下翼缘板组成，如图 8-10（a）所示，横截面上的剪力 Q 的绝大部分为腹板所承担。在上、下翼缘板上，也有平行于 Q 的剪应力分量数，但分布情况比较复杂，且数值较小，通常并不进行计算。

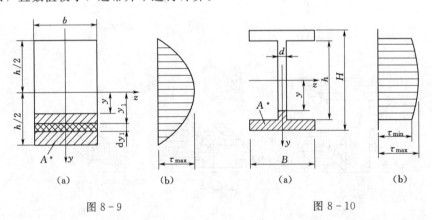

图 8-9   图 8-10

工字形截面腹板为一狭长的矩形，关于矩形截面上剪应力分布规律的两个假设仍然适用，所以腹板上的剪应力可用公式（8-3）计算，即

$$\tau = \frac{QS_z}{I_z d} \tag{8-5}$$

式中：d 为腹板的宽度；Q 为截面上的剪力；I_z 为工字形截面对中性轴的惯性矩；S_z 为过

欲求应力点的水平线与截面边缘间的面积 A^* 对中性轴的静矩。

剪应力沿腹板高度的分布规律如图 8-10（b）所示，仍是按抛物线规律分布，最大剪应力仍发生在截面的中性轴上，且腹板上的最大剪应力与最小剪应力相差不大。特别是当腹板的厚度比较小时，二者相差就更小。因此，当腹板的厚度很小时，常将横截面上的剪力 Q 除以腹板面积，近似地作为工字形截面梁的最大剪应力，即

$$\tau \approx \frac{Q}{hd} \tag{8-6}$$

工程中还会遇到 T 形截面，如图 8-11 所示。T 形截面是由两个矩形组成的。下面的窄长矩形仍可用矩形截面的剪应力公式计算，最大剪应力仍发生在截面的中性轴上。

（二）圆形及圆环形截面

对于圆形和圆环形截面，弯曲时最大剪应力仍发生在中性轴上（图 8-12），且沿中性轴均匀分布，其值为

圆形截面　　　　　　　　　　　$$\tau_{max} = \frac{4Q}{3A} \tag{8-7}$$

圆环形截面　　　　　　　　　　$$\tau_{max} = \frac{2Q}{A} \tag{8-8}$$

式中：Q 为截面上的剪力；A 为圆形或圆环形截面的面积。

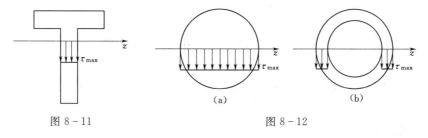

图 8-11　　　　　　　　　　　　图 8-12

【例 8-2】　工字钢梁如图 8-13 所示，工字钢型号为 56a。试求该梁的最大正应力和剪应力值以及所在的位置，并求最大剪力截面上腹板与翼缘交界处 b 点的剪应力值。截面尺寸单位为 mm。

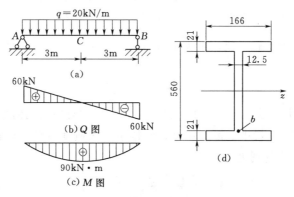

图 8-13

解：（1）确定最大正应力和最大剪应力的位置。作梁的弯矩、剪力图，由剪力图可知梁端处横截面上剪力最大，$Q_{max} = 60kN$，故最大剪应力发生在该两横截面的中性轴上。最

大正应力发生在弯矩最大的跨中横截面的上、下边缘处。

（2）计算最大正应力和最大剪应力。查型钢表得 56a 工字钢的 $S_{zmax} = 1368.8 \times 10^3\,mm^3$，$I_z = 65576 \times 10^4\,mm^4$，$d = 12.5mm$。截面上最大正应力和最大剪应力分别为

$$\sigma_{max} = \frac{M_{max}\,y_{max}}{I_z} = \frac{90 \times 10^6 \times 280}{65576 \times 10^4} = 38.43(MPa)$$

$$\tau_{max} = \frac{Q_{max}S_{zmax}}{I_z d} = \frac{60 \times 10^3 \times 1368.8 \times 10^3}{12.5 \times 65576 \times 10^4} = 10.02(MPa)$$

（3）计算 b 点处的剪应力 τ_b。

$$\tau_b = \frac{Q_{max}S_{zb}}{I_z d}$$

式中：S_{zb} 为过 b 点的横线与外缘轮廓线所围的面积（即翼缘的面积）对 z 轴的静矩（见图 8-13），计算如下：

$$S_{zb} = 166 \times 21 \times \left(\frac{560}{2} - \frac{21}{2}\right) = 939477(mm^3)$$

$$\tau_b = \frac{Q_{max}S_{zb}}{I_z d} = \frac{60 \times 10^3 \times 939477}{12.5 \times 65576 \times 10^4} = 6.88(MPa)$$

任务三 梁 的 强 度 计 算

有了应力公式后，便可以计算梁中的最大应力，建立应力强度条件，对梁进行强度计算。

一、最大应力

（一）最大正应力

在进行梁的正应力强度计算时，必须首先算出梁的最大正应力。最大正应力所在截面称为**危险截面**。对于等直梁，弯矩绝对值最大的截面就是危险截面。危险截面上最大正应力所在的点称为**危险点**，它在距中性轴最远的上、下边缘处。

对中性轴是截面对称轴的梁，最大正应力为 $\sigma_{max} = \dfrac{M_{max}\,y_{max}}{I_z}$，令 $W_z = \dfrac{I_z}{y_{max}}$，则

$$\sigma_{max} = \frac{M_{max}}{W_z} \tag{8-9}$$

式中：W_z 为抗弯截面系数，它是一个与截面形状、尺寸有关的几何量，常用单位是 m^3 或 mm^3。显然 W_z 值越大，梁中的最大正应力值越小，从强度角度看，就越有利。矩形和圆形截面的抗弯截面系数分别为

矩形截面 $\qquad\qquad W_z = \dfrac{I_z}{y_{max}} = \dfrac{bh^3/12}{h/2} = \dfrac{1}{6}bh^2$

圆形截面 $\qquad\qquad W_z = \dfrac{I_z}{y_{max}} = \dfrac{\pi d^4/64}{d/2} = \dfrac{1}{32}\pi d^3$

对于工字钢、槽钢等型钢截面，W_z 值可在附录型钢规格表中查得。

对中性轴不是对称轴的截面梁，例如图 8－14 所示的 T 形截面梁，在正弯矩作用下，梁的下边缘上各点处产生最大拉应力，上边缘上各点产生最大压应力，其值分别为

$$\left.\begin{aligned}\sigma_{max}^{+}&=\frac{My_{max}^{+}}{I_z}\\ \sigma_{max}^{-}&=\frac{My_{max}^{-}}{I_z}\end{aligned}\right\}\tag{8-10}$$

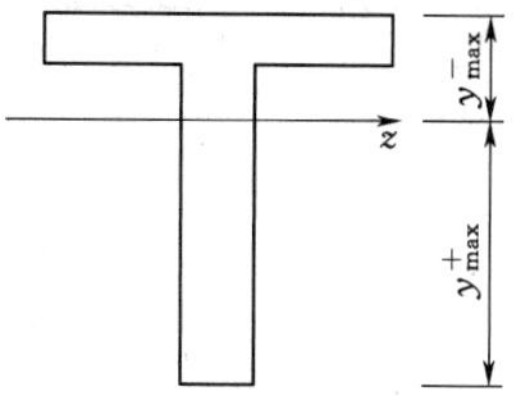

图 8－14

式中：y_{max}^{+}为最大拉应力所在点距中性轴的距离；y_{max}^{-}为最大压应力所在点距中性轴的距离。

（二）最大剪应力

就全梁来说，最大剪应力一般发生在最大剪力 Q_{max}所在截面的中性轴上各点处。对于不同形状的截面，τ_{max}的计算公式可归纳为

$$\tau_{max}=\frac{Q_{max}S_{zmax}}{I_z b}\tag{8-11}$$

式中：S_{zmax}为中性轴一侧截面对中性轴的静矩；b 为横截面在中性轴处的宽度。

二、梁的强度条件

（一）正应力强度条件

为了保证梁能安全工作，必须使梁的最大工作正应力 σ_{max}不超过其材料的许用应力 $[\sigma]$，这就是梁的正应力强度条件。即正应力强度条件为

$$\sigma_{max}=\frac{M_{max}}{W_z}\leqslant[\sigma]\tag{8-12}$$

如果梁的材料是脆性材料，其抗压和抗拉许用应力不同。为了充分利用材料，通常将梁的横截面做成与中性轴不对称的形状。此时，应分别对拉应力和压应力建立强度条件，即

$$\left.\begin{aligned}\sigma_{max}^{+}&=\frac{M^{+}y_{max}^{+}}{I_z}\leqslant[\sigma]^{+}\\ \sigma_{max}^{-}&=\frac{M^{-}y_{max}^{-}}{I_z}\leqslant[\sigma]^{-}\end{aligned}\right\}\tag{8-13}$$

式中：σ_{max}^{+}、σ_{max}^{-}分别为最大拉应力和最大压应力；M^{+}、M^{-}分别为产生最大拉应力和最大压应力截面上的弯矩；$[\sigma]^{+}$、$[\sigma]^{-}$分别为材料的许用拉应力和许用压应力；y_{max}^{+}、y_{max}^{-}分别为产生最大拉应力和最大压应力截面上的点到中性轴的距离。

运用正应力强度条件，可解决梁的三类强度计算问题：

(1) 强度校核。在已知梁的材料和横截面的形状、尺寸（即已知 $[\sigma]$、W_z）以及所受荷载（即已知 M_{max}）的情况下，检查梁是否满足正应力强度条件。

(2) 设计截面。当已知荷载和所用材料时（即已知 M_{max}、$[\sigma]$），可以根据强度条件计算所需的抗弯截面模量 $W_z\geqslant\frac{M_{max}}{[\sigma]}$，然后根据梁的截面形状进一步确定截面的具体尺寸。

(3) 确定许可荷载。如果已知梁的材料和截面尺寸（即已知 $[\sigma]$、W_z），则先由强度条件计算梁所能承受的最大弯矩，即 $M_{max}\leqslant[\sigma]W_z$，然后由 M_{max}与荷载的关系计算许可荷载。

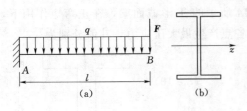

图 8 - 15

【例 8 - 3】　如图 8 - 15 所示，一悬臂梁长 $l = 1.5\text{m}$，自由端受集中力 $F = 32\text{kN}$ 作用，梁由 22a 工字钢制成，自重按 $q = 0.33\text{kN/m}$ 计算，材料的许用应力 $[\sigma] = 160\text{MPa}$。试校核梁的正应力。

解：（1）求最大弯矩。最大弯矩在固定端截面 A 处，为

$$|M_{max}| = Fl + \frac{ql^2}{2} = 32 \times 1.5 + \frac{1}{2} \times 0.33 \times 1.5^2 = 48.4(\text{kN} \cdot \text{m})$$

（2）确定 W_z。查附录型钢规格表，22a 工字钢的抗弯截面系数 $W_z = 309.8\text{cm}^3$。

（3）校核正应力强度。

$$\sigma_{max} = \frac{M_{max}}{W_z} = \frac{48.4 \times 10^6}{309.8 \times 10^3} = 156.2(\text{MPa}) < [\sigma] = 160(\text{MPa})$$

满足正应力强度条件。

本题若不计梁的自重，$|M_{max}| = Fl = 32 \times 1.5 = 48(\text{kN} \cdot \text{m})$，则

$$\sigma_{max} = \frac{M_{max}}{W_z} = \frac{48 \times 10^6}{309.8 \times 10^3} = 154.9(\text{MPa})$$

可见，对于钢材制成的梁，自重对强度的影响很小，工程上一般不予考虑。

【例 8 - 4】　一圆形截面木梁，梁上荷载如图 8 - 16 所示，已知 $l = 3\text{m}$，$F = 3\text{kN}$，$q = 3\text{kN/m}$，弯曲时木材的许用应力 $[\sigma] = 10\text{MPa}$。试选择原木的直径。

解：（1）确定最大弯矩。由静力平衡条件可计算出支座反力：

$$F_{By} = 8.5\text{kN}(\uparrow) \qquad F_{Cy} = 3.5\text{kN}(\uparrow)$$

作弯矩图，从弯矩图上可知危险截面为 B 截面，$M_{max} = 3\text{kN} \cdot \text{m}$。

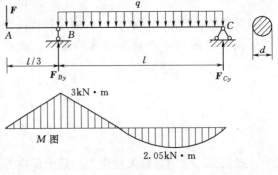

图 8 - 16

（2）设计截面的直径。根据强度条件式（8 - 12），此梁所需的弯曲截面系数为

$$W_z = \frac{M_{max}}{[\sigma]} = \frac{3 \times 10^6}{10} = 3 \times 10^5(\text{mm}^3)$$

由于圆截面的弯曲截面系数为 $W_z = \frac{\pi d^3}{32}$，代入上式，即

$$\frac{\pi d^3}{32} \geqslant 3 \times 10^5$$

$$d \geqslant \sqrt[3]{\frac{3 \times 10^5 \times 32}{\pi}} = 145(\text{mm})$$

取圆木的直径为 $d = 14.5\text{cm}$。

【例 8 - 5】　⊥形截面悬臂梁尺寸及荷载如图 8 - 17 所示，若材料的许用拉应力$[\sigma]^{+}=$ 40MPa，许用压应力 $[\sigma]^{-}=160$MPa，截面对形心轴 z 的惯性矩 $I_z=10180$cm^4，$h_1=$ 96.4mm，试计算该梁的许可荷载 $[F]$。

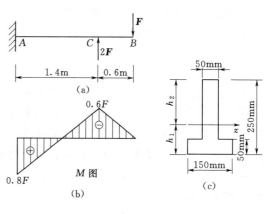

图 8 - 17

解：（1）确定最大弯矩。作弯矩图如图 8 - 17 所示。由图可见，在固定端截面 A 处有最大正弯矩，$M_A=0.8F$。在 C 截面有最大负弯矩，$M_C=0.6F$。由于中性轴不是截面的对称轴，材料又是拉、压强度不等的材料，故应分别考虑 A、C 两截面的强度来确定许可荷载 $[F]$。

（2）由 A 截面强度条件确定 $[F]$。A 截面弯矩为正，下拉上压。由强度条件得

$$\sigma_{\max}^{+}=\frac{M_A h_1}{I_z}\leqslant[\sigma]^{+}$$

$$[M_A]\leqslant\frac{I_z[\sigma]^{+}}{h_1}=\frac{10180\times10^4\times40}{96.4}=42.24(\text{kN}\cdot\text{m})$$

$$0.8[F]\leqslant42.24$$

所以
$$[F]\leqslant53\text{kN}$$

$$\sigma_{\max}^{-}=\frac{M_A h_2}{I_z}\leqslant[\sigma]^{-}$$

$$[M_A]\leqslant\frac{I_z[\sigma]^{-}}{h_2}=\frac{10180\times10^4\times160}{250-96.4}=106(\text{kN}\cdot\text{m})$$

$$0.8[F]\leqslant106$$

所以
$$[F]\leqslant132.5\text{kN}$$

（3）由 C 截面强度条件确定 $[F]$。C 截面弯矩为负，上拉下压。由强度条件得

$$\sigma_{\max}^{+}=\frac{M_C h_2}{I_z}\leqslant[\sigma]^{+}$$

$$[M_C]\leqslant\frac{I_z[\sigma]^{+}}{h_2}=\frac{10180\times10^4\times40}{250-96.4}=26.5(\text{kN}\cdot\text{m})$$

$$0.6[F]\leqslant26.5$$

所以
$$[F]\leqslant44.2\text{kN}$$

$$\sigma_{\max}^{-}=\frac{M_C h_1}{I_z}\leqslant[\sigma]^{-}$$

$$[M_C]\leqslant\frac{I_z[\sigma]^{-}}{h_1}=\frac{10180\times10^4\times160}{96.4}=169(\text{kN}\cdot\text{m})$$

$$0.6[F]\leqslant169$$

所以
$$[F]\leqslant281.67\text{kN}$$

由以上的计算结果可见，为保证梁的正应力强度安全，应取 $[F]=44.2$kN。

（二）剪应力强度条件

与梁的正应力强度计算一样，为了保证梁能安全正常工作，梁在荷载作用下产生的最大剪应力，也不能超过材料的许用剪应力 $[\tau]$。即**剪应力强度条件**为

$$\tau_{max} = \frac{Q_{max} S_{zmax}}{I_z b} \leqslant [\tau]$$

对梁进行强度计算时，必须同时满足正应力强度条件和剪应力强度条件。一般情况下，梁的正应力强度条件为梁强度的控制条件，故一般先按正应力强度条件选择截面，或确定许可荷载，然后再按剪应力强度条件进行校核。但在某些情况下剪应力强度也可能成为控制因素。例如，跨度较短的梁或者梁在支座附近有较大的集中力作用时，梁的弯矩往往较小，而剪力却较大；又如有些材料如木材的顺纹抗剪强度比较低，可能沿顺纹方向发生剪切破坏；还有如组合截面（工字形等），当腹板的高度较大而厚度较小时，则剪应力也可能很大。所以，在这样一些情况下，剪应力有可能成为引起破坏的主要因素，此时梁的承载能力将由剪应力强度条件来确定。

【例 8-6】 如图 8-18（a）所示的一个 20a 工字钢截面的外伸梁，已知钢材的许用应力 $[\sigma]=160MPa$，许用剪应力 $[\tau]=100MPa$，试校核此梁强度。

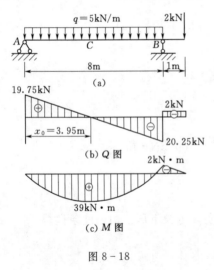

图 8-18

解：（1）确定最大弯矩和最大剪力。作梁的剪力图、弯矩图，见图 8-18（b）、（c），由图可得：

$$M_{max} = 39kN \cdot m, \quad Q_{max} = 20.25kN$$

（2）查型钢表确定工字钢 20a 有关的量：

$$W_z = 236.9cm^3, \quad d = 7mm,$$
$$I_z = 2369cm^4, \quad S_z = 136.1cm^3$$

（3）确定正应力危险点的位置，校核正应力强度。梁的最大正应力发生在最大弯矩所在的横截面 C 的上、下边缘处，其值为

$$\sigma_{max} = \frac{M_C}{W_z} = \frac{39 \times 10^6}{236.9 \times 10^3} = 164.6(MPa)$$

虽然 $\sigma_{max} > [\sigma] = 160MPa$，但工程上允许最大正应力略超过许用应力。只要最大正应力不超过许用应力的 5%，仍认为是安全的。

$$\frac{\sigma_{max} - [\sigma]}{[\sigma]} = \frac{164.6 - 160}{160} = 0.029 = 2.9\% < 5\%$$

故认为该梁满足正应力强度条件。

（4）确定剪应力危险点的位置，校核剪应力强度。由剪力图可知，最大剪力发生在 B 左横截面上，其值为 $Q_{max} = 20.25kN$，该横截面的中性轴处各点为剪应力危险点，其剪应力为

$$\tau_{max} = \frac{Q_{max} S_{zmax}}{d I_z} = \frac{20.25 \times 10^3 \times 136.1 \times 10^3}{7 \times 2369 \times 10^4} = 16.6(MPa) < [\tau] = 100MPa$$

故该梁满足剪应力强度条件。

三、提高梁弯曲强度的措施

如前所述，由于弯曲正应力是控制梁强度的主要因素，因此从梁的正应力强度条件考

虑，采取以下措施可提高梁的强度。

（一）合理安排梁的支座和荷载来降低最大弯矩值

1. 梁支承的合理安排

当荷载一定时，梁的最大弯矩值 M_{max} 与梁的跨度有关，首先应当合理安排支座。例如，图 8-19（a）所示受均布荷载作用的简支梁，其最大弯矩值 $M_{max}=0.125ql^2$；如果将两支座向跨中方向移动 $0.2l$，如图 8-19（b）所示，则最大弯矩降为 $0.025ql^2$，即只有前者的 1/5。所以，在工程中起吊大梁时，两吊点设在梁端以内的一定距离处。

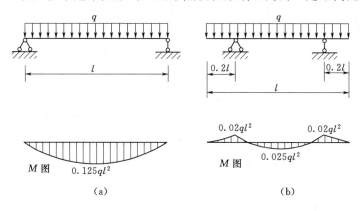

图 8-19

2. 荷载的合理布置

在工作条件允许的情况下，应尽可能合理地布置梁上的荷载。例如，图 8-20 中把一个集中力分为几个较小的集中力，分散布置，梁的最大弯矩就能明显减少。

（二）采用合理的截面形状

（1）从应力分布规律考虑，应将较多的截面面积布置在离中性轴较远的地方。如矩形截面，由于弯曲正应力沿梁截面高度按直线分布，截面的上、下边缘处正应力最大，在中性轴应力很小，所以靠近中性轴处的一部分材料未能充分发挥作用。如果将中性轴附近的阴影面积（图 8-21）移至虚线位置，这样就形成了工字形截面，其截面面积大小不变，而更多的材料可较好地发挥作用。所以，从应力分布情况看，凡是中性轴附近用料较多的截面就是不合理的截面，即截面面积相同时，工字形比矩形好，矩形比正方形好，正方形比圆形好。

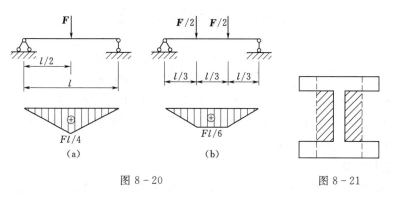

图 8-20   图 8-21

（2）从抗弯截面系数 W_z 考虑，由式 $W_{max} = [\sigma] W_z$ 可知，梁所能承受的最大弯矩 M_{max} 与抗弯截面模量 W_z 成正比。所以，从强度角度看，当截面面积一定时，W_z 值越大越有利。通常用抗弯截面模量 W_z 与横截面面积 A 的比值来衡量梁的截面形状的合理性和经济性，表 8-1 中列出了几种常见的截面形状及其 W_z/A 值。

表 8-1　　　　　　　　　　几种常见的截面形状及其 W_z/A 值

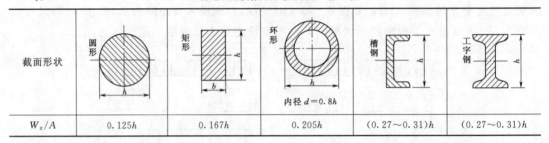

截面形状	圆形	矩形	环形 内径 $d = 0.8h$	槽钢	工字钢
W_z/A	$0.125h$	$0.167h$	$0.205h$	$(0.27 \sim 0.31)h$	$(0.27 \sim 0.31)h$

（3）从材料的强度特性考虑：合理地布置中性轴的位置，使截面上的最大拉应力和最大压应力同时达到材料的许用应力。对抗拉和抗压强度相等的塑性材料梁，宜采用对称于中性轴的截面形状，如矩形、工字形、槽形、圆形等。对于拉、压强度不等的材料，一般采用非对称截面形状，使中性轴偏向强度较低的一边，如 T 形等。

（三）采用等强度梁

一般承受横力弯曲的梁，各截面上的弯矩是随截面位置而变化的。对于等截面梁，除 M_{max} 所在截面以外，其余截面的材料必然没有充分发挥作用。若将梁制成变截面梁，使各截面上的最大弯曲正应力与材料的许用应力 $[\sigma]$ 相等或接近，这种梁称为等强度梁，图 8-22（a）所示的雨篷悬臂梁，图 8-22（b）所示的薄腹梁，图 8-22（c）所示的鱼腹式吊车梁等，都是近似地按等强度原理设计的。

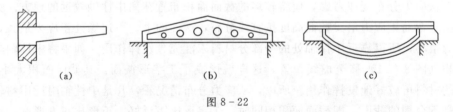

（a）　　　　　　　　　（b）　　　　　　　　　（c）

图 8-22

任务四　梁的变形和刚度计算

梁在外力作用下将产生弯曲变形，如果弯曲变形过大，就会影响结构的正常工作。例如，楼面梁变形过大，会使下面的抹灰层开裂或脱落；吊车梁若变形过大，将影响吊车的正常运行；水闸上的工作闸门若变形过大，则会影响闸门的正常启闭。因此，梁在满足强度条件的同时，还应满足刚度条件，即限制梁的变形不能超过一定的许可值。解决梁的刚度问题，必须研究梁的变形计算。

一、挠度和转角

如图 8-23 所示，梁在平面弯曲的情况下，其轴线为一光滑连续的平面曲线，称为**挠**

曲线。由图可见,梁变形后任一横截面将产生两种位移:

(1)挠度。梁任一横截面的形心沿 y 轴方向的线位移 CC',称为该截面的**挠度**,通常用 y 表示,并以向下为正。其单位用 mm 或 m。

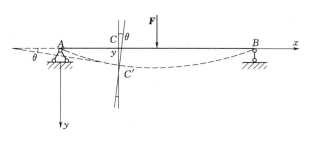

图 8-23

横截面形心沿 x 轴方向的线位移很小,可忽略不计。

(2)转角。梁任一横截面相对于原来位置所转动的角度,称为该截面的**转角**,用 θ 表示,并以顺时针转动为正。单位为弧度(rad)。

梁的挠曲线可用方程 $y=f(x)$ 来表示,称为**梁的挠曲线方程**。

根据平面假设,梁的横截面在梁弯曲前垂直于轴线,弯曲后仍将垂直于挠曲线在该处的切线。因此,截面转角 θ 就等于挠曲线在该处的切线与 x 轴的夹角。挠曲线上任意一点处的斜率为

$$\tan\theta=\frac{\mathrm{d}y}{\mathrm{d}x}$$

由于实际变形 θ 是很小的量,可认为 $\tan\theta\approx\theta$。于是上式可写成 $\theta=\dfrac{\mathrm{d}y}{\mathrm{d}x}$。

上式表明,梁任一横截面的转角 θ 等于挠曲线方程的一阶导数。可见,只要确定了挠曲线方程,就可以计算任意截面的挠度和转角。由此可知,计算梁的挠度和转角,关键在于确定挠曲线方程。

二、梁的挠曲线近似微分方程

由式(8-1)知,梁在纯弯曲时的曲率表达式为

$$\frac{1}{\rho}=\frac{M_z}{EI_z}$$

跨度远远大于截面高度的梁在横力弯曲时,剪力对弯曲变形的影响很小,可以略去不计,所以上式仍可应用。但这时的 M_z、ρ 都是 x 的函数,故对于等截面梁,应将上式改写为

$$\frac{1}{\rho(x)}=\frac{M_z(x)}{EI_z} \tag{i}$$

由微分学知,平面曲线的曲率与曲线方程之间存在下列关系

$$\frac{1}{\rho}=\pm\frac{\dfrac{\mathrm{d}^2y}{\mathrm{d}x^2}}{\left[1+\left(\dfrac{\mathrm{d}y}{\mathrm{d}x}\right)^2\right]^{1.5}}$$

在小变形的条件下,$\dfrac{\mathrm{d}y}{\mathrm{d}x}$ 是一个很小的量,而 $\left(\dfrac{\mathrm{d}y}{\mathrm{d}x}\right)^2$ 则更小,可以略去不计,于是上式可简化为

$$\frac{1}{\rho}=\pm\frac{\mathrm{d}^2y}{\mathrm{d}x^2} \tag{j}$$

比较式 (i) 和式 (j)，可得

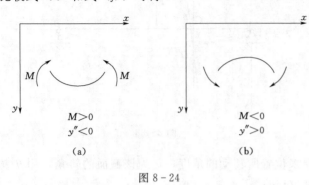

图 8-24

$$\frac{\mathrm{d}^2 y}{\mathrm{d}x^2} = \pm \frac{M_z(x)}{EI_z}$$

式中的正负号与弯矩的正负号规则和选取的坐标系有关，若采用图 8-24 坐标系和项目五关于弯矩的正负号规定，则正弯矩对应二阶导数 $\frac{\mathrm{d}^2 y}{\mathrm{d}x^2}$ 的负值，而负弯矩对应二阶导数 $\frac{\mathrm{d}^2 y}{\mathrm{d}x^2}$ 的正值，故上式等号右边应取负号，即

$$\frac{\mathrm{d}^2 y}{\mathrm{d}x^2} = -\frac{M_z(x)}{EI_z} \tag{8-14}$$

由于在推导过程中略去了高阶微量，曲率采用近似的公式，所以称为梁的挠曲线近似微分方程。对此微分方程求解，即可得到挠度方程和转角方程。

三、积分法计算梁的位移

对等截面梁，将式（8-14）逐次积分，便得到梁的转角和挠度方程

$$\theta(x) = \frac{\mathrm{d}y}{\mathrm{d}x} = -\frac{1}{EI_z}\left[\int M_z(x)\,\mathrm{d}x + C\right]$$

$$y(x) = -\frac{1}{EI_z}\left\{\int\left[\int M_z(x)\,\mathrm{d}x\right]\mathrm{d}x + Cx + D\right\} \tag{8-15}$$

这种应用两次积分法求出挠曲线方程的方法称为积分法。方程式（8-15）中的积分常数可通过挠曲线上已知的位移条件（通常称之为边界条件）来确定。例如图 8-25（a）中简支梁左、右两支座处的挠度 y_A 和 y_B 都等于零；图 8-25（b）中，悬臂梁在固定端处的挠度 y_A 和转角 θ_A 都等于零等。

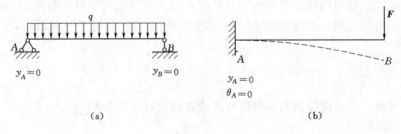

图 8-25

当梁的弯矩方程须分段写出时，则各段梁的挠曲线近似微分方程将不同。因此，在对各段梁的微分方程积分时都将出现两个积分常数。要确定这些积分常数，除利用支承处的边界条件外，还应该根据挠曲线为光滑连续曲线这一特征，利用相邻两段梁在分段处位移的连续条件，即两段梁在分段处应具有相同的挠度和转角。

四、用叠加法求挠度和转角

用积分法求梁某一截面的位移，其计算过程较繁，工程上常用叠加法来求。所谓叠加

法，就是首先将梁上所承受的复杂荷载分解为几种简单荷载，然后分别计算梁在每种简单荷载单独作用下产生的位移，最后将这些位移代数相加。由于梁在各种简单荷载作用下计算位移的公式均有表可查，因而用叠加法计算梁的位移就比较简单。

【例 8 - 7】 如图 8 - 26（a）所示的悬臂梁，求自由端 A 截面的挠度和转角。

解： 由图 8 - 26 可见，梁的变形分为两段。BC 段相当于跨度为 a 的悬臂梁，截面 C 的挠度和转角为

$$y_C = \frac{qa^4}{8EI_z} \qquad \theta_C = \frac{qa^3}{6EI_z}$$

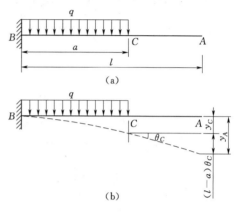

图 8 - 26

而 CA 段梁上无荷载，它随着 BC 段的变形做刚性转动。所以，CA 段梁变形后应保持直杆。从变形的连续性可知，A 截面的转角与 C 截面的转角相同，而 A 点处的挠度应由 C 点处的挠度 y_c 再加上由于 C 截面转角的影响。考虑到小变形，$\tan\theta \approx \theta$。所以有

$$y_A = y_C + (l-a)\theta_C = \frac{qa^4}{8EI_z} + (l-a)\frac{qa^3}{6EI_z}$$

$$\theta_A = \theta_C = \frac{qa^3}{6EI_z}$$

五、梁的刚度校核

根据梁的强度条件设计了梁的截面以后，还需要按梁的刚度条件检查梁的变形是否在允许的范围内，以保证梁正常工作。土建工程中常以允许的挠度与梁跨长的比值 $[f/l]$ 作为校核的标准。梁的刚度条件可写为

$$\frac{f_{\max}}{l} \leqslant \left[\frac{f}{l}\right] \tag{8-16}$$

梁应同时满足强度条件和刚度条件，但在一般情况下，强度条件起控制作用。故应在设计梁时，一般先由强度条件选择截面或确定许用荷载，再按刚度条件校核，若不满足，则需按刚度条件重新设计。

【例 8 - 8】 如图 8 - 27（a）所示的一矩形截面悬臂梁，已知 $q = 10\text{kN/m}$，$l = 3\text{m}$，容许单位跨度内的挠度值 $[f/l] = 1/250$，材料的许用应力 $[\sigma] = 12\text{MPa}$，弹性模量 $E = 2 \times 10^4 \text{MPa}$，截面尺寸比 $h/b = 2$。试确定截面尺寸 h、b。

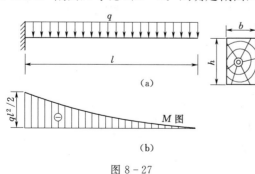

图 8 - 27

解： 该梁既要满足强度条件，又要满足刚度条件，这时可分别按强度条件和刚度条件来设计截面尺寸，取其较大者。

（1）按强度条件 $\sigma_{\max} = \frac{M_{\max}}{W_z} \leqslant [\sigma]$ 设计截面尺寸。弯矩图如图 8 - 27（b）所示。最大弯矩、抗弯截面系数分别为

$$M_{\max} = \frac{q}{2}l^2 = 45(\text{kN} \cdot \text{m}) \qquad W_z = \frac{b}{6}h^2 = \frac{2}{3}b^3$$

把 M 及 W_z 代入强度条件，得

$$b \geqslant \sqrt[3]{\frac{3M_{max}}{2[\sigma]}} = \sqrt[3]{\frac{3 \times 45 \times 10^6}{2 \times 12}} = 178(\text{mm}) \qquad h = 2b = 356(\text{mm})$$

（2）按刚度条件 $\dfrac{f_{max}}{l} \leqslant \left[\dfrac{f}{l}\right]$ 设计截面尺寸，得

$$f_{max} = \frac{ql^4}{8EI_z}$$

$$I_z = \frac{b}{12}h^3 = \frac{2}{3}b^4$$

把 f_{max} 及 I_z 代入刚度条件，得

$$b \geqslant \sqrt[4]{\frac{3ql^3}{16\left[\dfrac{f}{l}\right]E}} = \sqrt[4]{\frac{3 \times 10 \times 3000^3 \times 250}{16 \times 2 \times 10^4}} = 159(\text{mm}) \qquad h = 2b = 318(\text{mm})$$

（3）所要求的截面尺寸按大者选取。即 $h = 356\text{mm}$，$b = 178\text{mm}$。另外，工程上截面尺寸应符合模数要求，取整数即 $h = 360\text{mm}$，$b = 180\text{mm}$。

小　结

一、梁弯曲时的强度计算

主要讨论梁的正应力和剪应力的计算方法，并在此基础上建立了强度条件，进行梁的强度计算。

1. 横截面上的正应力和强度计算

横截面上的正应力计算公式为

$$\sigma = \frac{M_z y}{I_z}$$

正应力强度条件为

$$\sigma_{max} = \frac{M_{max}}{W_z} \leqslant [\sigma]$$

应用上述强度条件可解决梁弯曲时如下三类强度计算问题：①强度校核；②设计截面；③确定许可荷载。对常用截面，如矩形、圆形等的抗弯截面模量应熟练掌握。

梁强度计算的方法和步骤：画出梁的 Q、M 图，确定危险截面及相应的 Q、M 值；计算最大正应力的危险点，在弯矩最大截面上的上、下边缘处，必要时进行剪应力强度校核。

2. 横截面上的剪应力和强度计算

横截面上的剪应力计算公式为

$$\tau = \frac{QS_z}{I_z d}$$

当 $y = 0$ 时，$\tau = \tau_{max}$，即中性轴上剪应力最大。

对于矩形截面 $\qquad\qquad\qquad\qquad \tau_{max} = \dfrac{3}{2}\dfrac{Q}{A}$

对于圆形截面 $\qquad\qquad\qquad\qquad \tau_{\max}=\dfrac{4}{3}\dfrac{Q}{A}$

对于工字形截面 $\qquad\qquad\qquad \tau_{\max}=\dfrac{QS_z}{I_z d}$

剪应力强度条件为

$$\tau_{\max}=\frac{Q_{\max}S_{z\max}}{I_z b}\leqslant[\tau]$$

关于梁的设计,一般按正应力强度条件进行设计,按剪应力强度条件进行校核。

3. 提高弯曲强度的措施

(1) 改善梁的受力状况,如合理安排梁的支座和荷载等。

(2) 采用合理的截面形状。

(3) 采用变截面梁。

二、梁弯曲时的刚度计算

梁弯曲时的刚度计算主要讨论了有关梁变形的概念及变形计算的基本方法,从而建立梁的刚度条件。

1. 梁弯曲时的挠度 y 和转角 θ

$$y=f(x)$$
$$\theta=\frac{\mathrm{d}y}{\mathrm{d}x}$$

2. 梁的挠曲线近似微分方程

$$\frac{\mathrm{d}^2 y}{\mathrm{d}x^2}=-\frac{M_z(x)}{EI_z}$$

该公式适用条件是小变形及梁在弹性范围内。

3. 用积分法求梁的挠度和转角

$$\theta(x)=\frac{\mathrm{d}y}{\mathrm{d}x}=-\frac{1}{EI_z}\Big[\int M_z(x)\mathrm{d}x+C\Big]$$

$$y(x)=-\frac{1}{EI_z}\Big\{\int\Big[\int M_z(x)\mathrm{d}x\Big]\mathrm{d}x+Cx+D\Big\}$$

用积分法计算变形时,若弯矩要分段,则挠曲线近似微分方程也要随之分段列出。

4. 用叠加法求梁的挠度和转角

计算时应注意以下方面:

(1) 将梁上复杂荷载分成几种简单荷载时,要能直接应用现成的变形计算图表。

(2) 查表计算每种简单荷载单独作用下使梁产生的挠度和转角,可画出每一简单荷载单独作用下的挠曲线大致形状,从而直接判断挠度和转角的正负号。

(3) 叠加就可求得梁的位移。

知 识 技 能 训 练

一、判断题

1. 等截面直梁在纯弯曲时,横截面保持为平面,但其形状和尺寸略有变化。(　　)

2. 梁产生纯弯曲变形后，其轴线即变成了一段圆弧线。（　　）

3. 梁产生平面弯曲变形后，其轴线不会保持原长度不变。（　　）

4. 梁弯曲时，梁内有一层既不受拉又不受压的纵向纤维就是中性层。（　　）

5. 中性层是梁平面弯曲时纤维缩短区和纤维伸长区的分界面。（　　）

6. 因梁产生的平面弯曲变形对称于纵向对称面，故中性层垂直于纵向对称面。（　　）

7. 以弯曲为主要变形的杆件，只要外力均作用在过轴的纵向平面内，杆件就有可能发生平面弯曲。（　　）

8. 一正方形截面的梁，当外力作用在通过梁轴线的任一方位纵向平面内时，梁都将发生平面弯曲。（　　）

9. 梁弯曲时，其横截面要绕中性轴旋转，而不会绕横截面的边缘旋转。（　　）

10. 梁弯曲时，可以认为横截面上只有拉应力，并且均匀分布，其合成的结果将与截面边缘的一集中力组成力偶，此力偶的内力偶矩即为弯矩。（　　）

11. 中性轴上的弯曲正应力总是为零。（　　）

12. 当荷载相同时，材料相同，截面形状和尺寸相同的两梁，其横截面上的正应力分布规律也不相同。（　　）

13. 梁的横截面上作用有负弯矩，其中性轴上侧各点作用的是拉应力，下侧各点作用的是压应力。（　　）

二、填空题

1. 当梁受力弯曲后，某横截面上只有弯矩无剪力，这种弯曲称为_____。

2. 梁在纯弯曲时，其横截面仍保持为平面，且与变形后的梁轴线相_____；各横截面上的剪力等于_____，而弯矩为常量。

3. 梁在发生弯曲变形的同时伴有剪切变形，这种平面弯曲称为_____弯曲。

4. 梁在弯曲时的中性轴，就是梁的_____与横截面的交线。它必然通过其横截面上的_____那一点。

5. 梁弯曲时，其横截面的_____按直线规律变化，中性轴上各点的正应力等于_____，而距中性轴越_____（远或者近）正应力越大。以中性层为界，靠_____边的一侧纵向纤维受压力作用，而靠_____边的一侧纵向纤维受拉应力作用。

6. 工程当中的悬臂梁，材料为钢筋混凝土（此材料钢筋主要用来抗拉，混凝土用来抗压），一般情况下钢筋布置在梁的_____侧。

7. EI_z 称为梁的_____，它表示梁的_____能力。

8. 工程常用的型钢当中，如果选择用来做梁结构，一般选择_____截面的型钢。

9. $W_z = I_z / y_{max}$ 称为_____，它反映了_____和_____对弯曲强度的影响，W_z 的值越大，梁中的正应力就越_____。

10. 矩形截面梁的截面上下边缘处的剪应力为_____，其_____上的剪应力最大。

三、选择题

1. 工程实际中产生弯曲变形的杆件，如火车机车轮轴、房屋建筑的楼板主梁，在得到计算简图时，需将其支承方式简化为（　　）。

A. 简支梁   B. 轮轴为外伸梁，楼板主梁为简支梁

C. 外伸梁   D. 轮轴为简支梁，楼板主梁为外伸梁

2. 对于工程当中的预制板结构（图 8 - 28），板中间可以是空心的，从我们现在所学的弯曲变形的知识来解释的话：横截面当中离中性轴越近的点（　　）就越（　　），这样就不需要那么多材料来抵抗，所以可以是空心的，这样做还可以节约材料、减轻自重。

A. 正应力，小   B. 正应力，大   C. 剪应力，小   D. 剪应力，大

3. 拟用图 8 - 29 两种方式搁置，则两种情况下的最大应力之比为（　　）。

A. 1/4   B. 1/16   C. 1/64   D. 16

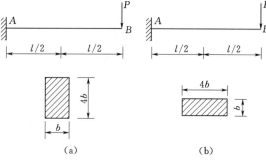

图 8 - 28   图 8 - 29

4. 如图 8 - 30 所示，相同横截面积，同一梁采用下列哪种截面，其强度最高。（　　）

A.   B.   C.   D.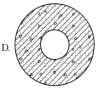

图 8 - 30

5. 在横向力作用下发生平面弯曲时，横截面上最大正应力点和最大剪应力点的应力情况是（　　）。

A. 最大正应力点的剪应力一定为零，最大剪应力点的正应力不一定为零

B. 最大正应力点的剪应力一定为零，最大剪应力点的正应力也一定为零

C. 最大剪应力点的正应力一定为零，最大正应力点的剪应力不一定为零

D. 最大正应力点的剪应力和最大剪应力点的正应力都不一定为零

6. 下列关于弯曲变形说法不正确的是（　　）。

A. 适当调整支座位置，可以降低最大弯矩

B. 静定梁的内力只与荷载有关，而与梁的材料、截面形状和尺寸无关

C. 梁弯曲时的最大弯矩一定发生在剪力为零的截面上

D. 中性轴上的弯曲正应力总是为零

7. 纯弯曲变形后，其横截面始终保持为平面，且垂直于变形后的梁轴线，横截面只是绕（　　）转过了一个微小的角度。

A. 梁的轴线　　　　　　　　　　B. 梁轴线的曲线率中心

C. 中性轴　　　　　　　　　　　　D. 横截面自身的轮廓线

8. 在纯弯曲时，其横截面的正应力变化规律与纵向纤维应变的变化规律是（　　）的。

A. 相同　　　　　B. 相反　　　　　C. 相似　　　　　　D. 完全无联系

9. 在平面弯曲时，其中性轴与梁的纵向对称面是相互（　　）的。

A. 平行　　　　　B. 垂直　　　　　C. 成任意夹角

10. 弯曲时，横截面上离中性轴距离相同的各点处正应力是（　　）的。

A. 相同　　　　　　　　　　　　B. 随截面形状的不同而不同

C. 不相同　　　　　　　　　　　D. 有的地方相同，而有的地方不相同

四、计算题

1. 矩形截面简支梁如图 8-31 所示，试求 C 截面上 a、b、c、d 四点处的正应力，并画出该截面上的正应力分布图。截面尺寸单位为 mm。

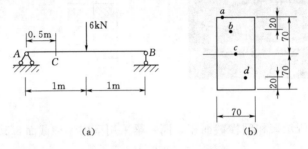

图 8-31

2. 一简支梁的受力及截面尺寸如图 8-32 所示，试求此梁的最大剪应力及其所在截面上腹板与翼缘交界处 C 的剪应力。截面尺寸单位为 mm。

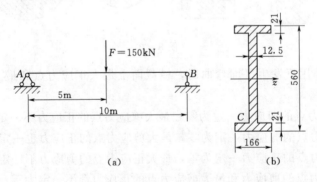

图 8-32

3. 试求下列各梁的最大正应力及所在位置。如图 8-33 所示，截面尺寸单位为 mm。

4. 倒 T 形截面梁受荷载情况及其截面尺寸如图 8-34 所示，试求梁内最大拉应力和最大压应力，并说明它们分别发生在何处。截面尺寸单位为 mm。

5. 木梁的荷载如图 8-35 所示，材料的许用应力 $[\sigma]=10$MPa。试设计如下三种截面尺寸，并比较用料量。

（1）高宽比 $h/b=2$ 的矩形；

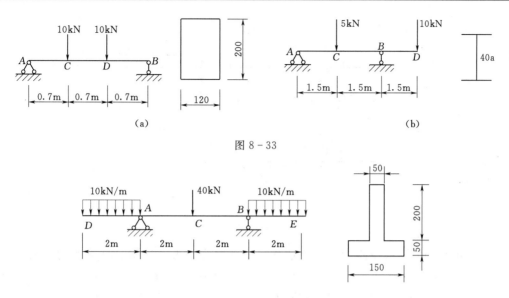

图 8-33

图 8-34

（2）边长为 a 的正方形；

（3）直径为 d 的圆形。

6. 一根由 22b 工字钢制成的外伸梁，承受均布荷载如图 8-36 所示。已知 $l=6$m，若要使梁在支座 A、B 处和跨中 C 截面上的最大正应力都为 $\sigma=170$MPa，问悬臂的长度 a 和荷载的集度 q 各等于多少？

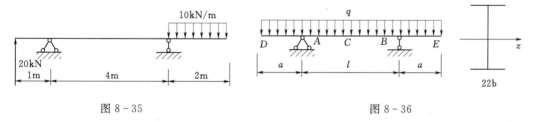

图 8-35　　　　　　　　　　　　　图 8-36

7. 一钢梁的荷载如图 8-37 所示，材料的许用应力 $[\sigma]=150$MPa，试选择钢的型号：

（1）一根工字钢；

（2）两个槽钢。

8. 20a 工字钢梁如图 8-38 所示，若材料的许用应力 $[\sigma]=160$MPa，试求许可荷载 $[F]$。

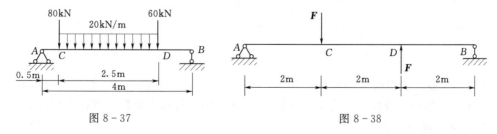

图 8-37　　　　　　　　　　　　　图 8-38

9. 外伸梁受力及其截面尺寸如图 8-39 所示。已知材料的许用拉应力 $[\sigma]^+=30$MPa，许用压应力 $[\sigma]^-=70$MPa。试校核梁的正应力强度。截面尺寸单位为 mm。

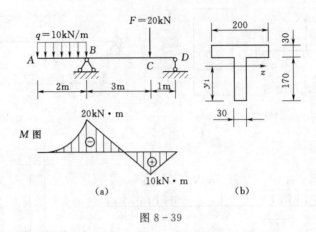

图 8 - 39

10. 图 8 - 40 所示外伸梁由铸铁制成，横截面为槽形。该梁 AD 承受均布荷载 $q=$ 10kN/m，C 处受集中力 $F=20$kN，横截面对中性轴的惯性矩 $I_z=40\times10^6$mm^4，$y_1=$ 60mm，$y_2=140$mm，材料的许用拉应力 $[\sigma]^+=35$MPa，许用压应力 $[\sigma]^-=140$MPa。试校核此梁的强度。

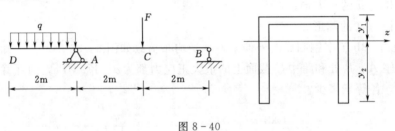

图 8 - 40

11. 一矩形截面的木梁，其截面尺寸及荷载如图 8 - 41 所示，已知 $q=1.5$kN/m，许用应力 $[\sigma]=10$MPa，许用剪应力 $[\tau]=2$MPa，试校核梁的正应力强度和剪应力强度。截面尺寸单位为 mm。

12. 一工字钢梁承受荷载如图 8 - 42 所示，已知钢材的许用应力 $[\sigma]=160$MPa，许用剪应力 $[\tau]=100$MPa。试选择工字钢的型号。

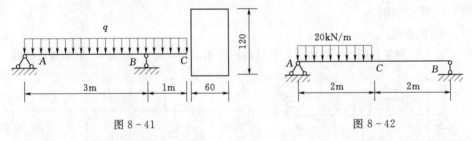

图 8 - 41   图 8 - 42

13. 木梁受一个可移动的荷载 F 作用，如图 8 - 43 所示，已知 $F=40$kN，木材的许用应力 $[\sigma]=10$MPa，许用剪应力 $[\tau]=3$MPa。木梁的横截面为矩形，其高宽比 $h/b=1.5$。试选择此梁的截面尺寸。

14. 一矩形截面木梁受力如图 8 - 44 所示，已知 $F=15$kN，$a=0.8$m，木材的许用应力 $[\sigma]=10$MPa，设梁横截面的高宽比 $h/b=3/2$，试选择梁的截面尺寸。

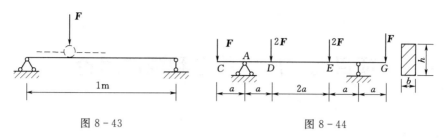

图 8 - 43

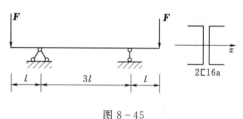

图 8 - 44

15. 两个 16a 槽钢组成的外伸梁受荷载如图 8 - 45 所示。已知 $l = 2\text{m}$，钢材弯曲许用应力 $[\sigma] = 140\text{MPa}$，试求此梁所能承受的最大荷载 F。

16. 用叠加法求图 8 - 46 所示各梁指定截面的挠度和转角。各梁 EI 为常数。

图 8 - 45

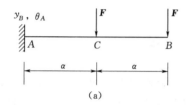

(a)

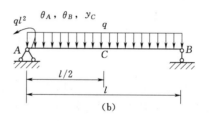

(b)

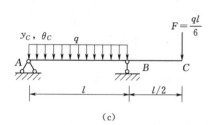

(c)

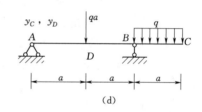

(d)

图 8 - 46

17. 一简支梁用 20b 工字钢制成，如图 8 - 47 所示，已知 $F = 10\text{kN}$，$q = 4\text{kN/m}$，$l = 6\text{m}$，材料的弹性模量 $E = 200\text{GPa}$，$[f/l] = \dfrac{1}{400}$。试校核梁的刚度。

18. 如图 8 - 48 所示工字钢简支梁，已知 $q = 4\text{kN/m}$，$m = 4\text{kN} \cdot \text{m}$，$l = 6\text{m}$，$E = 200\text{GPa}$，$[\sigma] = 160\text{MPa}$，$[f/l] = \dfrac{1}{400}$。试选择工字钢的型号。

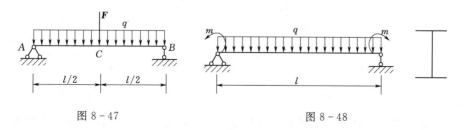

图 8 - 47

图 8 - 48

项目九　应力状态和强度理论

【学习目标】
- 理解应力状态的概念，能进行平面应力状态分析。
- 理解斜截面上的应力、应力圆、主应力、主平面、最大剪应力等概念。
- 掌握用解析法和图解法求平面应力状态单元体任意斜截面上的应力，以及单元体的主应力主平面。
- 理解强度理论的概念、四个常用的强度理论及其相当应力，以及各个强度理论的适用范围及应用举例。

任务一　应力状态的概念

前面分析过，直杆发生轴向拉伸或压缩时，任一斜截面上的应力 σ、τ 随斜截面倾角 α 的变化而有不同的数值，通过杆件上某一点可以做无数个不同方位的截面，因此杆件上某一点处不同截面上的应力也随所取截面的方位而变化，在其他变形中也同样存在这种情况，**受力构件内某点各方向的应力状况的总和称为该点的应力状态**。

为了研究受力构件内某点的应力状态，可围绕该点取一个无限小的正六面体来表示这一点，这个正六面体称为**单元体**，单元体上各个截面便代表受力构件内过该点的不同方向截面。如图 9-1 (a) 所示，围绕轴向受拉杆件横截面 abcd 上一点 K 取单元体，如图 9-1 (b) 所示，单元体上的平面 1234 及 5678 代表了横截面，1265 及 4378 代表纵截面，而 3456 则代表了过 K 点与杆轴线成 45°角的斜截面。由于单元体边长为无穷小量，可以认为单元体各面上的应力均匀分布，并且平行面上应力是相同的。如图 9-2 所示，如果已知单元体三对互相垂直面上的应力，便可以用截面法和平衡条件，求得过这一点任意方向面上的应力。因此，一点的应力状态可用单元体上三对互相垂直的应力来表示。

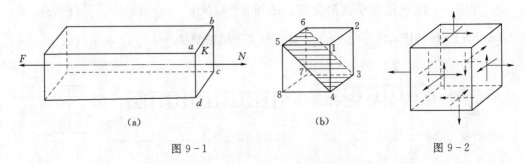

图 9-1

图 9-2

如果单元体的某一个面上只有正应力分量而无剪应力分量，则这个面称为**主平面**，主平面上的正应力称为**主应力**。可以证明，在受力构件内的任意点上总可以找到三个互相垂直的主平面，因此总存在三个互相垂直的主应力，通常用 σ_1、σ_2、σ_3 表示这三个主应力，按代数值大小排列，可得 $\sigma_1 > \sigma_2 > \sigma_3$。

根据主应力的情况，应力状态可分为三种：

（1）三个主应力中只有一个不等于零，这种应力状态称为**单向应力状态**。例如，轴向拉伸或压缩杆件内任一点的应力状态就属于单向应力状态。

（2）三个主应力中有两个不等于零，这种应力状态称为**二向应力状态**。例如，横力弯曲梁内任一点（该点不在梁的表面）的应力状态就属于二向应力状态。

（3）三个主应力均不等于零，这种应力状态称为**三向应力状态**。例如，钢轨受到机车车轮、滚珠轴承受到滚珠压力作用点处，还有建筑物中基础内的一点均属于三向应力状态。

单向应力状态也称为**简单应力状态**，它与二向应力状态统称为**平面应力状态**；三向应力状态也称为空间应力状态。有时把二向应力状态和三向应力状态统称为**复杂应力状态**。

工程中的构件受力时，其危险点大多处于平面应力状态，因此本项目将重点介绍平面应力状态。

任务二　平面应力状态分析

如图 9-3（a）所示的单元体，因外法线与 z 轴重合的平面上其剪应力、正应力均为零，说明该单元体至少有一个主应力等于零，因此该单元体处于平面应力状态。为便于研究，取其中平面 $abcd$ 来代表单元体的受力情况［图 9-3（b）］。任意斜截面的表示方法及有关规定如下：

（1）用 x 轴与截面外法线 n 间的夹角 α 表示该截面。

（2）α 的正负号：由 x 轴向 n 旋转，逆时针转向为正，顺时针转向为负［图 9-3（b）的 α 为正］。

（3）σ_α 的正负号：拉应力为正，压应力为负（图 9-3 的 σ_x、σ_y、σ_α 均为正值）。

（4）τ_α 的正负号：τ_α 对截面内侧任一点的力矩转向，顺时针转向为正，逆时针转向为负（图 9-3 的 τ_x、τ_α 均为正值，τ_y 为负值）。

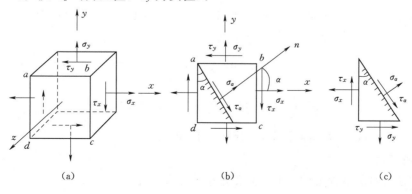

（a）　　　　　　　　　（b）　　　　　　　　　（c）

图 9-3

一、任意斜截面上的应力

计算任意斜截面上应力有两种方法：解析法和图解法。

（一）解析法

研究的构件是平衡的，因此从构件内一点取单元体，并从单元体上取一部分［图9-3 (c)］，该部分也是平衡的。由平衡条件可以求得平面应力状态下单元体任一斜截面上的应力计算公式

$$\sigma_\alpha = \frac{\sigma_x + \sigma_y}{2} + \frac{\sigma_x - \sigma_y}{2}\cos 2\alpha - \tau_x \sin 2\alpha \tag{9-1}$$

$$\tau_\alpha = \frac{\sigma_x - \sigma_y}{2}\sin 2\alpha + \tau_x \cos 2\alpha \tag{9-2}$$

应用式（9-1）和式（9-2）计算 σ_α、τ_α 时，各已知应力 σ_x、σ_y、τ_x 和 α 均用其代数值。

【例9-1】 求图9-4所示各点应力状态下斜截面上的应力（各应力单位是 MPa），并用图表示出来。

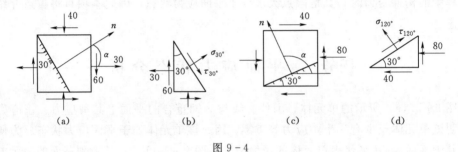

图9-4

解：（1）从图9-4（a）中可知：$\sigma_x = 30\text{MPa}$，$\sigma_y = -40\text{MPa}$，$\tau_x = 60\text{MPa}$，$\alpha = 30°$，将各数值代入式（9-1）、式（9-2）得斜截面上的应力为

$$\sigma_{30°} = \frac{30-40}{2} + \frac{30+40}{2}\cos 60° - 60\sin 60° = -39.46(\text{MPa})$$

$$\tau_{30°} = \frac{30+40}{2}\sin 60° + 60\cos 60° = 60.31(\text{MPa})$$

将 $\sigma_{30°}$、$\tau_{30°}$ 方向画在斜截面上，如图9-4（b）所示。

（2）从图9-4（c）中可知：$\sigma_x = -80\text{MPa}$，$\sigma_y = 0\text{MPa}$，$\tau_x = -40\text{MPa}$，$\alpha = 120°$，将各数值代入式（9-1）、式（9-2）得斜截面上的应力为

$$\sigma_{120°} = \frac{-80}{2} + \frac{-80}{2}\cos 240° + 40\sin 240° = -54.64(\text{MPa})$$

$$\tau_{120°} = \frac{-80}{2}\sin 240° - 40\cos 240° = 54.64(\text{MPa})$$

将 $\sigma_{120°}$、$\tau_{120°}$ 方向画在斜截面上，如图9-4（d）所示。

（二）图解法

用图解法计算斜截面上的应力，需要先作"应力圆"。

将式（9-1）改写为

$$\sigma_\alpha - \frac{\sigma_x + \sigma_y}{2} = \frac{\sigma_x - \sigma_y}{2}\cos2\alpha - \tau_x\sin2\alpha$$

再将上式和式（9-2）两边平方，然后相加，并应用 $\sin^2 2\alpha + \cos 2\alpha^2 = 1$，便可得出

$$\left(\sigma_\alpha - \frac{\sigma_x + \sigma_y}{2}\right)^2 + \tau_\alpha^2 = \left(\frac{\sigma_x - \sigma_y}{2}\right)^2 + \tau_x^2 \qquad (9-3)$$

对于所研究的单元体，σ_x、σ_y、τ_x 是常量，σ_α、τ_α 是变量（随 α 的变化而变化），故令 $\sigma_\alpha = x$、$\tau_\alpha = y$、$\frac{\sigma_x + \sigma_y}{2} = a$、$\sqrt{\left(\frac{\sigma_x - \sigma_y}{2}\right)^2 + \tau_x^2} = R$，则式（9-3）变为如下形式：

$$(x-a)^2 + y^2 = R^2$$

由解析几何可知，上式代表的是圆心坐标 $(a, 0)$、半径为 R 的圆。因此，式（9-3）代表一个圆方程；若取 σ 为横坐标，τ 为纵坐标，则该圆的圆心是 $\left(\frac{\sigma_x + \sigma_y}{2}, 0\right)$，半径等于 $\sqrt{\left(\frac{\sigma_x - \sigma_y}{2}\right)^2 + \tau_x^2}$，这个圆称为"应力圆"。因应力圆是德国学者莫尔（O. Mohr）于1882年最先提出的，所以又叫莫尔圆。应力圆上任一点坐标代表所研究单元体上任一截面的应力，**因此应力圆上的点与单元体上的截面有着一一对应关系。**

现说明应力圆的画法。

取坐标轴为 σ、τ 的直角坐标系［图9-5（b）］，按一定的比例尺量取 $OA = \sigma_x$，$AD_1 = \tau_x$，$OB = \sigma_y$，$BD_2 = \tau_y$；连接 D_1、D_2，与 σ 轴交与 C 点，以 C 为圆心，CD_1（或 CD_2）为半径画一圆，容易证明，这个圆即为所求的应力圆。因为

$$OC = \frac{1}{2}(OA + OB) = \frac{1}{2}(\sigma_x + \sigma_y)$$

即圆心在 $\left(\frac{\sigma_x + \sigma_y}{2}, 0\right)$。

又因为

$$CA = \frac{1}{2}(OA - OB) = \frac{1}{2}(\sigma_x - \sigma_y)$$

$$AD_1 = \tau_x$$

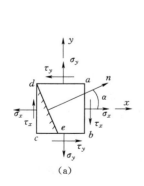

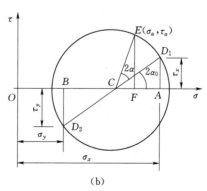

(a) 　　　　　　　　　　　(b)

图 9-5

故圆的半径
$$CD_1 = \sqrt{CA^2 + AD_1^2} = \sqrt{\left(\frac{\sigma_x - \sigma_y}{2}\right)^2 + \tau_x^2}$$

证毕。

利用应力圆可求出所研究单元体上任意一个 α 截面上的应力。由于应力圆参数表达式 (9-1)、式 (9-2) 的参变量是 2α，所以单元体上任意两斜截面外法线之间的夹角对应于应力圆上两点之间圆弧所对的圆心角，该圆心角为两斜截面外法线之间的夹角的两倍。如要确定图 9-5 (a) 斜截面 de 的应力，由应力圆上的 D_1 点（该点对应于截面 ab）沿逆时针量取圆心角 $\angle D_1CE = 2\alpha$，则 E 点的横、纵坐标分别代表 de 截面上的 σ_α、τ_α。证明如下：

过 E 点作 EF 垂直 σ 轴，则
$$\begin{aligned}
OF &= OC + CF = OC + CE\cos(2\alpha + 2\alpha_0) \\
&= OC + CE\cos2\alpha_0 \cos2\alpha - CE\sin2\alpha_0 \sin2\alpha \\
&= OC + CD_1\cos2\alpha_0 \cos2\alpha - CD_1\sin2\alpha_0 \sin2\alpha \\
&= OC + CA\cos2\alpha - AD_1\sin2\alpha \\
&= \frac{\sigma_x + \sigma_y}{2} + \frac{\sigma_x + \sigma_y}{2}\cos2\alpha - \tau_x\sin2\alpha = \sigma_\alpha
\end{aligned}$$

即 E 点的横坐标等于斜截面上的正应力。同理可证，E 点的纵坐标等于斜截面上的剪应力。

【例 9-2】 用图解法求解例 9-1。

解：（1）按单元体上的已知应力作应力圆如图 9-6 (b) 所示。

指定斜截面的外法线与 σ_x 间的夹角 $\alpha = 30°$，从应力圆上的 D_1 点逆时针量取圆心角 $60°$ 得 E 点，量出 E 点的横、纵坐标得 $\sigma_E = -40\text{MPa}$、$\tau_E = 60\text{MPa}$。

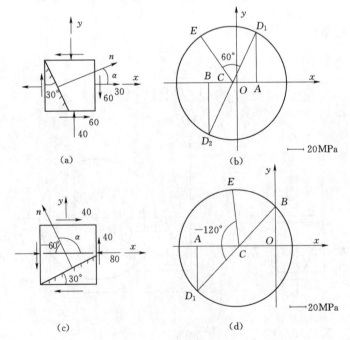

图 9-6

（2）按单元体上的已知应力作应力圆如图9-6（d）所示。指定斜截面的外法线与σ_x间的夹角$\alpha=120°$，从应力圆上的D_1点逆时针量取圆心角240°得E点，量出E点的横、纵坐标得$\sigma_E=-55$MPa、$\tau_E=55$MPa。

由以上例题看出，利用应力圆确定单元体任意斜截面上的应力时，应注意应力圆上的点与单元体斜截面位置之间的对应关系，即单元体的两个截面ab、cd外法线的夹角若为β，则应力圆上的相应的点A、B之间的圆弧所对的圆心角为2β（图9-7），而且两个角度按同一转向量取。

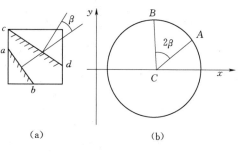

（a）　　　　　　　　（b）

图9-7

用图解法解题，简洁明快，但精度有限，如果要求较高的精度，则需要解析法。

二、主应力及主平面的确定

主平面是特殊的斜截面，它上面只有正应力而无剪应力，根据这个特点，确定主平面的位置及主应力的大小。

（一）解析法

由式（9-2），令$\tau_\alpha=0$，便可得出单元体主平面的位置。设主平面外法线与x轴的夹角为α_0，则

$$\tan 2\alpha_0=-\frac{2\tau_x}{\sigma_x-\sigma_y} \tag{9-4}$$

其中，α_0有两个根：α_0和$\alpha_0+90°$，因此说明由式（9-4）可以确定两个互相垂直的主平面。如果对式（9-1）令$\dfrac{\mathrm{d}\sigma_\alpha}{\mathrm{d}\alpha}=0$，经简化得

$$\frac{\sigma_x-\sigma_y}{2}\sin 2\alpha+\tau_x\cos 2\alpha=0$$

上式左边等于τ_α，因此$\tau_\alpha=0$，表明两个主应力是所有截面上正应力的极值σ_{max}、σ_{min}（极大值和极小值）。

为求出主应力的数值，用图9-8所示的三角关系，代入式（9-1），简化后便可得到主应力计算公式为

$$\sigma_{min}^{max}=\frac{\sigma_x+\sigma_y}{2}\pm\sqrt{\left(\frac{\sigma_x-\sigma_y}{2}\right)^2+\tau_x^2} \tag{9-5}$$

由式（9-5）得出应力有两个，由式（9-4）计算出的角度α_0也有两个，那么α_0是x轴和σ_{max}还是x轴和σ_{min}之间的夹角，可按以下法则来判断：

（1）当$\sigma_x>\sigma_y$时，α_0是x轴和σ_{max}之间的夹角。

（2）当$\sigma_x<\sigma_y$时，α_0是x轴和σ_{min}之间的夹角。

（3）当$\sigma_x=\sigma_y$时，$\alpha_0=45°$，主应力的方位可由单元体上剪应力的情况判断（图9-9）。

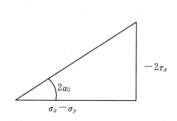

图9-8

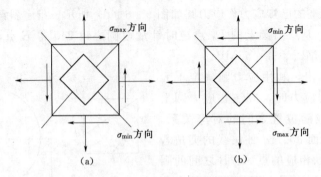

图 9-9

应指出：用以上法则时，由式（9-4）计算的 $2\alpha_0$ 应取锐角（正或负）。

因为平面应力状态至少有一个主应力等于零，因此可根据 $\sigma_{\max}$、$\sigma_{\min}$ 的正负号确定 σ_1、σ_2、σ_3。

（二）图解法

利用应力圆很容易确定主应力与主平面方向。应力圆与 σ 轴的交点 A_1、A_2 ［图 9-10 (b)］的纵坐标 τ 等于零，所以 A_1、A_2 点对应于单元体上两个主平面，其横坐标即为主应力的值。又因 $OA_1 > OA_2$，故 A_1、A_2 分别对应 $\sigma_{\max}$、$\sigma_{\min}$。由于 D_1 代表单元体上的 x 平面，则圆心角 $\angle D_1CA_1$ 的一半圆周角 $\angle D_1A_2A_1$ 为 $\sigma_{\max}$ 所在平面的方位角。

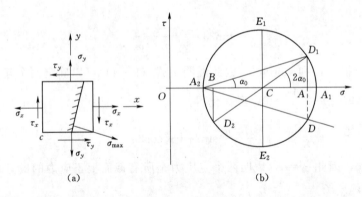

图 9-10

【例 9-3】 试用解析法求图 9-11（a）所示应力状态的主应力及其方向，并在单元体上画出主应力的方向（各应力单位为 MPa）。

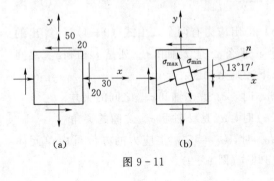

图 9-11

解：

$$\sigma_{\min}^{\max} = \frac{\sigma_x + \sigma_y}{2} \pm \sqrt{\left(\frac{\sigma_x - \sigma_y}{2}\right)^2 + \tau_x^2}$$

$$= \frac{-30 + 50}{2} \pm \sqrt{\left(\frac{-30 - 50}{2}\right)^2 + 20^2}$$

$$= 10 \pm 44.72 = \begin{matrix} 54.72 \\ -34.72 \end{matrix} \text{（MPa）}$$

$$\tan 2\alpha_0 = -\frac{2\tau_x}{\sigma_x - \sigma_y} = -\frac{2 \times 20}{-30 - 50} = 0.5$$

$$\alpha_0 = 13°17'$$

因 $\sigma_x < \sigma_y$，所以从 σ_x（x 轴）逆时针方向量取 $13°17'$ 即为 $\sigma_{\min}$ 的方向，$\sigma_{\max}$ 和 $\sigma_{\min}$ 作用面垂直，画到单元体上如图 9-11（b）所示。

【例 9-4】 试用图解法计算例 9-3。

解： 根据已知条件画出应力圆如图 9-12 所示。量得 $OA_1 = \sigma_{\max} = 55\text{MPa}$，$OA_2 = \sigma_{\min} = -35\text{MPa}$。

因 D_1 点对应于 x 截面，所以 D_1A_2 弧所对的圆周角 $\angle D_1A_1A_2$ 即为 $\sigma_{\min}$ 的方位角，量得 $\alpha_0 \approx 13°$。在应力圆上的真实方向为 A_1D。

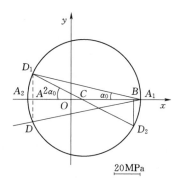

图 9-12

三、最大剪应力的确定

由式（9-2）可确定最大剪应力的大小及所在的位置。

（一）解析法

令 $\dfrac{\mathrm{d}\tau_\alpha}{\mathrm{d}\alpha} = 0$，则可求得剪应力极值所在的平面方位角位置 α_1 的计算公式为

$$\tan 2\alpha_1 = \frac{\sigma_x - \sigma_y}{2\tau_x} \tag{9-6}$$

由式（9-6）可以确定相差 $90°$ 的两个面，分别作用着最大剪应力和最小剪应力，其值可用下式计算

$$\tau_{\min}^{\max} = \pm\sqrt{\left(\frac{\sigma_x - \sigma_y}{2}\right)^2 + \tau_x^2} \tag{9-7}$$

如果已知主应力，则剪应力极值的另一形式计算公式为

$$\tau_{\min}^{\max} = \pm\frac{\sigma_{\max} - \sigma_{\min}}{2} \tag{9-8}$$

比较式（9-4）和式（9-6）得

$$\tan 2\alpha_1 = -\operatorname{ctg} 2\alpha_0 \tag{9-9}$$

即 $\alpha_1 = \alpha_0 + 45°$，说明剪应力的极值平面和主平面成 $45°$ 角。

（二）图解法

应力圆上最高点 E_1 及最低点 E_2 显然是 $\tau_{\max}$ 和 $\tau_{\min}$ 对应的位置 [图 9-10（b）]，因此两点的纵坐标分别为 $\tau_{\max}$、$\tau_{\min}$ 的值；其方位角由 D_1E_1 弧和 D_1E_2 弧所对的圆心角之半（或该弧所对的圆周角）量得。

由应力圆还可以看出，剪应力的极值平面和主平面成 $45°$。

【例 9-5】 如图 9-13（a）所示一矩形截面简支梁，矩形尺寸：$b = 80\text{mm}$，$h = 160\text{mm}$ 跨中作用集中载荷 $F = 20\text{kN}$。试计算距离左端支座 $x = 0.3\text{m}$ 的 D 处截面中性层以上 $y = 20\text{mm}$ 某点 K 的主应力、最大剪应力及其方位，并用单元体表示出主应力。

解：（1）计算 D 处的剪力及弯矩。

$$Q_D = F_A = 10\text{kN} \qquad M_D = F_A x = 3(\text{kN} \cdot \text{m})$$

（2）计算 D 处截面中性层以上 20mm 处 K 点的正应力及剪应力。

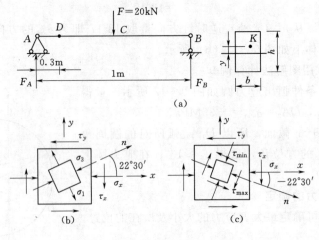

图 9 - 13

$$\sigma_K = -\frac{M_D y}{I_z} = -\frac{3 \times 10^6 \times 20}{\dfrac{1}{12} \times 80 \times 160^3} = -2.2(\text{MPa})$$

$$\tau_K = \frac{Q_D S}{I_z b} = \frac{Q_D b \left(\dfrac{h}{2} - y\right) \times \dfrac{1}{2} \left(\dfrac{h}{2} + y\right)}{I_z b} = 1.1(\text{MPa})$$

（3）计算主应力及其方位。取 K 点单元体见图 9 - 13（b），$\sigma_x = \sigma_K = -2.2\text{MPa}$，因梁的纵向纤维之间互不挤压，故 $\sigma_y = 0$，$\tau_x = \tau_K = 1.1\text{MPa}$。

$$\sigma_3^1 = \frac{-2.2}{2} \pm \sqrt{\left(\frac{-2.2}{2}\right)^2 + 1.1^2} = \begin{matrix} 0.46 \\ -2.66 \end{matrix}(\text{MPa})$$

主方向
$$\tan 2\alpha_0 = \frac{-2 \times 1.1}{-2.2} = 1$$

$$\alpha_0 = 22°30'$$

因 $\sigma_x < \sigma_y$，所以 α_0 是 σ_3 所在截面与 σ_x 作用面的夹角。标到单元体上如图 9 - 13（c）所示。

（4）计算最大剪应力及其方位。

$$\tau_{\min}^{\max} = \pm \sqrt{\left(\frac{-2.2}{2}\right)^2 + 1.1^2} = \pm 1.56(\text{MPa})$$

$$\tan 2\alpha_1 = \frac{-2.2}{2 \times 1.1} = -1$$

$$\alpha_1 = -22°30'$$

任务三　强　度　理　论

一、强度理论的概念

轴向拉伸（压缩）强度条件中的许用应力是由材料的屈服极限或强度极限除以安全系数得到的，材料的屈服极限或强度极限可直接由试验测定。杆件受到轴向拉压时，杆内处于单向应力状态，因此单向应力状态下的强度条件只需要做拉伸或压缩试验便可解决。但工程上受力构件很多属于复杂应力状态，要通过试验建立强度条件几乎是不可能的，于是人们考虑，能否从简单应力状态下的试验结果去建立复杂应力状态的强度条件？为此人们对材料发生屈服和断裂两种破坏形式进行研究，提出了材料在不同应力状态下产生某种形式破坏的共同原因的各种假设，这些假设称为**强度理论**。根据这些假设，就有可能利用单向拉伸的试验结果，建立复杂应力状态下的强度条件。

二、四个强度理论

目前常用的强度理论，按提出的先后顺序，习惯上称为第一、第二、第三、第四强度理论。

（一）第一强度理论（最大拉应力理论）

17 世纪，伽利略根据直观提出了这一理论。该理论认为：材料的断裂破坏取决于最大拉应力，即不论材料处于什么应力状态，当三个主应力中的主应力 σ_1 达到单向应力状态破坏时的正应力时，材料便发生断裂破坏。相应的强度条件为

$$\sigma_1 \leqslant [\sigma] \qquad (9-10)$$

式中：$[\sigma]$ 为材料轴向拉伸时的许用应力。

试验证明，该理论只对少数脆性材料受拉伸的情况相符，对别的材料和其他受力情况不甚可靠。

（二）第二强度理论（最大正应变理论）

该理论是 1682 年由马里奥特（E. Mariotte）提出的。该理论认为：材料的断裂破坏取决于最大正应变，即不论材料处于什么应力状态，当三个主应变（沿主应力方向的应变称为主应变，记作 ε_1、ε_2、ε_3）中的主应变 ε_1 达到单向应力状态破坏时的正应变时，材料便发生断裂破坏。相应的强度条件

$$\varepsilon_1 \leqslant [\varepsilon]$$

用正应力形式表示，第二强度理论的强度条件是

$$\sigma_1 - \nu(\sigma_2 + \sigma_3) \leqslant [\sigma] \qquad (9-11)$$

该理论与少数脆性材料试验结果相符，对于具有一拉一压主应力的二向应力状态，试验结果也与此理论计算结果相近；但对塑性材料，则不能被试验结果所证明。该结论适用范围较小，目前已很少采用。

（三）第三强度理论（最大剪应力理论）

该理论是由库仑（C. A. Coulomb）在 1773 年提出的。该理论认为：材料的破坏取决于最大剪应力，即不论材料处于什么应力状态，当最大剪应力达到单向应力状态破坏时的最大剪应力，材料便发生破坏。相应的强度条件是：

$$\tau_{\max} \leqslant [\tau]$$

用正应力形式表示，第三强度理论的强度条件是

$$\sigma_1 - \sigma_3 \leqslant [\sigma] \qquad (9-12)$$

试验证明，该理论对塑性材料较为符合，而且偏于安全。但对三相受拉应力状态下材料发生破坏，该理论无法解释。

（四）第四强度理论（能量强度理论）

该理论最早是由贝尔特拉密（E. Beltrami）于 1885 年提出的，但未被试验所证实，

后于 1904 年由波兰力学家胡勃（M. T. Huber）修改。该理论认为：材料的破坏取决于形状改变比能，即不论材料处于什么应力状态，当形状改变比能达到单向应力状态破坏时的形状改变比能，材料便发生破坏。相应的强度条件是：

$$\nu_d \leqslant [\nu_d]$$

用正应力形式表示，第四强度理论的强度条件是

$$\sqrt{\frac{1}{2}\left[(\sigma_1-\sigma_2)^2+(\sigma_2-\sigma_3)^2+(\sigma_3-\sigma_1)^2\right]} \leqslant [\sigma] \tag{9-13}$$

试验证明，对许多塑性材料，该理论与试验情况很相符。但按该理论，在三向受拉时，材料不会发生破坏，这与实际不相符。

可将式（9-10）～式（9-13）四个强度条件写成统一形式：

$$\sigma_{xdn} \leqslant [\sigma] \tag{9-14}$$

式中：σ_{xdn} 称为相当应力，下脚标 n 表示第几强度理论。

因此式（9-14）可写为

$$\left. \begin{aligned} \sigma_{xd1} &= \sigma_1 \\ \sigma_{xd1} &= \sigma_1 - \nu(\sigma_2+\sigma_3) \\ \sigma_{xd3} &= \sigma_1 - \sigma_3 \\ \sigma_{xd4} &= \sqrt{\frac{1}{2}\left[(\sigma_1-\sigma_2)^2+(\sigma_2+\sigma_3)^2+(\sigma_3+\sigma_1)^2\right]} \end{aligned} \right\} \tag{9-15}$$

除以上四个强度理论外，在工程地质与土力学中还经常用到"莫尔强度理论"。该理论的详细论述参见有关书籍，这里不作具体介绍。

【例 9-6】 图 9-14（a）所示的简支梁，$F=100$kN，梁的截面是 20a 工字钢，材料为 2 号钢，许用应力 $[\sigma]=150$MPa，$[\tau]=90$MPa，试对梁进行强度校核。

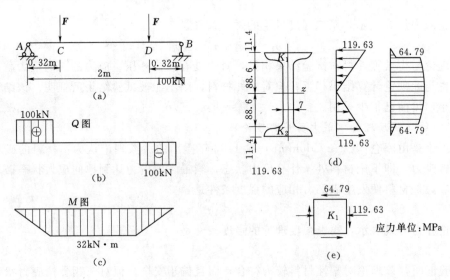

图 9-14

解：（1）确定危险截面。画出梁的剪力图和弯矩图如图 9-14（b）、（c）所示。由图可知，C、D 截面为危险截面。因其危险程度相当，故选择其中 C 截面进行强度校核。

（2）校核最大正应力及最大剪应力。由型钢表查得 20a 工字钢有关数据，$I=2370\text{cm}^4$，$W=237\text{cm}^3$，$I/S=17.2\text{cm}$，$d=7\text{mm}$。

由正应力强度条件

$$\sigma_{\max}=\frac{M_{\max}}{W}=\frac{32\times10^6}{237\times10^3}=135(\text{MPa})<[\sigma]=150\text{MPa}$$

即满足正应力强度要求。

$$\tau_{\max}=\frac{QS}{I_zd}=\frac{100\times10^3}{17.2\times10\times7}=83.06(\text{MPa})<[\tau]=90\text{MPa}$$

剪应力也满足强度要求。

（3）应用强度理论校核。危险截面上腹板与翼缘交接处的正应力和剪应力同时有较大的数值，因此该处的主应力可能很大，是危险点，应进行强度校核，为此在该处取 $K_1(K_2)$ 点 ［图 9-14（d）］，围绕该点取单元体，计算单元体上的应力为

$$\sigma=\frac{My}{I_z}=\frac{32\times10^6\times88.6}{2370\times10^4}=119.63(\text{MPa})$$

$$\tau=\frac{QS}{I_zd}=\frac{100\times10^3\times[100\times11.4\times(88.6+11.4/2)]}{2370\times10^4\times7}=64.79(\text{MPa})$$

将以上应力标到单元体上，如图 9-14（e）所示。计算主应力为

$$\sigma_{\min}^{\max}=\frac{\sigma_x-\sigma_y}{2}\pm\sqrt{\left(\frac{\sigma_x-\sigma_y}{2}\right)^2+\tau_x^2}$$

$$=\frac{-119.63}{2}\pm\sqrt{\left(\frac{-119.63}{2}\right)^2+(64.79)^2}$$

$$=\begin{matrix}28.36\\-148\end{matrix}(\text{MPa})$$

所以 K_1 点的三个主应力为

$$\sigma_1=28.36\text{MPa}，\ \sigma_2=0，\ \sigma_3=-148\text{MPa}$$

因工字钢材料是 2 号钢，属塑性材料，采用第四强度理论校核

$$\sigma_{xd4}=\sqrt{\frac{1}{2}\left[(\sigma_1-\sigma_2)^2+(\sigma_2-\sigma_3)^2+(\sigma_3-\sigma_1)^2\right]}$$

$$=\sqrt{\frac{1}{2}\left[28.36^2+148^2+(-148-28.36)^2\right]}$$

$$=164.02(\text{MPa})>[\sigma]=150\text{MPa}$$

故不满足强度要求（计算得的 σ_{xd4} 已超过 $[\sigma]$ 的 5%），需另选较大的截面。

（4）重新选择截面。改选为 20b 工字钢，由型钢表查得 $I=2500\text{cm}^4$，$b=102\text{mm}$，$d=9\text{mm}$。

重复以上计算：

$$\sigma=\frac{My}{I_z}=\frac{32\times10^6\times88.6}{2500\times10^4}=113.4(\text{MPa})$$

$$\tau=\frac{QS}{I_zd}=\frac{100\times10^3\times[102\times11.4\times(88.6+11.4/2)]}{2500\times10^4\times9}=48.73(\text{MPa})$$

$$\sigma^{\max}_{\min} = \frac{\sigma_x - \sigma_y}{2} \pm \sqrt{\left(\frac{\sigma_x - \sigma_y}{2}\right)^2 + \tau_x^2}$$

$$= \frac{-113.4}{2} \pm \sqrt{\left(\frac{-113.4}{2}\right)^2 + (48.73)^2}$$

$$= \begin{matrix} 18.06 \\ -131.46 \end{matrix} (\text{MPa})$$

$$\sigma_{xd4} = \sqrt{\frac{1}{2}\left[(\sigma_1 - \sigma_2)^2 + (\sigma_2 - \sigma_3)^2 + (\sigma_3 - \sigma_1)^2\right]}$$

$$= \sqrt{\frac{1}{2}\left[18.06^2 + 131.46^2 + (-131.46 - 18.06)^2\right]}$$

$$= 141.35(\text{MPa}) < [\sigma] = 150\text{MPa}$$

即满足强度要求，故选用 20b 工字钢。

小　　结

本项目讨论了梁的主应力、材料破坏的基本形式和强度理论，其目的是分析材料的破坏现象，解决复杂应力状态下构件的强度计算问题，这些理论将使构件在复杂应力状态下的强度问题解决得更深刻、更全面。

（1）平面应力状态分析的一个主要问题是已知两个互相垂直的截面上的应力，求主应力和最大剪应力的大小和作用平面方位。

（2）单元体上，剪应力为零的应力状态称为平面应力状态。会用解析法和图解法求平面应力状态单元体任意斜截面上的应力。

（3）强度理论是为解决复杂应力状态下的强度问题，对材料的破坏原因提出的假说。根据这个假说可利用单向应力状态下的实验结果建立复杂应力状态下的强度条件。常用的有四种强度理论，见表 9-1。

表 9-1

强度理论		强度条件
名　称	适用范围	
最大拉应力理论	适用于脆断作为破坏标志的情况	$\sigma_1 \leqslant [\sigma]$
最大正应变理论		$\sigma_1 - \nu(\sigma_2 + \sigma_3) \leqslant [\sigma]$
最大剪应力理论	适用于屈服作为破坏标志的情况，应用广泛	$\sigma_1 - \sigma_3 \leqslant [\sigma]$
能量强度理论	较第三强度理论更为符合实际	$\sqrt{\frac{1}{2}\left[(\sigma_1 - \sigma_2)^2 + (\sigma_2 - \sigma_3)^2 + (\sigma_3 - \sigma_1)^2\right]} \leqslant [\sigma]$

知 识 技 能 训 练

一、计算题

1. 图 9-15 所示一平面应力状态下的单元体及其应力圆，试在圆上用点表示 0—1、0—2、0—3、0—4、0—5 平面。

2. 图 9-16 所示单元体及其应力圆，试在单元体上表示相应于应力圆上的点 1、点 2、点 3、点 4。

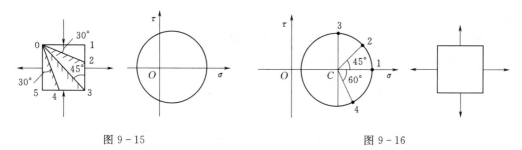

图 9-15   图 9-16

3. 试用解析法及图解法计算图 9-17 所示单元体指定斜截面上的应力。应力单位为 MPa。

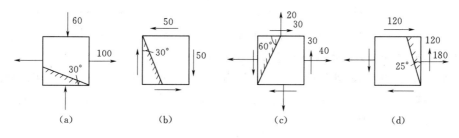

(a)   (b)   (c)   (d)

图 9-17

4. 试用解析法及图解法计算图 9-18 所示单元体上的主应力及其方向，并标到单元体上。应力单位为 MPa。

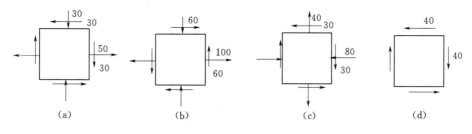

(a)   (b)   (c)   (d)

图 9-18

5. 试用解析法及图解法计算图 9-19 所示单元体最大剪应力平面的方位及截面上的最大剪应力值。应力单位为 MPa。

6. 求图 9-20 所示悬臂梁危险截面上 a、b、c 三点处主应力的大小和方向。已知 $F=$

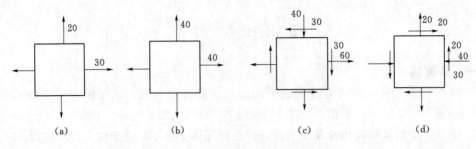

图 9 – 19

100kN，$l=2$m，$h=400$mm，$b=240$mm。

7. 如图 9 – 21 所示一直角曲柄把手，AB 段为圆截面，直径 $d=40$mm。设 $F=2$kN，计算 A 截面 1 点处的主应力及最大剪应力值。

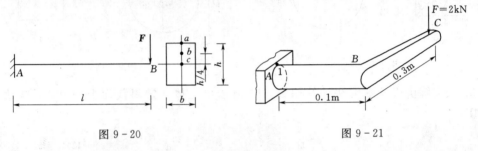

图 9 – 20　　　　　　　　　　　图 9 – 21

8. 钢制圆筒上一点的主应力为 $\sigma_1=45$MPa，$\sigma_2=0$，$\sigma_3=-120$MPa。已知钢的 $[\sigma]=$160MPa，试用第三、第四强度理论校核圆筒的强度。

9. 如图 9 – 22 所示的外伸梁，截面形状为工字形，受如图所示荷载的作用。如需要考虑自重，试选择工字钢的型号，并分别用第三、第四强度理论进行强度校核。已知 $[\sigma]=$160MPa，$[\tau]=100$MPa。

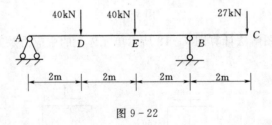

图 9 – 22

项目十　组　合　变　形

【学习目标】

·掌握组合变形的概念。

·掌握斜弯曲、拉（压）弯、偏心拉伸（压缩）、弯扭等组合变形的概念和区分，以及危险截面和危险点的确定和强度计算。

·了解截面核心的概念。

任务一　概　述

在实际工程中，构件在荷载作用下往往不只产生一种基本变形。同时产生两种或两种以上基本变形的变形形式称为**组合变形**。例如，如图 10-1（a）所示屋架上的檩条受到屋面传来的荷载 q 作用，由于荷载作用线不在纵向对称平面内，檩条将在 y、z 两个方向发生平面弯曲，这种组合变形称斜弯曲；如图 10-1（b）所示的烟囱除自重引起的轴向压缩外，还有因水平风力作用而产生的弯曲变形；如图 10-1（c）所示工业厂房的承重柱同时承受屋架传来的荷载 F_1 和吊车荷载 F_2 的作用，因其合力作用线与柱子的轴线不重合，柱子发生偏心压缩；如图 10-1（d）所示的机器中的传动轴，在外力作用下，将发生弯曲与扭转的组合变形。

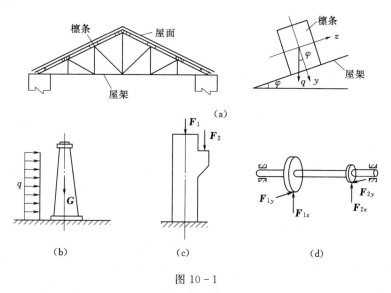

图 10-1

解决组合变形的基本方法是叠加法。本项目所讨论的组合变形，是在材料服从胡克定律和小变形条件下，此时内力、应力、变形等参量均与荷载呈线性关系，故可用叠加原理

165

计算。其做法是首先将组合变形分解为基本变形，然后分别计算各基本变形的应力或变形，最后将其叠加起来，即得构件在组合变形时的应力或变形。

工程中常见的组合变形主要有下列几种：①斜弯曲；②拉伸（压缩）与弯曲的组合；③偏心压缩（拉伸）；④弯曲与扭转的组合。

任务二 斜 弯 曲

项目四和项目八讨论了平面弯曲的内力和强度计算。平面弯曲的特点是：外力作用在梁的纵向对称平面内。变形后梁的挠曲线仍在此对称平面内，且外力作用面与中性轴垂

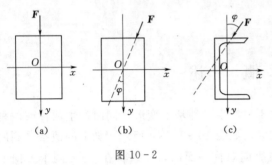

直，如图 10-2（a）所示。

如果外力不作用在梁的纵向对称平面内，如图 10-2（b）所示，或者外力通过弯曲中心，但在不与截面形心主轴平行的平面内，如图 10-2（c）所示，在这种情况下，变形后梁挠曲线所在平面与外力作用平面不重合，这种弯曲变形称为**斜弯曲**。

图 10-2

一、外力分析

现以矩形截面悬臂梁为例介绍斜弯曲的应力和强度计算。

如图 10-3（c）所示，设矩形截面的形心主轴分别为 y 轴和 z 轴，作用于梁自由端的外力 F 通过截面形心，且与形心主轴 y 的夹角为 φ。

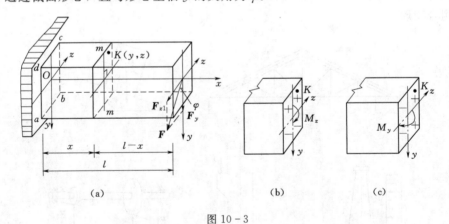

图 10-3

将外力 F 沿 y 轴和 z 轴分解得

$$F_y = F\cos\varphi, \quad F_z = F\sin\varphi$$

F_y 将使梁在铅垂平面 xOy 内发生平面弯曲；而 F_z 将使梁在水平平面 xOz 内发生平面弯曲。可见，斜弯曲是梁在两个互相垂直方向平面弯曲的组合，故又称为**双向平面弯曲**。

二、内力分析

与平面弯曲一样，在斜弯曲梁的横截面上也有剪力和弯矩两种内力。但由于剪力引起

的剪应力数值很小，常常忽略不计。所以，在内力分析时，只考虑弯矩。

在距固定端为 x 的任意横截面 m—m 上由 $\boldsymbol{F}_y$ 和 $\boldsymbol{F}_z$ 引起的弯矩分别为

$$M_z = F_y(l-x) = F(l-x)\cos\varphi = M\cos\varphi$$

$$M_y = F_z(l-x) = F(l-x)\sin\varphi = M\sin\varphi$$

式中，$M = F(l-x)$ 表示力 $\boldsymbol{F}$ 在截面 m—m 上产生的总弯矩。

三、应力分析

在截面 m—m 上任意点 $K(y, z)$ 处，与弯矩 M_z 和 M_y 对应的正应力分别为 σ' 和 σ''，即

$$\sigma' = \frac{M_z y}{I_z} = \frac{M\cos\varphi}{I_z}y$$

$$\sigma'' = \frac{M_y z}{I_y} = \frac{M\sin\varphi}{I_y}z$$

式中：I_z 和 I_y 分别为截面对 z 轴和 y 轴的惯性矩。

根据叠加原理，K 点处总的弯曲正应力，应为上述两个正应力的代数和，即

$$\sigma = \sigma' + \sigma'' = \frac{M_z y}{I_z} + \frac{M_y z}{I_y} = M\left(\frac{\cos\varphi}{I_z}y + \frac{\sin\varphi}{I_y}z\right) \tag{10-1}$$

这就是斜弯曲梁内任意一点正应力计算公式。

应用式（10-1）计算应力时，M 和 y、z 均取绝对值，应力的正负号可以直接观察梁的变形，看弯矩 M_z 和弯矩 M_y 分别引起所求点的正应力是拉应力还是压应力来决定，以拉应力为正号，压应力为负号。

如图 10-3（b）、（c）所示，由 M_z 和 M_y 引起的 K 点处的正应力均为拉应力，故 σ' 和 σ'' 均为正值。

四、强度计算

进行强度计算时，必须首先确定危险截面和危险点的位置。对于如图 10-3 所示的悬臂梁，当 $x=0$ 时，M_z 和 M_y 同时达到最大值。因此，固定端截面就是危险截面，根据对变形的判断，可知棱角 c 点和 a 点是危险点，其中 c 点处有最大拉应力，a 点处有最大压应力，且 $\sigma_c = |\sigma_a| = \sigma_{\max}$。设危险点的坐标分别为 $z_{\max}$ 和 $y_{\max}$，由式（10-1）可得最大正应力为

$$\sigma_{\max} = \frac{M_{z\max} y_{\max}}{I_z} + \frac{M_{y\max} z_{\max}}{I_y} = \frac{M_{z\max}}{W_z} + \frac{M_{y\max}}{W_y}$$

其中

$$W_z = \frac{I_z}{y_{\max}}, \quad W_y = \frac{I_y}{z_{\max}}$$

若材料的抗拉强度和抗压强度相等，则其强度条件为

$$\sigma_{\max} = \frac{M_{z\max}}{W_z} + \frac{M_{y\max}}{W_y} \leqslant [\sigma] \tag{10-2}$$

运用上述强度条件，同样可对斜弯曲梁进行强度校核、选择截面和确定许可荷载三类问题的计算。但是，在设计截面尺寸时，因由式（10-2）不能同时确定 W_z 和 W_y 两个未知量，故需首先假设一个 $\dfrac{W_z}{W_y}$ 的比值，然后和式（10-2）联解求出 W_z 和 W_y，选出截面后

再按式（10-2）进行强度校核。矩形截面通常取 $\dfrac{W_z}{W_y}=1.2\sim2$，工字形截面常取 $\dfrac{W_z}{W_y}=8\sim10$。

五、挠度计算

弯曲对应杆段的挠度计算也用叠加法，由于分别计算的挠度 f_y、f_z 方向不同，故应用几何相加求截面总挠度为

$$f=\sqrt{f_y^2+f_z^2}, \quad \tan\alpha=\frac{f_z}{f_y}$$

【例 10-1】 矩形截面木檩条，简支在屋架上，跨度 $l=4\mathrm{m}$，荷载及截面尺寸（图中单位为 mm）如图 10-4 所示，材料许用应力 $[\sigma]=10\mathrm{MPa}$，试校核檩条强度，并求最大挠度。

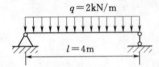

解： （1）外力分析。将均布荷载 q 沿对称轴 y 轴和 z 轴分解，得

$$q_y=q\cos\varphi=2\times\cos25°=1.81(\mathrm{kN/m})$$

$$q_z=q\sin\varphi=2\times\sin25°=0.85(\mathrm{kN/m})$$

（2）内力计算。跨中截面为危险截面，M_z、M_y 分别为

$$M_z=\frac{q_y l^2}{8}=1.81\times\frac{4^2}{8}=3.62(\mathrm{kN\cdot m})$$

$$M_y=\frac{q_z l^2}{8}=0.85\times\frac{4^2}{8}=1.70(\mathrm{kN\cdot m})$$

（3）强度计算。跨中截面离中性轴最远的 A 点有最大压应力，C 点有最大拉应力，它们的值大小相等，是危险点。

$$W_z=\frac{bh^2}{6}=120\times\frac{180^2}{6}=6.48\times10^5(\mathrm{mm}^3)$$

$$W_y=\frac{hb^2}{6}=180\times\frac{120^2}{6}=4.32\times10^5(\mathrm{mm}^3)$$

$$\sigma_{\max}=\frac{M_{z\max}}{W_z}+\frac{M_{y\max}}{W_y}=\frac{3.62\times10^6}{6.48\times10^5}+\frac{1.70\times10^6}{4.32\times10^5}=9.52\ (\mathrm{MPa})<[\sigma]$$

所以，檩条满足强度要求。

（4）挠度计算。木材 $E=10\mathrm{GPa}$。跨中截面产生最大挠度为

$$f_y=\frac{5q_y l^4}{384EI_z}=\frac{5\times1.81\times4000^4}{384\times10\times10^3\times\dfrac{120\times180^3}{12}}=10.35(\mathrm{mm})$$

$$f_z=\frac{5q_z l^4}{384EI_y}=\frac{5\times0.85\times4000^4}{384\times10\times10^3\times\dfrac{180\times120^3}{12}}=10.93(\mathrm{mm})$$

$$f=\sqrt{f_y^2+f_z^2}=15.05(\mathrm{mm})$$

$$\tan\alpha=\frac{f_z}{f_y}=1.06$$

$$\alpha=46.56°$$

任务三　拉伸（压缩）与弯曲的组合

当杆件同时受轴向外力和横向外力作用时，杆件将产生拉伸（压缩）与弯曲的组合变形。烟囱受自重和风力作用，如图 10-1（b）所示，就是压缩与弯曲组合的例子。对于抗弯刚度 EI 较大的杆件，因弯曲变形而产生的挠度远小于横截面的尺寸，则轴向力由于弯曲变形而产生的弯矩可以略去不计。在这种情况下，可以认为轴向外力仅仅产生拉伸或压缩变形，而横向外力仅仅产生弯曲变形，两者各自独立。因此，仍然可以应用叠加原理进行计算。

下面以图 10-5 所示挡土墙为例，介绍压缩与弯曲组合变形的强度计算。

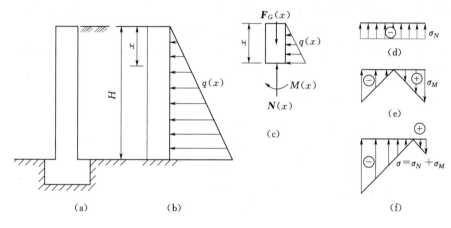

图 10-5

一、外力和内力分析

图 10-5（b）为挡土墙的计算简图，其上所受荷载有水平方向的土压力 $q(x)$ 和垂直方向的自重 $\boldsymbol{F}_G(x)$。土压力使墙产生弯曲变形，自重使墙产生压缩变形。横截面上将有轴力和弯矩两种内力分量，如图 10-5（c）所示。

二、应力分析

在距挡土墙顶端为 x 的任意截面上，由于自重作用产生均匀分布的压应力为

$$\sigma_N = -\frac{N(x)}{A}$$

由于土压力作用，在该截面上任一点产生的弯曲正应力为

$$\sigma_M = \pm\frac{M(x)y}{I_z}$$

因此，该截面上任一点的总应力为

$$\sigma = \sigma_N + \sigma_M = -\frac{N(x)}{A} \pm \frac{M(x)y}{I_z} \tag{10-3}$$

式中第二项正负号由计算点处的弯曲正应力的正负号来决定，即弯曲在该点产生拉应力时

取正，反之取负。应力 σ_N、σ_M 和 σ 的分布情形分别如图 10-5（d）、（e）、（f）所示。

三、强度计算

对于所研究的挡土墙，其底部截面的轴力和弯矩均为最大，所以是危险截面。危险截面的最大、最小正应力为

$$\sigma_{min}^{max} = -\frac{N_{max}}{A} \pm \frac{M_{max}}{W_z} \qquad (10-4)$$

则强度条件为

$$\sigma_{min}^{max} = -\frac{N_{max}}{A} \pm \frac{M_{max}}{W_z} \leqslant [\sigma] \qquad (10-5)$$

以上各式同样适用于拉伸与弯曲组合变形的情况，不过式中第一项应取正号。

【例 10-2】 如图 10-6（a）所示挡土墙，墙高 $l=3m$，墙厚 $h=2m$，墙体很长。设土壤对每米长的墙体的水平总压力 $F=30kN$，作用在离基础 $l/3$ 的高度。墙体容重为 $20kN/m^3$，求基础底面上的最大压应力。

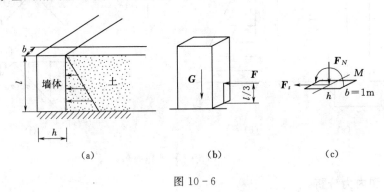

（a）　　　　　　　　（b）　　　　　　　　（c）

图 10-6

解：（1）受力分析。由于每单位长度的受力情况相同，取单位长度为 1m 的一段墙体进行计算，如图 10-6（b）所示，该段墙体受自重 **W** 及土体的水平推力作用。

（2）内力。因墙体受自重及水平力作用，危险截面在底面，内力如图 10-6（c）所示。轴力为

$$N = 1 \times 2 \times 3 \times 20 = 120(kN)$$

弯矩为

$$M = F \times \frac{l}{3} = \frac{30 \times 3}{3} = 30(kN \cdot m)$$

（3）最大应力。底截面受压弯组合，危险点为截面的左侧边缘，剪应力为零。所以在截面左、右侧有应力极值，分别为

$$\sigma_{左} = -\frac{N}{A} - \frac{M}{W} = -\frac{120}{2} - \frac{30 \times 8}{1 \times 2^2} = -0.105(MPa)$$

$$\sigma_{右} = -\frac{N}{A} + \frac{M}{W} = -0.015(MPa)$$

可见最大压应力在底截面左侧边缘，即 $\sigma_{c,max} = 0.105MPa$。

任务四　偏心压缩（拉伸）

当作用在杆件上的外力与杆轴平行但不重合时，杆件所发生的变形称为偏心压缩（拉伸）。这种外力称为偏心力，偏心力的作用点到截面形心的距离称为偏心距，常用 e 表示。偏心压缩（拉伸）是工程实际中常见的组合变形形式。例如，混凝土重力坝刚建成还未挡水时，坝的水平截面仅受不通过形心的重力作用，此时属偏心压缩；厂房边柱，受吊车梁作用，也属于偏心压缩。

一、偏心压缩（拉伸）时的强度计算

根据偏心力作用点位置不同，常见偏心压缩分为单向偏心压缩和双向偏心压缩两种情况，下面分别讨论其强度计算。

（一）单向偏心压缩

当偏心压力 F 作用在截面上的某一对称轴（例如 y 轴）上的 K 点时，杆件产生的偏心压缩称为单向偏心压缩［图 $10-7$（a）］，这种情况在工程实际中最常见。

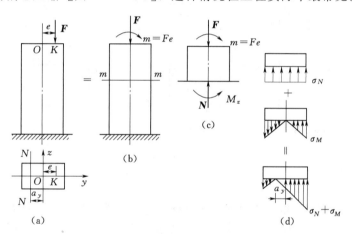

图 $10-7$

1．外力分析

将偏心压力 F 向截面形心简化，得到一个轴向压力 F 和一个力偶矩 $m=Fe$ 的力偶［图 $10-7$（b）］。

2．内力分析

用截面法可求得任一横截面 $m—m$ 上的内力为

$$N=-F \qquad M_z=m=Fe$$

由外力简化和内力计算结果可知，偏心压缩为轴向压缩和纯弯曲的变形组合。

3．应力分析

根据叠加原理，将轴力 N 对应的正应力 σ_N 与弯矩 M 对应的正应力 σ_M 叠加起来，即得单向偏心压缩时任意横截面上任一处正应力的计算式：

$$\sigma=\sigma_N+\sigma_M=\frac{N}{A}\pm\frac{My}{I_z}=-\frac{F}{A}\pm\frac{Fe}{I_z}y \tag{10-6}$$

应用式（10-6）计算应力时，式中各量均以绝对值代入，公式中第二项前的正负号通过观察弯曲变形确定，该点在受拉区为正，在受压区为负。

4. 最大应力

若不计柱自重，则各截面内力相同。由应力分布图［图 10-7 (d)］可知偏心压缩时的中性轴不再通过截面形心，最大正应力和最小正应力分别发生在横截面上距中性轴 N—N 最远的左、右两边缘上，其计算公式为

$$\sigma_{\min}^{\max} = -\frac{F}{A} \pm \frac{Fe}{W_z} \tag{10-7}$$

（二）双向偏心压缩

当外力 $\boldsymbol{F}$ 不作用在对称轴上，而是作用在横截面上任一位置 K 点处时［图 10-8 (a)］，产生的偏心压缩称为双向偏心压缩。这是偏心压缩的一般情况，其计算方法和步骤与单向偏心压缩相同。

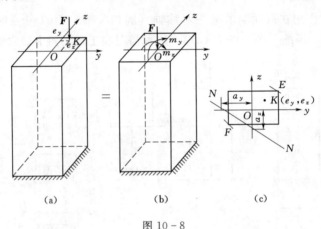

图 10-8

若用 e_y 和 e_z 分别表示偏心压力 $\boldsymbol{F}$ 作用点到 z、y 轴的距离，将外力向截面形心 O 简化得一轴向压力 $\boldsymbol{F}$ 和对 y 轴的力偶矩 $m_y = Fe_z$，对 z 轴的力偶矩 $m_z = Fe_y$［图 10-8 (b)］。

由截面法可求得杆件任一截面上的内力有轴力 $N = -F$、弯矩 $M_y = m_y = Fe_z$ 和 $M_z = m_z = Fe_y$。由此可见，双向偏心压缩实质上是压缩与两个方向纯弯曲的组合，或压缩与斜弯曲的组合变形。

根据叠加原理，可得杆件横截面上任意一点 $C(y, z)$ 处正应力计算式为

$$\sigma = \sigma_N + \sigma_{My} + \sigma_{Mz} = \frac{N}{A} \pm \frac{M_z y}{I_z} \pm \frac{M_y z}{I_y} = -\frac{F}{A} \pm \frac{Fe_y}{I_z} y \pm \frac{Fe_z}{I_y} z \tag{10-8}$$

最大和最小正应力发生在截面距中性轴 N—N 最远的角点 E、F 处［图 10-8 (c)］。

$$\sigma_{\max}^{F} = -\frac{F}{A} \pm \frac{M_z}{W_z} \pm \frac{M_y}{W_y} \tag{10-9}$$
$$\sigma_{\min}^{E}$$

上述各公式同样适用于偏心拉伸，但须将公式中第一项前改为正号。

二、截面核心

水利等土木建筑工程中常用的砖、石、混凝土等脆性材料，它们的抗拉强度远远小于抗压强度，所以在设计由这类材料制成的偏心受压构件时，要求横截面上不出现拉应力。

由式 (10-7)、式 (10-9) 可知，当偏心压力 **F** 和截面形状、尺寸确定后，应力的分布只与偏心距有关。偏心距越小，横截面上拉应力的数值也就越小。因此，总可以找到包含截面形心在内的一个特定区域，当偏心压力作用在该区域内时，截面上就不会出现拉应力，这个区域称为截面核心。如图 10-9 所示的矩形截面杆，在单向偏心压缩时，要使横截面上不出现拉应力，就应使

$$\sigma_{max}^+ = -\frac{F}{A} \pm \frac{Fe}{W_z} \leqslant 0$$

将 $A=bh$、$W_z=\dfrac{bh^2}{6}$ 代入上式可得

$$1-\frac{6e}{h} \geqslant 0$$

从而得 $e \leqslant \dfrac{h}{6}$，这说明当偏心压力作用在 y 轴上 $\pm \dfrac{h}{6}$ 范围以内时，截面上不会出现拉应力。

同理，当偏心压力作用在 z 轴上 $\pm \dfrac{b}{6}$ 范围以内时，截面上不会出现拉应力。当偏心压力不作用在对称轴上时，可以证明将图中 1、2、3、4 点顺次用直线连接所得的菱形，即为矩形截面核心。常见截面的截面核心如图 10-10 所示。

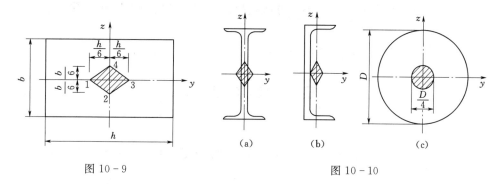

图 10-9　　　　　　　　　　　图 10-10

【例 10-3】 如图 10-11 所示为厂房的牛腿柱。设由屋架传来的压力 $F_1=100$kN，由吊车梁传来的压力 $F_2=30$kN，F_2 与柱子的轴线有一偏心距 $e=0.2$m。如果柱横截面宽度 $b=180$mm，试求当 h 为多少时，截面才不会出现拉应力？并求柱这时的最大压应力。

解: (1) 外力计算。

$$F=F_1+F_2=100+30=130(kN)$$

$$m_z=F_2 e=30 \times 0.2=6(kN \cdot m)$$

(2) 内力计算。用截面法可求得横截面上的内力为

$$N=-F=-130kN$$

$$M_z=m_z=F_2 e=6(kN \cdot m)$$

(3) 应力计算。若使截面上不出现拉应力，必须令 $\sigma_{max}^+ = 0$，即

$$\sigma_{max}^+ = -\frac{F}{A} + \frac{M_z}{W_z} = -\frac{130 \times 10^3}{0.18h} + \frac{6 \times 10^3}{0.18h^2/6} = 0$$

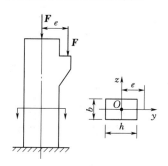

图 10-11

解得
$$h=0.28\text{m}$$

此时柱的最大压应力发生在截面的右边缘各点处，其值为

$$\bar{\sigma}_{max}=\frac{F}{A}+\frac{M_z}{W_z}=\frac{130\times10^3}{0.18h}+\frac{6\times10^3}{0.18h^2/6}=5.13(\text{MPa})$$

小　　结

本项目在各种基本变形的基础上，主要讨论斜弯曲与偏心压缩两种组合变形的强度计算以及有关截面核心的概念。

组合变形的应力计算仍采用叠加法。分析组合变形构件强度问题的关键在于：对任意作用的外力进行分解或简化。只要能将组成组合变形的几个基本变形找出，便可应用我们所熟知的基本变形计算知识来解决。

组合变形杆件强度计算的一般步骤：

（1）外力分析：首先将作用于构件上的外力向截面形心处简化，使其产生几种基本变形形式。

（2）内力分析：分析构件在每一种基本变形时的内力，从而确定出危险截面的位置。

（3）应力分析：根据内力的大小和方向找出危险截面上的应力分布规律，确定出危险点的位置并计算其应力。

（4）强度计算：根据危险点的应力进行强度计算。

知 识 技 能 训 练

一、判断题

1. 在工程中，杆件受外力作用后若同时产生两种或两种以上基本变形，称之为组合变形。（　　）

2. 当外力的作用线通过截面形心时，梁只发生平面弯曲。（　　）

3. 当外力不通过弯曲中心时，梁发生斜弯曲，还发生扭转变形。（　　）

4. 截面核心与外力无关。（　　）

5. 工程中将偏心压力控制在受压杆件的截面核心范围内，是为了使其截面上只有拉应力，而无压应力。（　　）

6. 常见截面的截面核心中，矩形截面的偏心距为：$e_1=\pm\dfrac{h}{6}$，$e_2=\pm\dfrac{b}{6}$。（　　）

二、填空题

1. 解决组合变形强度问题的基本原理是_____。

2. 试判断图 10-12 中 A、B、C 杆是何种变形：

A _____；B _____；C _____；

3. 图 10-13 所示圆截面杆的危险截面是_____，危险点是_____。

4. 对于偏心压缩的杆件，当其所受的外力作用在截面形心附近的某一区域内时，杆件整个横截面上只有压应力而无拉应力，则截面上这个区域称为_____。

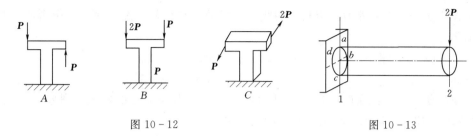

图 10 - 12   图 10 - 13

三、选择题

1. 直杆受轴向压缩时，杆端压力的作用线必通过 (　　)。

　　A. 杆件横截面的形心　　　　　　　　B. 杆件横截面的弯曲中心

　　C. 杆件横截面的主惯性轴　　　　　　D. 杆件横截面的中性轴

2. 当折杆 ABCD 的右端只受到 P_x 的作用时 (图 10 - 14)，则此折杆 AB 段产生的是 (　　) 的组合变形。

　　A. 拉伸与弯曲　　　　　　　　　　　B. 扭转与弯曲

　　C. 拉伸与扭转　　　　　　　　　　　D. 拉伸、扭转与弯曲

3. 若一短柱的压力与轴线平行但并不与轴线重合，则产生的是 (　　) 变形。

　　A. 压缩　　　　　　　　　　　　　　B. 压缩与平面弯曲的组合

　　C. 斜弯曲　　　　　　　　　　　　　D. 挤压

4. 一工字钢悬臂梁，在自由端面内受到集中力 P 的作用，力的作用线和横截面的相互位置如图 10 - 15 所示，此时梁的变形状态应为 (　　)。

　　A. 平面弯曲　　　　　　　　　　　　B. 斜弯曲

　　C. 偏心压缩　　　　　　　　　　　　D. 弯曲与扭转组合

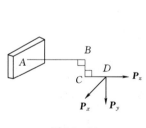

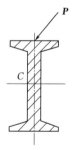

图 10 - 14   图 10 - 15

5. 讨论斜弯曲问题中，以下结论错误的是 (　　)。

　　A. 中性轴上正应力为零　　　　　　　B. 中性轴必垂直于荷载作用面

　　C. 中性轴必垂直于挠曲面　　　　　　D. 中性轴必通过横截面的弯心

6. 柱体受偏心压缩时，下列结论中错误的是 (　　)。

　　A. 若集中力 P 作用点位于截面核心内部，则柱体内不产生拉应力

　　B. 若集中力 P 作用点位于截面核心的边缘，则柱体内不产生拉应力

　　C. 若集中力 P 作用点位于截面核心的外部，则柱体内可能产生拉应力

　　D. 若集中力 P 作用点位于截面核心的外部，则柱体内必产生拉应力

7. 作用于杆件上的外力，当其作用线与杆的轴线平行并通过截面的一根形心主轴时，杆件就受到（　　）。

A. 单向偏心压缩或拉伸 　　　　B. 单向偏心压缩

C. 偏心压缩 　　　　　　　　　D. 双向偏心压缩

8. 偏心压缩时，截面的中性轴与外力作用点位于截面形心的两侧，则外力作用点到形心之距离 e 和中性轴到形心距离 d 之间的关系是（　　）。

A. $e=d$ 　　　　　　　　　　B. $e>d$

C. e 越小，d 越大 　　　　　D. e 越大，d 越小

9. 常见截面的截面核心中，圆形截面的偏心距为（　　）。

A. $e=R$ 　　　　　　　　　　B. $e>2R$

C. $e=R/2$ 　　　　　　　　　D. $e=R/4$

四、计算题

1. 桥式吊车梁由 32a 工字钢制成，如图 10-16 所示，当小车走到梁跨度中点时，吊车梁处于最不利的受力状态。吊车工作时，由于惯性和其他原因，荷载 F 偏离铅垂线与 y 轴成 $\varphi=15°$ 的夹角。已知 $l=4\text{m}$，$[\sigma]=160\text{MPa}$，$F=30\text{kN}$，试校核吊车梁的强度。

2. 如图 10-17 所示木制悬臂梁在水平对称平面内受力 $F_1=1.6\text{kN}$，竖直对称平面内受力 $F_2=0.8\text{kN}$ 的作用，梁的矩形截面尺寸为 9cm×18cm，$E=10\times10^3\text{MPa}$，试求梁的最大拉压应力数值及其位置。

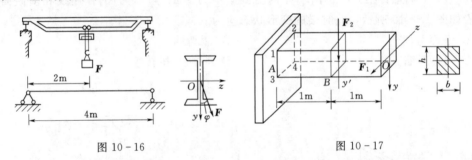

图 10-16 　　　　　　　　　　　　　　图 10-17

3. 矩形截面悬臂梁受力如图 10-18 所示，F 通过截面形心且与 y 轴成角 φ，已知 $F=1.2\text{kN}$，$l=2\text{m}$，$\varphi=12°$，$\dfrac{h}{b}=1.5$，材料的容许正应力 $[\sigma]=10\text{MPa}$，试确定 b 和 h 的尺寸。

4. 承受均布荷载作用的矩形截面简支梁如图 10-19 所示，q 与 y 轴成 φ 角且通过形心，已知 $l=4\text{m}$，$b=10\text{cm}$，$h=15\text{cm}$，材料的容许正应力 $[\sigma]=10\text{MPa}$，试求梁能承受的最大分布荷载 q_{max}。

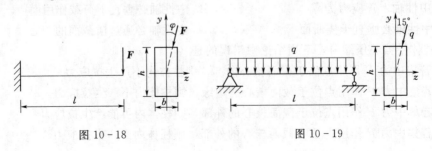

图 10-18 　　　　　　　　　　　　　　图 10-19

5. 如图 10 - 20 所示斜梁横截面为正方形，$a=10cm$，$F=3kN$ 作用在梁纵向对称平面内且为铅垂方向，试求斜梁最大拉、压应力大小及其位置。

6. 砖墙及其基础截面如图 10 - 21 所示，设在 1m 长的墙上有偏心力 $F=40kN$ 的作用，试求截面 1—1 和截面 2—2 上的应力分布图。截面尺寸单位为 cm。

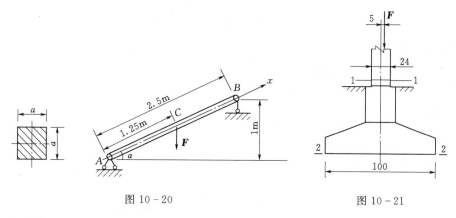

图 10 - 20   图 10 - 21

7. 矩形截面偏心受拉木杆，如图 10 - 22 所示，偏心力 $F=160kN$，$e=5cm$，$[\sigma]=10MPa$，矩形截面宽度 $b=16cm$，试确定木杆的截面高度 h。

8. 一混凝土重力坝，如图 10 - 23 所示，坝高 $H=30m$，底宽 $B=19m$，受水压力和自重作用。已知坝前水深 $H=30m$，坝体材料容重 $\gamma=24kN/m^3$，许用应力 $[\sigma]^-=10MPa$，坝体底面不允许出现拉应力，试校核该截面正应力强度。

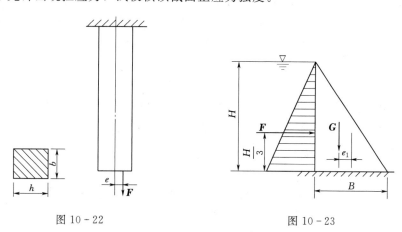

图 10 - 22   图 10 - 23

项目十一 压 杆 稳 定

【学习目标】

- 了解压杆稳定的基本概念。
- 掌握临界力、临界应力、长度系数、柔度等的概念。
- 掌握压杆临界应力的计算公式。
- 能正确区分不同柔度条件下压杆临界力的计算方法。
- 掌握压杆稳定性计算，了解实际工程中提高压杆稳定性的工程措施。

任务一 压杆稳定的概念

在前面讨论压杆的强度问题时，认为只要满足直杆受压时的强度条件，就能保证压杆的正常工作。这个结论只适用于短粗压杆。而细长压杆在轴向压力作用下，其破坏的形式与强度问题截然不同。例如，一根长 300mm 的钢制直杆（锯条），其横截面的宽度为 11mm，厚度为 0.6mm，材料的抗压许用应力为 170MPa，如果按照其抗压强度计算，其抗压承载力应为 1122N。但是实际上，承受约 4N 的轴向压力时，直杆就发生了明显的弯曲变形，丧失了其在直线形状下保持平衡的能力，从而导致破坏。它明确反映了压杆失稳与强度失效不同。

为了说明问题，取如图 11-1（a）所示的等直细长杆，在其两端施加轴向压力 F，使杆在直线形状下处于平衡，此时，如果给杆以微小的侧向干扰力，使杆发生微小的弯曲，然后撤去干扰力，则当杆承受的轴向压力数值不同时，其结果也截然不同。当杆承受的轴向压力数值 F 小于某一数值 F_{cr} 时，在撤去干扰力以后，杆能自动恢复到原有的直线平衡状态而保持平衡，如图 11-1（a）、（b）所示，这种能保持原有的直线平衡状态的平衡称为**稳定的平衡**；当杆承受的轴向压力数值 F 逐渐增大到（甚至超过）某一数值 F_{cr} 时，即使撤去干扰力，杆仍然处于微弯形状，不能自动恢复到原有的直线平衡状态，如图 11-1（c）、（d）所示，不能保持原有的直线平衡状态的平衡称为**不稳定的平衡**。如果力 F 继续增大，则杆继续弯曲，产生显著的变形，发生突然破坏。

上述现象表明，在轴向压力 F 由小逐渐增大的过程中，压杆由稳定的平衡转变为不稳定的平衡，这种现象称为**压杆丧失稳定性**或**压杆失稳**。显然，压杆是否失稳取决于轴向压力的数值，压杆由直线形状的稳定的平衡过渡到不稳定的平衡时所对应的轴向压力，称为压杆的**临界压力**或**临界力**，用 F_{cr} 表示。当压杆所受的轴向压力 F 小于临界力 F_{cr} 时，杆件就能够保持稳定的平衡，这种性能称为压杆具有**稳定性**；而当压杆所受的轴向压力 F 等于或者大于 F_{cr} 时，杆件就不能保持稳定的平衡而**失稳**。

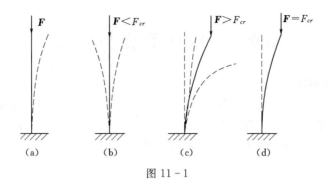

图 11-1

任务二　压杆的临界力

从上面的讨论可知，压杆在临界力作用下，其直线形状的平衡将由稳定的平衡转变为不稳定的平衡，此时，即使撤去侧向干扰力，压杆仍然将保持在微弯状态下的平衡。当然，如果压力超过这个临界力，弯曲变形将明显增大。所以，上面使压杆在微弯状态下保持平衡的最小的轴向压力，即为压杆的临界力。经验表明，不同约束条件下细长压杆临界力计算公式——欧拉公式为

$$F_{cr}=\frac{\pi^2 EI}{(\mu l)^2} \tag{11-1}$$

式中：μl 为**折算长度**，表示将杆端约束条件不同的压杆计算长度 l 折算成两端铰支压杆的长度，μ 为**长度系数**。几种不同杆端约束情况下的长度系数 μ 值列于表 11-1 中。

表 11-1　　　　　　　各种约束下等截面细长压杆的临界力及长度系数

支承情况	两端固定	一端固定一端铰支	两端铰支	一端固定一端自由
杆端支承情况				
临界力 F_{cr}	$F_{cr}=\dfrac{\pi^2 EI}{(0.5l)^2}$	$F_{cr}=\dfrac{\pi^2 EI}{(0.7l)^2}$	$F_{cr}=\dfrac{\pi^2 EI}{l^2}$	$F_{cr}=\dfrac{\pi^2 EI}{(2l)^2}$
相当长度 μl	$0.5l$	$0.7l$	l	$2l$
长度系数 μ	0.5	0.7	1	2

从表 11-1 可以看出，两端铰支时，压杆在临界力作用下的挠曲线为半波正弦曲线；而一端固定、另一端铰支，计算长度为 l 的压杆的挠曲线，其部分挠曲线（$0.7l$）与长为 l 的两端铰支的压杆的挠曲线的形状相同，因此，在这种约束条件下，折算长度为 $0.7l$。其他约束条件下的长度系数和折算长度可依此类推。

任务三 压杆的临界应力

一、临界应力和柔度

有了计算细长压杆临界力的欧拉公式，在进行压稳计算时，需要知道临界应力，当压杆在临界力 F_{cr} 作用下处于直线临界状态的平衡时，其横截面上的压应力等于临界力 F_{cr} 除以横截面面积 A，称为**临界应力**，用 σ_{cr} 表示，即

$$\sigma_{cr} = \frac{F_{cr}}{A}$$

将式（11-1）代入上式，得

$$\sigma_{cr} = \frac{\pi^2 EI}{(\mu l)^2 A}$$

若将压杆的惯性矩 I 写成

$$I = i^2 A \quad \text{或} \quad i = \sqrt{\frac{I}{A}}$$

式中：i 为压杆横截面的**惯性半径**。

于是临界应力可写为

$$\sigma_{cr} = \frac{\pi^2 E i^2}{(\mu l)^2} = \frac{\pi^2 E}{\left(\dfrac{\mu l}{i}\right)^2}$$

令 $\lambda = \dfrac{\mu l}{i}$，则

$$\sigma_{cr} = \frac{\pi^2 E}{\lambda^2} \tag{11-2}$$

上式为计算压杆临界应力的欧拉公式，式中 λ 称为压杆的**柔度**（或长细比）。则

$$\lambda = \frac{\mu l}{i} \tag{11-3}$$

柔度 λ 是一个无量纲的量，其大小与压杆的长度系数 μ、杆长 l 及惯性半径 i 有关。由于压杆的长度系数 μ 决定于压杆的支承情况，惯性半径 i 决定于截面的形状与尺寸，所以，从物理意义上看，柔度 λ 综合地反映了压杆的长度、截面的形状与尺寸以及支承情况对临界力的影响。从式（11-2）还可以看出，如果压杆的柔度值越大，则其临界应力越小，压杆就越容易失稳。

二、欧拉公式的适用范围

欧拉公式是根据挠曲线近似微分方程导出的，而应用此微分方程时，材料必须服从胡克定理。因此，欧拉公式的适用范围应当是压杆的临界应力 σ_{cr} 不超过材料的比例极限 σ_p，即：$\sigma_{cr} = \dfrac{\pi^2 E}{\lambda^2} \leqslant \sigma_p$，有 $\lambda_p \geqslant \pi\sqrt{\dfrac{E}{\sigma_p}}$。若设 λ_p 为压杆的临界应力达到材料的比例极限时的柔度值，即

$$\lambda_p = \pi \sqrt{\frac{E}{\sigma_p}} \qquad (11-4)$$

则欧拉公式的适用范围为

$$\lambda \geqslant \lambda_p \qquad (11-5)$$

式（11-5）表明，当压杆的柔度不小于 λ_p 时，才可以应用欧拉公式计算临界力或临界应力。这类压杆称为**大柔度杆**或**细长杆**，欧拉公式只适用于较细长的大柔度杆。从式（11-4）可知，λ_p 的值取决于材料性质，不同的材料都有自己的 E 值和 σ_p 值，所以，不同材料制成的压杆，其 λ_p 也不同。例如 Q235 钢，$\sigma_p = 200\text{MPa}$，$E = 200\text{GPa}$，由式（11-4）即可求得 $\lambda_p = 100$。

三、超出比例极限时的临界应力计算

上面指出，欧拉公式只适用于较细长的大柔度杆，即临界应力不超过材料的比例极限（处于弹性稳定状态）。当临界应力超过比例极限时，材料处于弹塑性阶段，此类压杆的稳定属于弹塑性稳定（非弹性稳定）问题，此时，欧拉公式不再适用。对这类压杆，各国大多采用从试验结果得到经验公式计算临界力或者临界应力的方法。

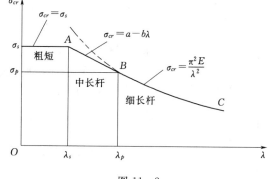

图 11-2

1. 直线公式

对于由合金钢、铝合金、铸铁与松木等制成的中柔度杆，可采用下述直线公式计算临界应力。

$$\sigma_{cr} = a - b\lambda \qquad (11-6)$$

式中：a 和 b 为与材料性能有关的常数，单位为 MPa，几种常用材料的 a 和 b 值见表 11-2。图 11-2 所示为各类压杆的临界应力和 λ 的关系，称为临界应力总图。由图 11-2 可明显地看出，短杆的临界应力与 λ 无关，而中、长杆的临界应力随 λ 的增加而减小。

表 11-2　　　　　　　　　　直线经验公式中常数值

材料	a/MPa	b/MPa
铸铁	332.2	1.454
铝合金	373	2.15
木材	28.7	0.19

大柔度杆用欧拉公式：$\sigma_{cr} = \dfrac{\pi^2 E}{\lambda^2} \ (\lambda > \lambda_p)$

中柔度杆采用直线经验公式：$\sigma_{cr} = a - b\lambda (\lambda_s \leqslant \lambda \leqslant \lambda_p)$

小柔度杆用材料的屈服极限或破坏极限：$\sigma_{cr} = \sigma_s$ 或 $\sigma_{cr} = \sigma_b \ (\lambda \leqslant \lambda_s)$

2. 抛物线公式

对于由结构钢与低合金结构钢等材料制成的中柔度压杆，可采用下述抛物线公式计算临界应力。

$$\sigma_{cr} = a_1 - b_1 \lambda^2 \tag{11-7}$$

式中：a_1 和 b_1 为与材料性能有关的常数。

大柔度杆用欧拉公式：$\sigma_{cr} = \dfrac{\pi^2 E}{\lambda^2}$ $(\lambda \geqslant \lambda_p)$

中柔度杆与小柔度杆用抛物线公式：$\sigma_{cr} = a_1 - b_1 \lambda^2$ $(\lambda < \lambda_p)$

材料 Q235 的 $\lambda_p = 132$，$\sigma_{cr} = (235 - 0.0068\lambda^2)\text{MPa}(\lambda < 132)$。

材料 16Mn 的 $\lambda_p = 109$，$\sigma_{cr} = (343 - 0.00161\lambda^2)\text{MPa}(\lambda < 109)$。

【例 11-1】 如图 11-3 所示，一端固定另一端自由的细长压杆，其杆长 $l = 2\text{m}$，截面形状为矩形，$b = 20\text{mm}$、$h = 45\text{mm}$，材料的弹性模量 $E = 200\text{GPa}$。试计算该压杆的临界力。若把截面改为 $b = h = 30\text{mm}$，而保持长度不变，则该压杆的临界力又为多大？

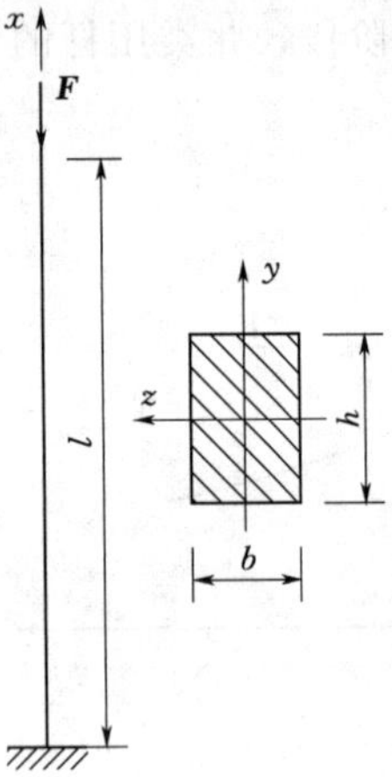

解： (1) 当 $b = 20\text{mm}$、$h = 45\text{mm}$ 时。

1) 计算压杆的柔度。

$$\lambda = \frac{\mu l}{i} = \frac{2 \times 2000}{20 / \sqrt{12}} = 692.8 > \lambda_c = 123 \text{（所以是大柔度杆，可应用}$$

欧拉公式)

2) 计算截面的惯性矩。由前述可知，该压杆必在 xy 平面内失稳，故计算惯性矩

$$I_y = \frac{hb^3}{12} = \frac{45 \times 20^3}{12} = 3.0 \times 10^4 (\text{mm}^4)$$

3) 计算临界力。查表 11-1 得 $\mu = 2$，因此临界力

$$F_{cr} = \frac{\pi^2 EI}{(\mu l)^2} = \frac{\pi^2 \times 200 \times 10^9 \times 3 \times 10^{-8}}{(2 \times 2)^2} = 3701(\text{N}) = 3.70\text{kN}$$

(2) 当截面改为 $b = h = 30\text{mm}$ 时。

图 11-3

1) 计算压杆的柔度

$$\lambda = \frac{\mu l}{i} = \frac{2 \times 2000}{30 / \sqrt{12}} = 461.9 > \lambda_c = 123$$

可见是大柔度杆，可应用欧拉公式。

2) 计算截面的惯性矩。

$$I_y = I_z = \frac{bh^3}{12} = \frac{30^4}{12} = 6.75 \times 10^4 (\text{mm}^4)$$

代入欧拉公式，可得

$$F_{cr} = \frac{\pi^2 EI}{(\mu l)^2} = \frac{\pi^2 \times 200 \times 10^9 \times 6.75 \times 10^{-8}}{(2 \times 2)^2} = 8330(\text{N})$$

从以上两种情况分析，其横截面面积相等，支承条件也相同，但是，计算得到的临界力后者大于前者。可见在材料用量相同的条件下，选择恰当的截面形式可以提高细长压杆的临界力。

任务四　压杆的稳定计算

当压杆中的应力达到（或超过）其临界应力时，压杆会丧失稳定。所以，在工程中，为确保压杆的正常工作，并具有足够的稳定性，其横截面上的应力应小于临界应力。同时还须考虑一定的安全储备，这就要求横截面上的应力不能超过压杆的临界应力的许用值 $[\sigma_{cr}]$，即

$$\sigma = \frac{N}{A} \leqslant [\sigma_{cr}] \qquad\qquad (11-8)$$

$[\sigma_{cr}]$ 为临界应力的许用值，其值为

$$[\sigma_{cr}] = \frac{\sigma_{cr}}{n_{st}} \qquad\qquad (a)$$

式中：n_{st} 为稳定安全因数。

稳定安全因数一般都大于强度计算时的安全因数，这是因为在确定稳定安全因数时，除了应遵循确定安全系数的一般原则以外，还必须考虑实际压杆并非理想的轴向压杆这一情况。例如，在制造过程中，杆件不可避免地存在微小的弯曲（即存在初曲率）；同时外力的作用线也不可能绝对准确地与杆件的轴线相重合（即存在初偏心）；另外，也必须考虑杆件的细长程度，杆件越细长稳定安全性矛盾越重要，稳定安全因数应越大等，这些因素都应在稳定安全因数中加以考虑。

为了计算上的方便，将临界应力的允许值，写成如下形式：

$$[\sigma_{cr}] = \frac{\sigma_{cr}}{n_{st}} = \phi[\sigma] \qquad\qquad (b)$$

从上式可知，ϕ 值为

$$\phi = \frac{\sigma_{cr}}{n_{st}[\sigma]} \qquad\qquad (c)$$

式中：$[\sigma]$ 为强度计算时的许用应力；ϕ 为折减系数，其值小于 1。

由式（c）可知，当 $[\sigma]$ 一定时，ϕ 取决于 σ_{cr} 与 n_{st}。由于临界应力 σ_{cr} 值随压杆的柔度而改变，而不同柔度的压杆一般又规定不同的稳定安全因数，所以折减系数 ϕ 是柔度 λ 的函数。当材料一定时，ϕ 值取决于柔度 λ 的值。表 11-3 给出了几种材料的折减系数 ϕ 与柔度 λ 的值，供学习中使用。

临界应力 $[\sigma_{cr}]$ 依据压杆的屈曲失效试验确定，还涉及实际压杆存在的初曲度、压力的偏心度、实际材料的缺陷、型钢轧制、加工留下的残余应力及其分布规律等因素。

应当明白，$[\sigma_{cr}]$ 与 $[\sigma]$ 虽然都是"许用应力"，但两者却有很大的不同。$[\sigma]$ 只与材料有关，当材料一定时，其值为定值；而 $[\sigma_{cr}]$ 除了与材料有关以外，还与压杆的长细比有关，所以，相同材料制成的不同（柔度）的压杆，其 $[\sigma_{cr}]$ 值是不同的。

将式（b）代入式（11-8），可得

$$\sigma = \frac{N}{A} \leqslant \phi[\sigma] \quad 或 \quad \sigma = \frac{N}{A\phi} \leqslant [\sigma] \qquad\qquad (11-9)$$

表 11-3 折 减 系 数 表

λ	ϕ			λ	ϕ		
	Q235 钢	16 锰钢	木材		Q235 钢	16 锰钢	木材
0	1.000	1.000	1.000	110	0.536	0.384	0.248
10	0.995	0.993	0.971	120	0.466	0.325	0.208
20	0.981	0.973	0.932	130	0.401	0.279	0.178
30	0.958	0.940	0.883	140	0.349	0.242	0.153
40	0.927	0.895	0.822	150	0.306	0.213	0.133
50	0.888	0.840	0.751	160	0.272	0.188	0.117
60	0.842	0.776	0.668	170	0.243	0.168	0.104
70	0.789	0.705	0.575	180	0.218	0.151	0.093
80	0.731	0.627	0.470	190	0.197	0.136	0.083
90	0.669	0.546	0.370	200	0.180	0.124	0.075
100	0.604	0.462	0.300				

式 (11-9) 即为压杆需要满足的**稳定条件**。由于折减系数 ϕ 可按 λ 的值可直接从表 11-3 中查到，因此，按式 (11-9) 的稳定条件进行压杆的稳定计算，十分方便，该方法也称为**实用计算方法**。

应当指出，在稳定计算中，压杆的横截面面积 A 均采用毛截面面积计算，即当压杆在局部有横截面削弱（如钻孔、开口等）时，可不予考虑。因为压杆的稳定性取决于整个杆件的弯曲刚度，而局部的截面削弱对整个杆件的整体刚度来说，影响甚微。但是，对截面的削弱处，则应当进行强度验算。

应用压杆的稳定条件，可以进行三个方面的问题计算：

（1）稳定校核。即已知压杆的几何尺寸、所用材料、支承条件以及承受的压力，验算是否满足公式 (11-9) 的稳定条件。

这类问题，一般应首先计算出压杆的柔度 λ，根据 λ 查出相应的折减系数 ϕ，再按照公式 (11-9) 进行校核。

（2）计算稳定时的许用荷载。即已知压杆的几何尺寸、所用材料及支承条件，按稳定条件计算其能够承受的许用荷载 F 值。

这类问题，一般也要首先计算出压杆的柔度 λ，根据 λ 查出相应的折减系数 ϕ，再按照下式进行计算。

$$[F] \leqslant A\phi[\sigma]$$

（3）进行截面设计。即已知压杆的长度、所用材料、支承条件以及承受的压力 F，按照稳定条件计算压杆所需的截面尺寸。

这类问题，一般采用"试算法"。这是因为在稳定条件 (11-9) 中，折减系数 ϕ 是根据压杆的柔度 λ 查表得到的，而在压杆的截面尺寸尚未确定之前，压杆的柔度 λ 不能确定，所以也就不能确定折减系数 ϕ。因此，只能采用试算法，首先假定一折减系数 ϕ 值（0 与 1 之间一般采用 0.45），由稳定条件计算所需要的截面面积 A，然后计算出压杆的柔度

λ，根据压杆的柔度 λ 查表得到折减系数 ϕ，再按照式（11-9）验算是否满足稳定条件。如果不满足稳定条件，则应重新假定折减系数 ϕ 值，重复上述过程，直到满足稳定条件为止。

【例 11-2】　如图 11-4 所示，构架由两根直径相同的圆杆构成，杆的材料为 Q235 钢，直径 $d=20$mm，材料的许用应力 $[\sigma]=170$MPa，已知 $h=0.4$m，作用力 $F=15$kN。试在计算平面内校核二杆的稳定。

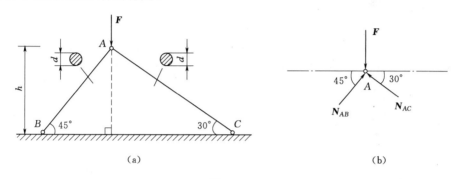

图 11-4

解：（1）计算各杆承受的压力。

取结点 A 为研究对象，根据平衡条件列方程

$$\sum F_x=0, \quad N_{AB}\cos45°-N_{AC}\cos30°=0 \tag{a}$$

$$\sum F_y=0, \quad N_{AB}\sin45°+N_{AC}\sin30°-F=0 \tag{b}$$

联立式（a）、式（b）解得二杆承受的压力分别为

AB 杆
$$F_{AB}=N_{AB}=0.896F=13.44(\text{kN})$$

AC 杆
$$F_{AC}=N_{AC}=0.732F=10.98(\text{kN})$$

（2）计算二杆的柔度。

各杆的长度分别为

$$l_{AB}=\sqrt{2}h=\sqrt{2}\times0.4=0.566(\text{m})$$
$$l_{AC}=2h=2\times0.4=0.8(\text{m})$$

则二杆的长细比分别为

$$\lambda_{AB}=\frac{\mu l_{AB}}{i}=\frac{\mu l_{AB}}{\dfrac{d}{4}}=\frac{4\times1\times0.566}{0.02}=113$$

$$\lambda_{AC}=\frac{\mu l_{AC}}{i}=\frac{\mu l_{AC}}{\dfrac{d}{4}}=\frac{4\times1\times0.8}{0.02}=160$$

（3）根据柔度查折减系数得

$$\varphi_{AB}=\varphi_{113}=\varphi_{110}-\frac{\varphi_{110}-\varphi_{120}}{10}\times3=0.515, \quad \varphi_{AC}=0.272$$

（4）按照稳定条件进行验算。

AB 杆
$$\sigma_{AB}=\frac{F_{AB}}{A\phi_{AB}}=\frac{13.44\times10^3}{\pi\left(\dfrac{0.02}{2}\right)^2\times0.515}=83\times10^6\text{Pa}=83\text{MPa}<[\sigma]$$

AC 杆　　$\sigma_{AC}=\dfrac{F_{AC}}{A\phi_{AC}}=\dfrac{10.98\times10^{3}}{\pi\left(\dfrac{0.02}{2}\right)^{2}\times0.272}=128\times10^{6}\mathrm{Pa}=128\mathrm{MPa}<[\sigma]$

因此，二杆都满足稳定条件，结构稳定。

【例 11-3】 如图 11-5 所示支架，BD 杆为正方形截面的木杆，其长度 $l=2\mathrm{m}$，截面边长 $a=0.1\mathrm{m}$，木材的许用应力 $[\sigma]=10\mathrm{MPa}$，试从满足 BD 杆的稳定条件考虑，计算该支架能承受的最大荷载 $F_{\max}$。

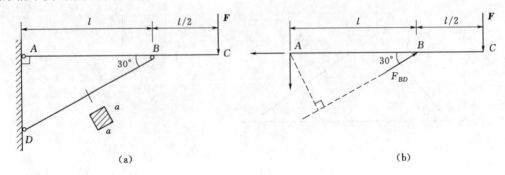

图 11-5

解：（1）计算 BD 杆的柔度

$$l_{BD}=\frac{l}{\cos30°}=\frac{2}{\frac{\sqrt{3}}{2}}=2.31(\mathrm{m})$$

$$\lambda_{BD}=\frac{\mu l_{BD}}{i}=\frac{\mu l_{BD}}{\sqrt{\frac{I}{A}}}=\frac{\mu l_{BD}}{a\sqrt{\frac{1}{12}}}=\frac{1\times2.31}{0.1\times\sqrt{\frac{1}{12}}}=80$$

（2）求 BD 杆能承受的最大压力。

根据柔度 λ_{BD} 查表，得 $\phi_{BD}=0.470$，则 BD 杆能承受的最大压力为

$$F_{BD\max}=A\phi[\sigma]=0.1^{2}\times0.470\times10\times10^{6}=47.1\times10^{3}(\mathrm{N})$$

（3）根据外力 F 与 BD 杆所承受压力之间的关系，求出该支架能承受的最大荷载 $F_{\max}$。

考虑 AC 的平衡，可得

$$\sum M_A=0,\quad F_{BD}\cdot\frac{l}{2}-F\cdot\frac{3}{2}l=0$$

从而可求得

$$F=\frac{1}{3}F_{BD}$$

因此，该支架能承受的最大荷载 $F_{\max}$ 为

$$F_{\max}=\frac{1}{3}F_{BD\max}=\frac{1}{3}\times47.1\times10^{3}=15.7\times10^{3}(\mathrm{N})$$

该支架能承受的最大荷载取值为

$$F_{\max}=15\mathrm{kN}$$

任务五　提高压杆稳定性的措施

要提高压杆的稳定性，关键在于提高压杆的临界力或临界应力。而压杆的临界力和临界应力，与压杆的长度、横截面形状及大小、支承条件以及压杆所用材料等有关。因此，可以从以下几个方面考虑。

一、合理选择材料

欧拉公式告诉我们，大柔度杆的临界应力，与材料的弹性模量成正比。所以选择弹性模量较高的材料，就可以提高大柔度杆的临界应力，也就提高了其稳定性。但是，对于钢材而言，各种钢的弹性模量大致相同，选用高强度钢并不能明显提高大柔度杆的稳定性。而中粗杆的临界应力则与材料的强度有关，采用高强度钢材，可以提高这类压杆抵抗失稳的能力。

二、选择合理的截面形状

增大截面的惯性矩，可以增大截面的惯性半径，降低压杆的柔度，从而可以提高压杆的稳定性。在压杆的横截面面积相同的条件下，应尽可能使材料远离截面形心轴，以取得较大的轴惯性矩，从这个角度出发，空心截面要比实心截面合理，如图 11-6 所示。在工程实际中，若压杆的截面是用两根槽钢组成的，则应采用如图 11-7 所示的布置方式，可以取得较大的惯性矩或惯性半径。

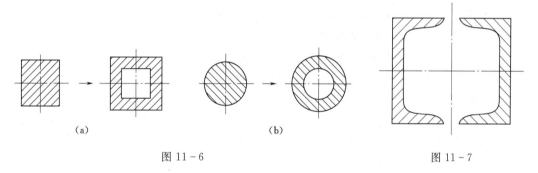

(a)　　　　　　　　　　　　(b)

图 11-6　　　　　　　　　　　　　　　　图 11-7

另外，由于压杆总是在柔度较大（临界力较小）的纵向平面内首先失稳，所以应注意尽可能使压杆在各个纵向平面内的柔度都相同，以充分发挥压杆的稳定承载力。

三、改善约束条件、减小压杆长度

根据欧拉公式可知，压杆的临界力与其计算长度的平方成反比，而压杆的计算长度又与其约束条件有关。因此，改善约束条件，可以减小压杆的长度系数和计算长度，从而增大临界力。在相同条件下，从表 11-1 可知，自由支座最不利，铰支座次之，固定支座最有利。

减小压杆长度的另一方法是在压杆的中间增加支承，把一根变为两根甚至几根。

小　　结

一、压杆稳定平衡和不稳定平衡的概念

稳定平衡：当压杆的工作力小于临界力时，压杆能保持原来的平衡状态。

不稳定平衡：当压杆的工作力大于或等于临界力时，压杆不能保持原来的平衡状态。

二、临界力和临界应力的计算

（1）当 $\lambda \geqslant \lambda_p$ 时，压杆为大柔度杆（细长杆），可用欧拉公式计算临界力及临界应力。其计算公式为

$$F_{cr} = \frac{\pi^2 EI}{(\mu l)^2}, \quad \sigma_{cr} = \frac{\pi^2 E}{\lambda^2}$$

（2）当 $\lambda < \lambda_p$ 时，压杆为中柔度杆，可用经验公式计算临界力及临界应力。其计算公式为

$$F_{cr} = \sigma_{cr} A, \quad \sigma_{cr} = a - b\lambda$$

三、压杆稳定的实用计算

用 ϕ 系数法的压稳条件为

$$\sigma = \frac{F}{A} \leqslant \phi[\sigma] \quad \text{或} \quad \sigma = \frac{F}{A\phi} \leqslant [\sigma]$$

根据压稳条件有三方面的计算，它们分别为：①压稳校核；②计算许可荷载；③设计压杆的截面尺寸（用试算法）。

知 识 技 能 训 练

一、判断题

1. 改变压杆的约束条件可以提高压杆的稳定性。（   ）

2. 压杆通常在强度破坏之前便丧失稳定。（   ）

3. 对于细长杆，采用高强度钢材可以提高压杆的稳定性。（   ）

4. 压杆失稳时一定沿截面的最小刚度方向挠曲。（   ）

二、填空题

1. 压杆的柔度反映了_____、_____、_____等因素对临界应力的综合影响。

2. 欧拉公式只适用于应力小于_____的情况；若用柔度来表示，则欧拉公式的适用范围为_____。

3. 当压杆的柔度_____时，称为中长杆或中等柔度杆。

4. 长度系数反映了杆端的_____对临界力的影响。

5. 在一些结构会出现拉（压）杆（比如桁架结构、桩结构），对于那些细长压杆我们除了要做强度计算还需要验算其_____。

6. 提高细长压杆稳定性的主要措施有_____、_____和_____。

三、选择题

1. 细长杆承受轴向压力 P 的作用，其临界压力与（   ）无关。

A. 杆的材质　　　　　　　　　　　B. 杆的长度

C. 杆承受压力的大小　　　　　　　D. 杆的横截面形状和尺寸

2. 细长压杆的（   ），则其临界应力 σ 越大。

A. 弹性模量 E 越大或柔度 λ 越小　　B. 弹性模量 E 越大或柔度 λ 越大

C. 弹性模量 E 越小或柔度 λ 越大　　D. 弹性模量 E 越小或柔度 λ 越小

3. 在材料相同的条件下，随着柔度的增大（　　）。

A. 细长杆的临界应力是减小的，中长杆不是

B. 中长杆的临界应力是减小的，细长杆不是

C. 细长杆和中长杆的临界应力均是减小的

D. 细长杆和中长杆的临界应力均不是减小的

4. 两根材料和柔度都相同的压杆（　　）。

A. 临界应力一定相等，临界压力不一定相等

B. 临界应力不一定相等，临界压力一定相等

C. 临界应力和临界压力一定相等

D. 临界应力和临界压力不一定相等

四、计算题

1. 如图 11-8 所示压杆，截面形状都为圆形，直径 $d=160\mathrm{mm}$，材料为 Q235 钢，弹性模量 $E=200\mathrm{GPa}$。试按欧拉公式分别计算各杆的临界力。

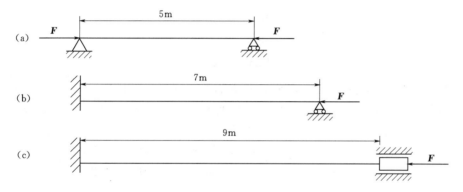

图 11-8

2. 某细长压杆，两端为铰支，材料用 Q235 钢，弹性模量 $E=200\mathrm{GPa}$，试用欧拉公式分别计算下列三种情况的临界力：

（1）圆形截面，直径 $d=25\mathrm{mm}$，$l=1\mathrm{m}$；

（2）矩形截面，$h=2b=40\mathrm{mm}$，$l=1\mathrm{m}$；

（3）No16 工字钢，$l=2\mathrm{m}$。

3. 图 11-9 所示某连杆，材料为 Q235 钢，弹性模量 $E=200\mathrm{GPa}$，横截面面积 $A=44\mathrm{cm}^2$，惯性矩 $I_y=120\times10^4\mathrm{mm}^4$，$I_z=797\times10^4\mathrm{mm}^4$，在 xy 平面内，长度系数 $\mu_z=1$；在 xz 平面内，长度系数 $\mu_y=0.5$。试计算其临界力和临界应力。

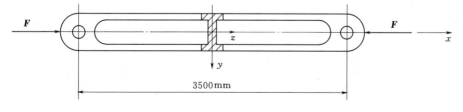

图 11-9

4. 某千斤顶，已知丝杆长度 $l = 375\text{mm}$，内径 $d = 40\text{mm}$，材料为 45 号钢（$a = 589\text{MPa}$，$b = 3.82\text{MPa}$，$\lambda_p = 100$，$\lambda_p' = 60$），最大起顶重量 $F = 80\text{kN}$，规定的安全系数 $n_{st} = 4$。试校核其稳定性。

5. 如图 11-10 所示梁柱结构，横梁 AB 的截面为矩形，$b \times h = 40\text{mm} \times 60\text{mm}$；竖柱 CD 的截面为圆形，直径 $d = 20\text{mm}$。在 C 处用铰链连接。材料为 Q235 钢，规定安全系数 $n_{st} = 3$。若现在 AB 梁上最大弯曲应力 $\sigma = 140\text{MPa}$，试校核 CD 杆的稳定性。

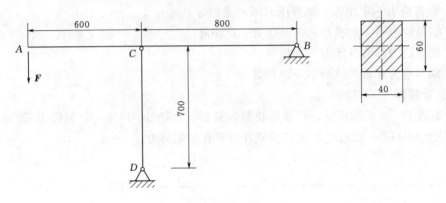

图 11-10（单位：mm）

6. 机构的某连杆如图 11-11 所示，其截面为工字形，材料为 Q235 钢。连杆承受的最大轴向压力为 465kN，连杆在 xy 平面内发生弯曲时，两端可视为铰支；在 xz 平面内发生弯曲时，两端可视为固定。试计算其工作安全系数。

7. 简易起重机如图 11-12 所示，压杆 BD 为 No20 槽钢，材料为 Q235。起重机的最大起吊重量 $F = 40\text{kN}$，若规定的安全系数 $n_{st} = 4$，试校核 BD 杆的稳定性。

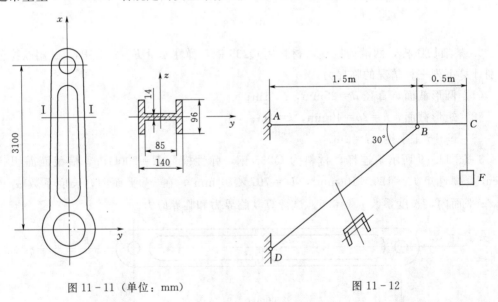

图 11-11（单位：mm）　　　　　　　图 11-12

附录 型钢规格表

普 通 工 字 钢

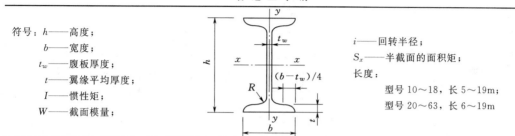

符号：h——高度；
　　　b——宽度；
　　　t_w——腹板厚度；
　　　t——翼缘平均厚度；
　　　I——惯性矩；
　　　W——截面模量；

i——回转半径；
S_x——半截面的面积矩；
长度：
　型号 10～18，长 5～19m；
　型号 20～63，长 6～19m

型号		尺寸/mm					截面面积 /cm²	理论重量 /(kg/m)	x—x轴				y—y轴		
		h	b	t_w	t	R			I_x /cm⁴	W_x /cm³	i_x /cm	I_x/S_x /cm	I_y /cm⁴	W_y /cm³	i_y /cm
10		100	68	4.5	7.6	6.5	14.3	11.2	245	49	4.14	8.69	33	9.6	1.51
12.6		126	74	5	8.4	7	18.1	14.2	488	77	5.19	11	47	12.7	1.61
14		140	80	5.5	9.1	7.5	21.5	16.9	712	102	5.75	12.2	64	16.1	1.73
16		160	88	6	9.9	8	26.1	20.5	1127	141	6.57	13.9	93	21.1	1.89
18		180	94	6.5	10.7	8.5	30.7	24.1	1699	185	7.37	15.4	123	26.2	2.00
20	a	200	100	7	11.4	9	35.5	27.9	2369	237	8.16	17.4	158	31.6	2.11
	b		102	9			39.5	31.1	2502	250	7.95	17.1	169	33.1	2.07
22	a	220	110	7.5	12.3	9.5	42.1	33	3406	310	8.99	19.2	226	41.1	2.32
	b		112	9.5			46.5	36.5	3583	326	8.78	18.9	240	42.9	2.27
25	a	250	116	8	13	10	48.5	38.1	5017	401	10.2	21.7	280	48.4	2.4
	b		118	10			53.5	42	5278	422	9.93	21.4	297	50.4	2.36
28	a	280	122	8.5	13.7	10.5	55.4	43.5	7115	508	11.3	24.3	344	56.4	2.49
	b		124	10.5			61	47.9	7481	534	11.1	24	364	58.7	2.44
32	a	320	130	9.5	15	11.5	67.1	52.7	11080	692	12.8	27.7	459	70.6	2.62
	b		132	11.5			73.5	57.7	11626	727	12.6	27.3	484	73.3	2.57
	c		134	13.5			79.9	62.7	12173	761	12.3	26.9	510	76.1	2.53
36	a	360	136	10	15.8	12	76.4	60	15796	878	14.4	31	555	81.6	2.69
	b		138	12			83.6	65.6	16574	921	14.1	30.6	584	84.6	2.64
	c		140	14			90.8	71.3	17351	964	13.8	30.2	614	87.7	2.6
40	a	400	142	10.5	16.5	12.5	86.1	67.6	21714	1086	15.9	34.4	660	92.9	2.77
	b		144	12.5			94.1	73.8	22781	1139	15.6	33.9	693	96.2	2.71
	c		146	14.5			102	80.1	23847	1192	15.3	33.5	727	99.7	2.67
45	a	450	150	11.5	18	13.5	102	80.4	32241	1433	17.7	38.5	855	114	2.89
	b		152	13.5			111	87.4	33759	1500	17.4	38.1	895	118	2.84
	c		154	15.5			120	94.5	35278	1568	17.1	37.6	938	122	2.79
50	a	500	158	12	20	14	119	93.6	46472	1859	19.7	42.9	1122	142	3.07
	b		160	14			129	101	48556	1942	19.4	42.3	1171	146	3.01
	c		162	16			139	109	50639	2026	19.1	41.9	1224	151	2.96
56	a	560	166	12.5	21	14.5	135	106	65576	2342	22	47.9	1366	165	3.18
	b		168	14.5			147	115	68503	2447	21.6	47.3	1424	170	3.12
	c		170	16.5			158	124	71430	2551	21.3	46.8	1485	175	3.07
63	a	630	176	13	22	15	155	122	94004	2984	24.7	53.8	1702	194	3.32
	b		178	15			167	131	98171	3117	24.2	53.2	1771	199	3.25
	c		780	17			180	141	102339	3249	23.9	52.6	1842	205	3.2

普通槽钢

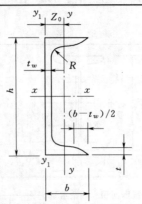

符号：
同普通工字钢
但 W_y 为对应翼缘肢尖

长度：
型号 5～8，长 5～12m；
型号 10～18，长 5～19m；
型号 20～20，长 6～19m

型号	尺寸/mm					截面面积/cm²	理论重量/(kg/m)	x—x 轴			y—y 轴			y—y₁ 轴	Z₀/cm
	h	b	t_w	t	R			I_x/cm⁴	W_x/cm³	i_x/cm	I_y/cm⁴	W_y/cm³	i_y/cm	I_{y1}/cm⁴	
5	50	37	4.5	7	7	6.92	5.44	26	10.4	1.94	8.3	3.5	1.1	20.9	1.35
6.3	63	40	4.8	7.5	7.5	8.45	6.63	51	16.3	2.46	11.9	4.6	1.19	28.3	1.39
8	80	43	5	8	8	10.24	8.04	101	25.3	3.14	16.6	5.8	1.27	37.4	1.42
10	100	48	5.3	8.5	8.5	12.74	10	198	39.7	3.94	25.6	7.8	1.42	54.9	1.52
12.6	126	53	5.5	9	9	15.69	12.31	389	61.7	4.98	38	10.3	1.56	77.8	1.59
14 a	140	58	6	9.5	9.5	18.51	14.53	564	80.5	5.52	53.2	13	1.7	107.2	1.71
14 b	140	60	8	9.5	9.5	21.31	16.73	609	87.1	5.35	61.2	14.1	1.69	120.6	1.67
16 a	160	63	6.5	10	10	21.95	17.23	866	108.3	6.28	73.4	16.3	1.83	144.1	1.79
16 b	160	65	8.5	10	10	25.15	19.75	935	116.8	6.1	83.4	17.6	1.82	160.8	1.75
18 a	180	68	7	10.5	10.5	25.69	20.17	1273	141.4	7.04	98.6	20	1.96	189.7	1.88
18 b	180	70	9	10.5	10.5	29.29	22.99	1370	152.2	6.84	111	21.5	1.95	210.1	1.84
20 a	200	73	7	11	11	28.83	22.63	1780	178	7.86	128	24.2	2.11	244	2.01
20 b	200	75	9	11	11	32.83	25.77	1914	191.4	7.64	143.6	25.9	2.09	268.4	1.95
22 a	220	77	7	11.5	11.5	31.84	24.99	2394	217.6	8.67	157.8	28.2	2.23	298.2	2.1
22 b	220	79	9	11.5	11.5	36.24	28.45	2571	233.8	8.42	176.5	30.1	2.21	326.3	2.03
25 a	250	78	7	12	12	34.91	27.4	3359	268.7	9.81	175.9	30.7	2.24	324.8	2.07
25 b	250	80	9	12	12	39.91	31.33	3619	289.6	9.52	196.4	32.7	2.22	355.1	1.99
25 c	250	82	11	12	12	44.91	35.25	3880	310.4	9.3	215.9	34.6	2.19	388.6	1.96
28 a	280	82	7.5	12.5	12.5	40.02	31.42	4753	339.5	10.9	217.9	35.7	2.33	393.3	2.09
28 b	280	84	9.5	12.5	12.5	45.62	35.81	5118	365.6	10.59	241.5	37.9	2.3	428.5	2.02
28 c	280	86	11.5	12.5	12.5	51.22	40.21	5484	391.7	10.35	264.1	40	2.27	467.3	1.99
32 a	320	88	8	14	14	48.5	38.07	7511	469.4	12.44	304.7	46.4	2.51	547.5	2.24
32 b	320	90	10	14	14	54.9	43.1	8057	503.5	12.11	335.6	49.1	2.47	592.9	2.16
32 c	320	92	12	14	14	61.3	48.12	8603	537.7	11.85	365	51.6	2.44	642.7	2.13
36 a	360	96	9	16	16	60.89	47.8	11874	659.7	13.96	455	63.6	2.73	818.5	2.44
36 b	360	98	11	16	16	68.09	53.45	12652	702.9	13.63	496.7	66.9	2.7	880.5	2.37
36 c	360	100	13	16	16	75.29	59.1	13429	746.1	13.36	536.6	70	2.67	948	2.34
40 a	400	100	10.5	18	18	75.04	58.91	17578	878.9	15.3	592	78.8	2.81	1057.9	2.49
40 b	400	102	12.5	18	18	83.04	65.19	18644	932.2	14.98	640.6	82.6	2.78	1135.8	2.44
40 c	400	104	14.5	18	18	91.04	71.47	19711	985.6	14.71	687.8	86.2	2.75	1220.3	2.42

续表

等 边 角 钢

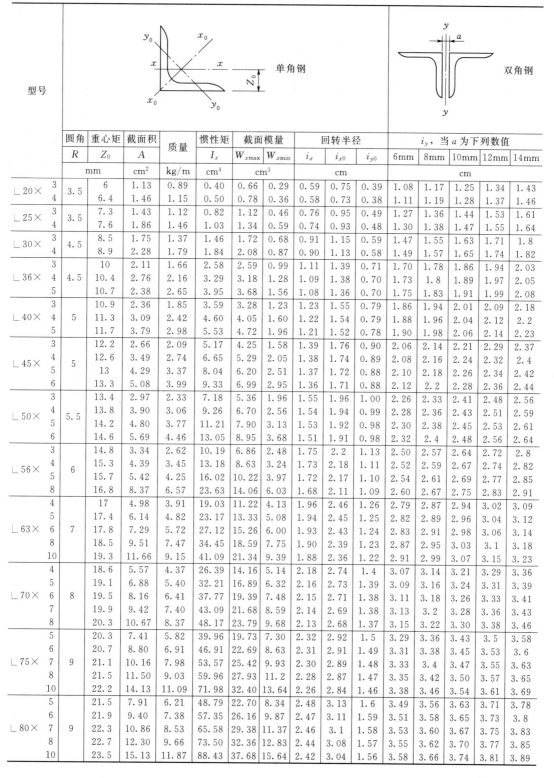

单角钢　　双角钢

型号		圆角 R	重心矩 Z0	截面积 A	质量	惯性矩 Ix	截面模量 Wxmax	Wxmin	回转半径 ix	ix0	iy0	iy，当a为下列数值 6mm	8mm	10mm	12mm	14mm
		mm	mm	cm²	kg/m	cm⁴	cm³		cm			cm				
L20×	3	3.5	6	1.13	0.89	0.40	0.66	0.29	0.59	0.75	0.39	1.08	1.17	1.25	1.34	1.43
	4		6.4	1.46	1.15	0.50	0.78	0.36	0.58	0.73	0.38	1.11	1.19	1.28	1.37	1.46
L25×	3	3.5	7.3	1.43	1.12	0.82	1.12	0.46	0.76	0.95	0.49	1.27	1.36	1.44	1.53	1.61
	4		7.6	1.86	1.46	1.03	1.34	0.59	0.74	0.93	0.48	1.30	1.38	1.47	1.55	1.64
L30×	3	4.5	8.5	1.75	1.37	1.46	1.72	0.68	0.91	1.15	0.59	1.47	1.55	1.63	1.71	1.8
	4		8.9	2.28	1.79	1.84	2.08	0.87	0.90	1.13	0.58	1.49	1.57	1.65	1.74	1.82
L36×	3	4.5	10	2.11	1.66	2.58	2.59	0.99	1.11	1.39	0.71	1.70	1.78	1.86	1.94	2.03
	4		10.4	2.76	2.16	3.29	3.18	1.28	1.09	1.38	0.70	1.73	1.8	1.89	1.97	2.05
	5		10.7	3.38	2.65	3.95	3.68	1.56	1.08	1.36	0.70	1.75	1.83	1.91	1.99	2.08
L40×	3	5	10.9	2.36	1.85	3.59	3.28	1.23	1.23	1.55	0.79	1.86	1.94	2.01	2.09	2.18
	4		11.3	3.09	2.42	4.60	4.05	1.60	1.22	1.54	0.79	1.88	1.96	2.04	2.12	2.2
	5		11.7	3.79	2.98	5.53	4.72	1.96	1.21	1.52	0.78	1.90	1.98	2.06	2.14	2.23
L45×	3	5	12.2	2.66	2.09	5.17	4.25	1.58	1.39	1.76	0.90	2.06	2.14	2.21	2.29	2.37
	4		12.6	3.49	2.74	6.65	5.29	2.05	1.38	1.74	0.89	2.08	2.16	2.24	2.32	2.4
	5		13	4.29	3.37	8.04	6.20	2.51	1.37	1.72	0.88	2.10	2.18	2.26	2.34	2.42
	6		13.3	5.08	3.99	9.33	6.99	2.95	1.36	1.71	0.88	2.12	2.2	2.28	2.36	2.44
L50×	3	5.5	13.4	2.97	2.33	7.18	5.36	1.96	1.55	1.96	1.00	2.26	2.33	2.41	2.48	2.56
	4		13.8	3.90	3.06	9.26	6.70	2.56	1.54	1.94	0.99	2.28	2.36	2.43	2.51	2.59
	5		14.2	4.80	3.77	11.21	7.90	3.13	1.53	1.92	0.98	2.30	2.38	2.45	2.53	2.61
	6		14.6	5.69	4.46	13.05	8.95	3.68	1.51	1.91	0.98	2.32	2.4	2.48	2.56	2.64
L56×	3	6	14.8	3.34	2.62	10.19	6.86	2.48	1.75	2.2	1.13	2.50	2.57	2.64	2.72	2.8
	4		15.3	4.39	3.45	13.18	8.63	3.24	1.73	2.18	1.11	2.52	2.59	2.67	2.74	2.82
	5		15.7	5.42	4.25	16.02	10.22	3.97	1.72	2.17	1.10	2.54	2.61	2.69	2.77	2.85
	8		16.8	8.37	6.57	23.63	14.06	6.03	1.68	2.11	1.09	2.60	2.67	2.75	2.83	2.91
L63×	4	7	17	4.98	3.91	19.03	11.22	4.13	1.96	2.46	1.26	2.79	2.87	2.94	3.02	3.09
	5		17.4	6.14	4.82	23.17	13.33	5.08	1.94	2.45	1.25	2.82	2.89	2.96	3.04	3.12
	6		17.8	7.29	5.72	27.12	15.26	6.00	1.93	2.43	1.24	2.83	2.91	2.98	3.06	3.14
	8		18.5	9.51	7.47	34.45	18.59	7.75	1.90	2.39	1.23	2.87	2.95	3.03	3.1	3.18
	10		19.3	11.66	9.15	41.09	21.34	9.39	1.88	2.36	1.22	2.91	2.99	3.07	3.15	3.23
L70×	4	8	18.6	5.57	4.37	26.39	14.16	5.14	2.18	2.74	1.4	3.07	3.14	3.21	3.29	3.36
	5		19.1	6.88	5.40	32.21	16.89	6.32	2.16	2.73	1.39	3.09	3.16	3.24	3.31	3.39
	6		19.5	8.16	6.41	37.77	19.39	7.48	2.15	2.71	1.38	3.11	3.18	3.26	3.33	3.41
	7		19.9	9.42	7.40	43.09	21.68	8.59	2.14	2.69	1.38	3.13	3.2	3.28	3.36	3.43
	8		20.3	10.67	8.37	48.17	23.79	9.68	2.13	2.68	1.37	3.15	3.22	3.30	3.38	3.46
L75×	5	9	20.3	7.41	5.82	39.96	19.73	7.30	2.32	2.92	1.5	3.29	3.36	3.43	3.5	3.58
	6		20.7	8.80	6.91	46.91	22.69	8.63	2.31	2.91	1.49	3.31	3.38	3.45	3.53	3.6
	7		21.1	10.16	7.98	53.57	25.42	9.93	2.30	2.89	1.48	3.33	3.4	3.47	3.55	3.63
	8		21.5	11.50	9.03	59.96	27.93	11.2	2.28	2.87	1.47	3.35	3.42	3.50	3.57	3.65
	10		22.2	14.13	11.09	71.98	32.40	13.64	2.26	2.84	1.46	3.38	3.46	3.54	3.61	3.69
L80×	5	9	21.5	7.91	6.21	48.79	22.70	8.34	2.48	3.13	1.6	3.49	3.56	3.63	3.71	3.78
	6		21.9	9.40	7.38	57.35	26.16	9.87	2.47	3.11	1.59	3.51	3.58	3.65	3.73	3.8
	7		22.3	10.86	8.53	65.58	29.38	11.37	2.46	3.1	1.58	3.53	3.60	3.67	3.75	3.83
	8		22.7	12.30	9.66	73.50	32.36	12.83	2.44	3.08	1.57	3.55	3.62	3.70	3.77	3.85
	10		23.5	15.13	11.87	88.43	37.68	15.64	2.42	3.04	1.56	3.58	3.66	3.74	3.81	3.89

等 边 角 钢

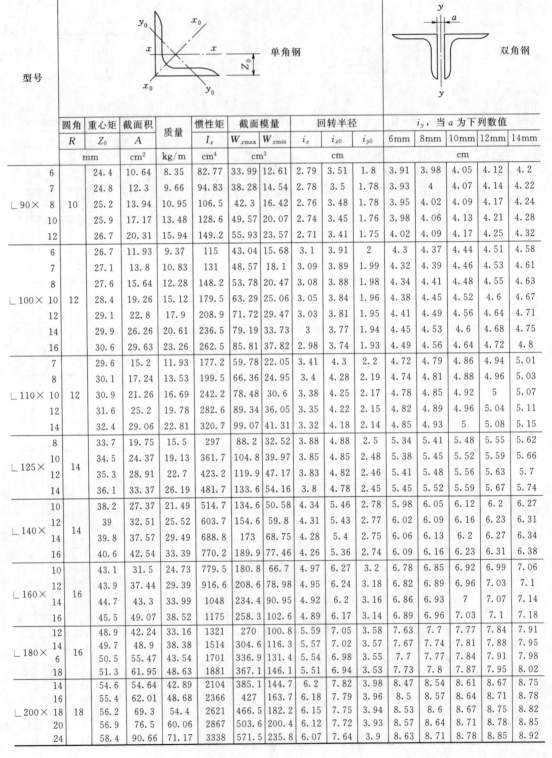

单角钢　　双角钢

型号		圆角	重心矩	截面积	质量	惯性矩	截面模量		回转半径			i_y，当 a 为下列数值				
		R	Z_0	A		I_x	$W_{x\max}$	$W_{x\min}$	i_x	i_{x0}	i_{y0}	6mm	8mm	10mm	12mm	14mm
		mm		cm²	kg/m	cm⁴	cm³		cm			cm				
L90×	6	10	24.4	10.64	8.35	82.77	33.99	12.61	2.79	3.51	1.8	3.91	3.98	4.05	4.12	4.2
	7		24.8	12.3	9.66	94.83	38.28	14.54	2.78	3.5	1.78	3.93	4	4.07	4.14	4.22
	8		25.2	13.94	10.95	106.5	42.3	16.42	2.76	3.48	1.78	3.95	4.02	4.09	4.17	4.24
	10		25.9	17.17	13.48	128.6	49.57	20.07	2.74	3.45	1.76	3.98	4.06	4.13	4.21	4.28
	12		26.7	20.31	15.94	149.2	55.93	23.57	2.71	3.41	1.75	4.02	4.09	4.17	4.25	4.32
L100×	6	12	26.7	11.93	9.37	115	43.04	15.68	3.1	3.91	2	4.3	4.37	4.44	4.51	4.58
	7		27.1	13.8	10.83	131	48.57	18.1	3.09	3.89	1.99	4.32	4.39	4.46	4.53	4.61
	8		27.6	15.64	12.28	148.2	53.78	20.47	3.08	3.88	1.98	4.34	4.41	4.48	4.55	4.63
	10		28.4	19.26	15.12	179.5	63.29	25.06	3.05	3.84	1.96	4.38	4.45	4.52	4.6	4.67
	12		29.1	22.8	17.9	208.9	71.72	29.47	3.03	3.81	1.95	4.41	4.49	4.56	4.64	4.71
	14		29.9	26.26	20.61	236.5	79.19	33.73	3	3.77	1.94	4.45	4.53	4.6	4.68	4.75
	16		30.6	29.63	23.26	262.5	85.81	37.82	2.98	3.74	1.93	4.49	4.56	4.64	4.72	4.8
L110×	7	12	29.6	15.2	11.93	177.2	59.78	22.05	3.41	4.3	2.2	4.72	4.79	4.86	4.94	5.01
	8		30.1	17.24	13.53	199.5	66.36	24.95	3.4	4.28	2.19	4.74	4.81	4.88	4.96	5.03
	10		30.9	21.26	16.69	242.2	78.48	30.6	3.38	4.25	2.17	4.78	4.85	4.92	5	5.07
	12		31.6	25.2	19.78	282.2	89.34	36.05	3.35	4.22	2.15	4.82	4.89	4.96	5.04	5.11
	14		32.4	29.06	22.81	320.7	99.07	41.31	3.32	4.18	2.14	4.85	4.93	5	5.08	5.15
L125×	8	14	33.7	19.75	15.5	297	88.2	32.52	3.88	4.88	2.5	5.34	5.41	5.48	5.55	5.62
	10		34.5	24.37	19.13	361.7	104.8	39.97	3.85	4.85	2.48	5.38	5.45	5.52	5.59	5.66
	12		35.3	28.91	22.7	423.2	119.9	47.17	3.83	4.82	2.46	5.41	5.48	5.56	5.63	5.7
	14		36.1	33.37	26.19	481.7	133.6	54.16	3.8	4.78	2.45	5.45	5.52	5.59	5.67	5.74
L140×	10	14	38.2	27.37	21.49	514.7	134.6	50.58	4.34	5.46	2.78	5.98	6.05	6.12	6.2	6.27
	12		39	32.51	25.52	603.7	154.6	59.8	4.31	5.43	2.77	6.02	6.09	6.16	6.23	6.31
	14		39.8	37.57	29.49	688.8	173	68.75	4.28	5.4	2.75	6.06	6.13	6.2	6.27	6.34
	16		40.6	42.54	33.39	770.2	189.9	77.46	4.26	5.36	2.74	6.09	6.16	6.23	6.31	6.38
L160×	10	16	43.1	31.5	24.73	779.5	180.8	66.7	4.97	6.27	3.2	6.78	6.85	6.92	6.99	7.06
	12		43.9	37.44	29.39	916.6	208.6	78.98	4.95	6.24	3.18	6.82	6.89	6.96	7.03	7.1
	14		44.7	43.3	33.99	1048	234.4	90.95	4.92	6.2	3.16	6.86	6.93	7	7.07	7.14
	16		45.5	49.07	38.52	1175	258.3	102.6	4.89	6.17	3.14	6.89	6.96	7.03	7.1	7.18
L180×	12	16	48.9	42.24	33.16	1321	270	100.8	5.59	7.05	3.58	7.63	7.7	7.77	7.84	7.91
	14		49.7	48.9	38.38	1514	304.6	116.3	5.57	7.02	3.57	7.67	7.74	7.81	7.88	7.95
	16		50.5	55.47	43.54	1701	336.9	131.4	5.54	6.98	3.55	7.7	7.77	7.84	7.91	7.98
	18		51.3	61.95	48.63	1881	367.1	146.1	5.51	6.94	3.53	7.73	7.8	7.87	7.95	8.02
L200×	14	18	54.6	54.64	42.89	2104	385.1	144.7	6.2	7.82	3.98	8.47	8.54	8.61	8.67	8.75
	16		55.4	62.01	48.68	2366	427	163.7	6.18	7.79	3.96	8.5	8.57	8.64	8.71	8.78
	18		56.2	69.3	54.4	2621	466.5	182.2	6.15	7.75	3.94	8.53	8.6	8.67	8.75	8.82
	20		56.9	76.5	60.06	2867	503.6	200.4	6.12	7.72	3.93	8.57	8.64	8.71	8.78	8.85
	24		58.4	90.66	71.17	3338	571.5	235.8	6.07	7.64	3.9	8.63	8.71	8.78	8.85	8.92

不 等 边 角 钢

		单 角 钢		双 角 钢	

角钢型号 $B \times b \times t$		圆角	重心矩		截面积	质量	回转半径			i_y 当 a 为下列数值				i_y 当 a 为下列数值			
		R	Z_x	Z_y	A		i_x	i_y	i_{y0}	6mm	8mm	10mm	12mm	6mm	8mm	10mm	12mm
		mm			cm²	kg/m	cm			cm				cm			
∟25×16×	3	3.5	4.2	8.6	1.16	0.91	0.44	0.78	0.34	0.84	0.93	1.02	1.11	1.4	1.48	1.57	1.65
	4		4.6	9.0	1.50	1.18	0.43	0.77	0.34	0.87	0.96	1.05	1.14	1.42	1.51	1.6	1.68
∟32×20×	3	3.5	4.9	10.8	1.49	1.17	0.55	1.01	0.43	0.97	1.05	1.14	1.23	1.71	1.79	1.88	1.96
	4		5.3	11.2	1.94	1.52	0.54	1	0.43	0.99	1.08	1.16	1.25	1.74	1.82	1.9	1.99
∟40×25×	3	4	5.9	13.2	1.89	1.48	0.7	1.28	0.54	1.13	1.21	1.3	1.38	2.07	2.14	2.23	2.31
	4		6.3	13.7	2.47	1.94	0.69	1.26	0.54	1.16	1.24	1.32	1.41	2.09	2.17	2.25	2.34
∟45×28×	3	5	6.4	14.7	2.15	1.69	0.79	1.44	0.61	1.23	1.31	1.39	1.47	2.28	2.36	2.44	2.52
	4		6.8	15.1	2.81	2.2	0.78	1.43	0.6	1.25	1.33	1.41	1.5	2.31	2.39	2.47	2.55
∟50×32×	3	5.5	7.3	16	2.43	1.91	0.91	1.6	0.7	1.38	1.45	1.53	1.61	2.49	2.56	2.64	2.72
	4		7.7	16.5	3.18	2.49	0.9	1.59	0.69	1.4	1.47	1.55	1.64	2.51	2.59	2.67	2.75
∟56×36×	3	6	8.0	17.8	2.74	2.15	1.03	1.8	0.79	1.51	1.59	1.66	1.74	2.75	2.82	2.9	2.98
	4		8.5	18.2	3.59	2.82	1.02	1.79	0.78	1.53	1.61	1.69	1.77	2.77	2.85	2.93	3.01
	5		8.8	18.7	4.42	3.47	1.01	1.77	0.78	1.56	1.63	1.71	1.79	2.8	2.88	2.96	3.04
∟63×40×	4	7	9.2	20.4	4.06	3.19	1.14	2.02	0.88	1.66	1.74	1.81	1.89	3.09	3.16	3.24	3.32
	5		9.5	20.8	4.99	3.92	1.12	2	0.87	1.68	1.76	1.84	1.92	3.11	3.19	3.27	3.35
	6		9.9	21.2	5.91	4.64	1.11	1.99	0.86	1.71	1.78	1.86	1.94	3.13	3.21	3.29	3.37
	7		10.3	21.6	6.8	5.34	1.1	1.96	0.86	1.73	1.8	1.88	1.97	3.15	3.23	3.3	3.39
∟70×45×	4	7.5	10.2	22.3	4.55	3.57	1.29	2.25	0.99	1.84	1.91	1.99	2.07	3.39	3.46	3.54	3.62
	5		10.6	22.8	5.61	4.4	1.28	2.23	0.98	1.86	1.94	2.01	2.09	3.41	3.49	3.57	3.64
	6		11.0	23.2	6.64	5.22	1.26	2.22	0.97	1.88	1.96	2.04	2.11	3.44	3.51	3.59	3.67
	7		11.3	23.6	7.66	6.01	1.25	2.2	0.97	1.9	1.98	2.06	2.14	3.46	3.54	3.61	3.69
∟75×50×	5	8	11.7	24.0	6.13	4.81	1.43	2.39	1.09	2.06	2.13	2.2	2.28	3.6	3.68	3.76	3.83
	6		12.1	24.4	7.26	5.7	1.42	2.38	1.08	2.08	2.15	2.23	2.3	3.63	3.7	3.78	3.86
	8		12.9	25.2	9.47	7.43	1.4	2.35	1.07	2.12	2.19	2.27	2.35	3.67	3.75	3.83	3.91
	10		13.6	26.0	11.6	9.1	1.38	2.33	1.06	2.16	2.24	2.31	2.4	3.71	3.79	3.87	3.96
∟80×50×	5	8	11.4	26.0	6.38	5	1.42	2.57	1.1	2.02	2.09	2.17	2.24	3.88	3.95	4.03	4.1
	6		11.8	26.5	7.56	5.93	1.41	2.55	1.09	2.04	2.11	2.19	2.27	3.9	3.98	4.05	4.13
	7		12.1	26.9	8.72	6.85	1.39	2.54	1.08	2.06	2.13	2.21	2.29	3.92	4	4.08	4.16
	8		12.5	27.3	9.87	7.75	1.38	2.52	1.07	2.08	2.15	2.23	2.31	3.94	4.02	4.1	4.18
∟90×56×	5	9	12.5	29.1	7.21	5.66	1.59	2.9	1.23	2.22	2.29	2.36	2.44	4.32	4.39	4.47	4.55
	6		12.9	29.5	8.56	6.72	1.58	2.88	1.22	2.24	2.31	2.39	2.46	4.34	4.42	4.5	4.57
	7		13.3	30.0	9.88	7.76	1.57	2.87	1.22	2.26	2.33	2.41	2.49	4.37	4.44	4.52	4.6
	8		13.6	30.4	11.2	8.78	1.56	2.85	1.21	2.28	2.35	2.43	2.51	4.39	4.47	4.54	4.62

不 等 边 角 钢

		单 角 钢								双 角 钢							

角钢型号 B×b×t		圆角 R	重心矩 Z_x	重心矩 Z_y	截面积 A	质量	回转半径 i_x	回转半径 i_y	回转半径 i_{y0}	i_y，当 a 为下列数值 6mm	8mm	10mm	12mm	i_y，当 a 为下列数值 6mm	8mm	10mm	12mm
		mm	mm	mm	cm²	kg/m	cm	cm	cm	cm				cm			
∟ 100×63×	6	10	14.3	32.4	9.62	7.55	1.79	3.21	1.38	2.49	2.56	2.63	2.71	4.77	4.85	4.92	5
	7		14.7	32.8	11.1	8.72	1.78	3.2	1.37	2.51	2.58	2.65	2.73	4.8	4.87	4.95	5.03
	8		15	33.2	12.6	9.88	1.77	3.18	1.37	2.53	2.6	2.67	2.75	4.82	4.9	4.97	5.05
	10		15.8	34	15.5	12.1	1.75	3.15	1.35	2.57	2.64	2.72	2.79	4.86	4.94	5.02	5.1
∟ 100×80×	6	10	19.7	29.5	10.6	8.35	2.4	3.17	1.73	3.31	3.38	3.45	3.52	4.54	4.62	4.69	4.76
	7		20.1	30	12.3	9.66	2.39	3.16	1.71	3.32	3.39	3.47	3.54	4.57	4.64	4.71	4.79
	8		20.5	30.4	13.9	10.9	2.37	3.15	1.71	3.34	3.41	3.49	3.56	4.59	4.66	4.73	4.81
	10		21.3	31.2	17.2	13.5	2.35	3.12	1.69	3.38	3.45	3.53	3.6	4.63	4.7	4.78	4.85
∟ 110×70×	6	10	15.7	35.3	10.6	8.35	2.01	3.54	1.54	2.74	2.81	2.88	2.96	5.21	5.29	5.36	5.44
	7		16.1	35.7	12.3	9.66	2	3.53	1.53	2.76	2.83	2.9	2.98	5.24	5.31	5.39	5.46
	8		16.5	36.2	13.9	10.9	1.98	3.51	1.53	2.78	2.85	2.92	3	5.26	5.34	5.41	5.49
	10		17.2	37	17.2	13.5	1.96	3.48	1.51	2.82	2.89	2.96	3.04	5.3	5.38	5.46	5.53
∟ 125×80×	7	11	18	40.1	14.1	11.1	2.3	4.02	1.76	3.11	3.18	3.25	3.33	5.9	5.97	6.04	6.12
	8		18.4	40.6	16	12.6	2.29	4.01	1.75	3.13	3.2	3.27	3.35	5.92	5.99	6.07	6.14
	10		19.2	41.4	19.7	15.5	2.26	3.98	1.74	3.17	3.24	3.31	3.39	5.96	6.04	6.11	6.19
	12		20	42.2	23.4	18.3	2.24	3.95	1.72	3.21	3.28	3.35	3.43	6	6.08	6.16	6.23
∟ 140×90×	8	12	20.4	45	18	14.2	2.59	4.5	1.98	3.49	3.56	3.63	3.7	6.58	6.65	6.73	6.8
	10		21.2	45.8	22.3	17.5	2.56	4.47	1.96	3.52	3.59	3.66	3.73	6.62	6.7	6.77	6.85
	12		21.9	46.6	26.4	20.7	2.54	4.44	1.95	3.56	3.63	3.7	3.77	6.66	6.74	6.81	6.89
	14		22.7	47.4	30.5	23.9	2.51	4.42	1.94	3.59	3.66	3.74	3.81	6.7	6.78	6.86	6.93
∟ 160×100×	10	13	22.8	52.4	25.3	19.9	2.85	5.14	2.19	3.84	3.91	3.98	4.05	7.55	7.63	7.7	7.78
	12		23.6	53.2	30.1	23.6	2.82	5.11	2.18	3.87	3.94	4.01	4.09	7.6	7.67	7.75	7.82
	14		24.3	54	34.7	27.2	2.8	5.08	2.16	3.91	3.98	4.05	4.12	7.64	7.71	7.79	7.86
	16		25.1	54.8	39.3	30.8	2.77	5.05	2.15	3.94	4.02	4.09	4.16	7.68	7.75	7.83	7.9
∟ 180×110×	10	14	24.4	58.9	28.4	22.3	3.13	8.56	5.78	2.42	4.16	4.23	4.3	4.36	8.49	8.72	8.71
	12		25.2	59.8	33.7	26.5	3.1	8.6	5.75	2.4	4.19	4.33	4.33	4.4	8.53	8.76	8.75
	14		25.9	60.6	39	30.6	3.08	8.64	5.72	2.39	4.23	4.26	4.37	4.44	8.57	8.63	8.79
	16		26.7	61.4	44.1	34.6	3.05	8.68	5.81	2.37	4.26	4.3	4.4	4.47	8.61	8.68	8.84
∟ 200×125×	12	14	28.3	65.4	37.9	29.8	3.57	6.44	2.75	4.75	4.82	4.88	4.95	9.39	9.47	9.54	9.62
	14		29.1	66.2	43.9	34.4	3.54	6.41	2.73	4.78	4.85	4.92	4.99	9.43	9.51	9.58	9.66
	16		29.9	67.8	49.7	39	3.52	6.38	2.71	4.81	4.88	4.95	5.02	9.47	9.55	9.62	9.7
	18		30.6	67	55.5	43.6	3.49	6.35	2.7	4.85	4.92	4.99	5.06	9.51	9.59	9.66	9.74

注 一个角钢的惯性矩 $I_x = A i_x^2$，$I_y = A i_y^2$；一个角钢的截面模量 $W_{x\max} = I_x/Z_x$，$W_{x\min} = I_x/(b - Z_x)$，$W_{y\max} = I_y Z_y$，$W_{x\min} = I_y(b - Z_y)$。

参 考 文 献

[1] 邹林，杨艳，黄莉. 工程力学 [M]. 武汉：华中科技大学出版社，2013.

[2] 李舒瑶，赵云翔. 工程力学 [M]. 2 版. 郑州：黄河水利出版社，2009.

[3] 叶建海，赵毅力，韩永胜，等. 工程力学 [M]. 3 版. 郑州：黄河水利出版社，2015.

[4] 张生瑞，杨艳，杨晓阳. 工程力学 [M]. 郑州：黄河水利出版社，2014.

[5] 毕守一，李燕飞. 工程力学与建筑结构 [M]. 郑州：黄河水利出版社，2009.

[6] 孔七一. 工程力学 [M]. 3 版. 北京：人民交通出版社，2008.

[7] 邹林，杨永振. 工程力学与建筑结构 [M]. 2 版. 郑州：黄河水利出版社，2017.

[8] 孔七一. 工程力学学习指导 [M]. 北京：人民交通出版社，2008.